高等职业教育农业农村部“十三五”规划教材

动物产品检验技术

DONGWU CHANPIN JIANYAN JISHU

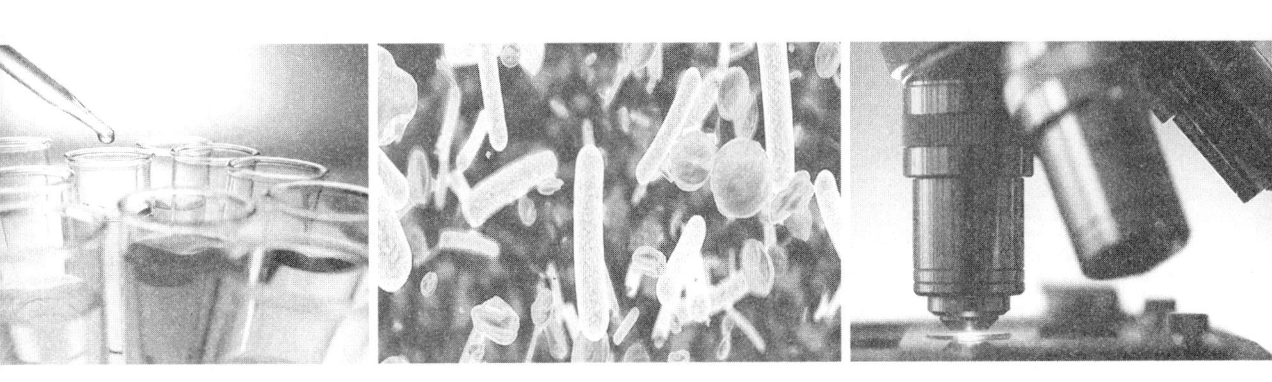

吴桂银　敬淑燕　主编

中国农业出版社
北　京

图书在版编目（CIP）数据

动物产品检验技术 / 吴桂银，敬淑燕主编. — 北京：中国农业出版社，2022.6

高等职业教育农业农村部“十三五”规划教材

ISBN 978-7-109-29540-7

Ⅰ.①动… Ⅱ.①吴… ②敬… Ⅲ.①动物产品-卫生检验-高等职业教育-教材 Ⅳ.①TS251.7

中国版本图书馆 CIP 数据核字（2022）第 100039 号

中国农业出版社出版

地址：北京市朝阳区麦子店街 18 号楼

邮编：100125

责任编辑：王宏宇　　文字编辑：马晓静

版式设计：王　晨　　责任校对：刘丽香

印刷：中农印务有限公司

版次：2022 年 6 月第 1 版

印次：2022 年 6 月北京第 1 次印刷

发行：新华书店北京发行所

开本：787mm×1092mm　1/16

印张：14.75

字数：365 千字

定价：38.50 元

《动物产品检验技术》

编审人员

主　编　吴桂银　敬淑燕

副主编　唐　峰　杜光波　王书敏

编　者（以姓名笔画为序）

王书敏（江苏省泗阳县畜牧兽医站）

王荷香（河南农业职业学院）

车业贵（江苏农牧科技职业学院）

孙　冰（江苏农牧科技职业学院）

杜光波（淮安生物工程高等职业学校）

吴桂银（江苏农牧科技职业学院）

何　涛（宁夏农业学校）

何丛丛（淮安生物工程高等职业学校）

贾良梁（淮安生物工程高等职业学校）

顾非凡（江苏省食品集团有限公司）

唐　峰（锦州医科大学）

敬淑燕（甘肃农业职业技术学院）

主　审　严建刚（江苏省农业委员会）

前言

FOREWORD

本教材根据《国务院关于印发国家职业教育改革实施方案的通知》（国发［2019］4号）、《职业教育提质培优行动计划（2020—2023年）》（教职成［2020］7号）和《关于推动现代职业教育高质量发展的意见》等文件精神，由高职高专院校骨干教师和行业、企业专家共同参与编写而成。

本教材坚持职业教育的“工作过程导向”原则，按照高职院校面向生产一线培养高素质技术技能人才的目标，根据我国当前对动物性产品的安全和卫生要求，参照相关的职业标准，设计项目化、任务式体系结构。全书注重体例创新，内容新颖全面，条理清晰，图文并茂，语言平实流畅。每个项目按职业岗位需求，设计了典型工作任务，加强与实际工作的接轨，力求突出学生职业岗位能力培养，体现理实一体化教学。项目后设计了练习思考题，方便学生自测与自学。

全书共设计了包括动物产品的污染与控制、屠宰加工过程的动物卫生监督与检验、屠宰动物产品的卫生检验、其他动物产品的卫生检验4个项目，并分解为21个典型工作任务，同时设计了14个项目实训，在内容安排上吸收了现行国家有关动物产品检疫检验方面的法律法规以及相关的国家标准和行业标准，保证了内容的先进性和权威性。

本教材作为高等职业教育教材，建议讲授学时数为60学时，不同院校可根据实际情况适当调整。典型工作任务和项目实训由教师在教学时根据具体情况酌情选择。

本教材由吴桂银、敬淑燕担任主编，唐峰、杜光波、王书敏担任副主编。具体编写分工为：吴桂银编写前言、绪论、附录，并负责全书的编排统稿；吴桂银、顾非凡编写项目二任务五；敬淑燕编写项目三任务三、四、五、六；唐峰编写项目一和项目四；杜光波、何涛、何丛丛、王书敏编写项目二任务一、二、四；杜光波、贾良梁编写项目二任务七、八；王荷香编写项目二任务三和项目三任务一、二；车业贵编写项目三任务七；孙冰编写项目二任务六。本教材承蒙江苏省农业委员会严建刚高级畜牧师审稿，在此谨致谢意！本书在编写过程中，参考了大量的相关资料，吸取了许多同仁的宝贵经验，在此一并致意！

由于编者学识水平有限，本教材错误和疏漏之处在所难免，敬请读者批评指正。

编　者

2022.2

目录

CONTENTS

一、动物产品检验的概念

动物产品检验学是以兽医学和公共卫生学的理论及相关法规为基础，从预防观点出发，研究动物产品在生产、加工、贮藏、运输及销售等过程中的预防性和生产性卫生监督，并对产品卫生质量做出鉴定、控制及最合理的加工利用，确保产品的安全与质量，以保障食用者的安全健康，防止人畜共患病及其他动物疫病散播的综合性应用学科。它涉及动物从养殖场到餐桌的全程检验与监控，与人类的日常生活息息相关。

动物产品，是指动物的肉、生皮、原毛、绒、脏器、脂、血液、精液、卵、胚胎、骨、蹄、头、角、筋以及可能传播动物疫病的奶、蛋等。本教材所讲的动物产品主要指肉、乳、蛋、水产品及其制品，如各种生鲜肉、肉制品、蛋品、乳品等。

肉与肉制品等动物产品富含优质的蛋白质以及较多的脂肪、糖类、无机盐和维生素等营养物质，是人类膳食的重要组成部分。但是肉类食品同时又具有容易腐败变质的特性，不健康的动物及其产品还常带有致病性微生物和寄生虫。因此，人们吃了不卫生的动物产品，常会使人感染某种传染病和寄生虫病，甚至发生食物中毒，损害食用者的健康。此外，肉品中残留的兽药、有害金属、农药、苯并芘、亚硝酸盐、放射性元素、霉菌毒素等有害物质均可通过食物链进入人体，致癌、致畸、致突变以及影响遗传，对人体健康构成严重威胁。因此，必须加强动物产品的检验与监督，防止肉品污染和食源性疾病的发生。

二、动物产品检验的目的与任务

动物产品检验对于保障人民身体健康，防止人畜共患病及其他动物疫病的传播具有重要意义。其无论是作为一门学科或具体工作实践，目的都是为了保证动物产品卫生质量，保障消费者的食品安全及防止疫病散播。动物产品检验的具体任务是：

1. 防止人畜共患病和其他动物疫病的传播和蔓延　动物及其产品与人的生活密切相关。许多疫病是人畜共患的传染病，目前动物疫病中，人畜共患的传染病已达200余种。其中通过肉用动物及其产品传染人的疫病就有几十种，包括细菌病、病毒病、寄生虫病，还有衣原体病、真菌病等。在世界范围内引起风波的疯牛病（BSE）、禽流感等，均因与人的健康有关而引起世界关注。通过动物产品检验和实施动物卫生监督，对阻止染疫产品进入流通环节，特别是防止人畜共患病的发生和传染可起到积极的作用。

2. 防止食物中毒　某些微生物在畜禽机体抵抗力降低的情况下，乘机侵入机体内，畜禽被屠宰加工后，肉及其他产品在屠宰加工、运输、贮藏、销售过程中，如果不严格执行卫生操作规程，则会被微生物污染。其中某些微生物如沙门菌、变形杆菌、大肠杆菌、副溶血性弧菌、金黄色葡萄球菌、肉毒梭菌、产气荚膜梭菌等污染动物产品被人食入后，可能引起食物中毒。因此，严格执行屠宰加工卫生操作规程，保证动物产品的卫生，对防止食物中毒有着重要的意义。

3. 防止有毒有害物质通过动物产品对人体造成危害 畜禽在饲养过程中，因食入被农药、工业“三废”污染的饲料，如有机氯、有机磷、有机汞、有机砷等农药；汞、铅、镉、砷、铬、氟化物、多氯联苯等有毒有害物质。这些农药及有毒有害物质在畜禽体内蓄积，残留在畜禽体内和禽蛋、牛乳等产品中，人们通过食物链，长期摄入被污染的动物产品则会对人体产生各种毒害作用。当人们长期食用残留有亚硝胺、3，4-苯并芘、黄曲霉毒素的动物产品后，有可能使人发生癌症。食入被放射性物质污染的动物产品，可引起组织器官的损伤和癌症。因此，加强对这些有毒有害物质的检测，对于保障人类健康具有重要的意义。

4. 维护我国动物产品贸易的信誉，提高其在国际市场竞争力 我国是动物及动物产品生产大国，重视动物及动物产品检疫检验，控制和消灭动物疫病，提高农畜产品质量，是提高自身国际市场竞争力，扩大对外业务的重要环节。通过对进口动物产品的检验，发现有染疫动物产品，可依照双方协议进行索赔，使国家进口贸易免受损失。另外，通过对出口动物产品的检验，可保证质量，维护贸易信誉，打破国外绿色贸易壁垒，使更多的企业参与国际竞争，更多的动物产品进入国际市场。

三、动物产品检验的机构与人员

（一）动物产品检验的机构

随着社会经济的发展，农业结构调整和农村改革的稳步推进，兽医工作面临更加艰巨的任务。特别是在保障畜牧业生产健康发展、保护人民身体健康、促进动物及其产品出口创汇，实施统筹城乡经济发展战略上发挥着越来越重要的作用。兽医体制改革前，我国实行的兽医管理体制中法律不完善、机构不健全、职责不清晰、队伍不稳定、经费不充足等问题非常突出，已很难适应有效控制和扑灭重大动物疫病、加强公共卫生建设以及提高畜牧业国际竞争力的需要。在此背景下，从 2005 年开始，全国实施了畜牧兽医管理体制改革。经过多次调查论证，借鉴国外兽医管理体制的一些成功经验并结合我国实际，确定了按照政府“经济调节、市场监管、社会管理、公共服务”的职能要求，健全机构、理顺职能、完善机制。以调整和完善兽医工作体系为突破口，优化重组原有兽医机构，建立健全行政、执法、技术支持三类机构。在此基础上逐步建立官方兽医和执业兽医相结合的新型兽医管理体制，整合社会兽医资源，逐步形成政府主导、社会参与、统一规范、透明高效的兽医管理体制和运转机制。

目前，各级兽医行政机构、执法机构和技术机构构成完整的兽医工作体系。兽医工作由兽医行政管理部门统一领导，执法机构负责监督执行，技术机构提供技术保障和支撑。各机构分工负责、密切合作的工作机制，确保政令统一，防止职能交叉和管理缺位。

根据《中华人民共和国动物防疫法》的规定，动物产品检疫的法定机构为各级动物卫生监督机构。国家级的动物卫生监督职能在中国动物疫病预防控制中心。省以下整合行政执法机构及职能，分别在省、市、县组建动物卫生监督机构或农牧业综合执法机构。乡镇从事动物产地检疫、产品检疫人员实行条块结合管理，从而进一步健全县级动物卫生监督执法机构，堵塞基层检疫检验漏洞。

（二）动物产品检验的人员

目前，我国实行的是按定点屠宰场的规模进行分类管理。对小型定点屠宰企业由当地动物卫生监督机构派人（即官方兽医）直接驻场检疫检验；对规模化屠宰企业则由官方兽医和企业内部品质检验员共同完成。

官方兽医是指由国家兽医行政管理部门授权的，从事动物检疫和监督执法的兽医工作人员。这种制度的实行，使我国在兽医管理体制上逐步与国际通行做法接轨。

官方兽医制度以行政执法和动物防疫技术支持体系为后盾，确保官方兽医技术和行政职责于一体，维护动物卫生执法的科学性和公正性。官方兽医的主要职责：一是对动物、动物产品实施检疫，出具检疫合格证明，并对检疫结果和出具的检疫合格证明负责；二是在规定的权限内开展监督检查工作；三是检疫中发现患病动物或者染疫动物产品，有权制止其上市、运输、销售，责令并监督当事人进行无害化处理；四是依法查处违反动物防疫法律、法规的行为。官方兽医（又称兽医官）作为执法主体，对动物及动物产品进行全过程监控并出具动物卫生证书。官方兽医需经资格认可、法律授权或政府任命，其行为需保证独立、公正并具有权威性。

四、动物产品检验的相关法律法规与标准

不同种类的动物产品，其检验方法不相同，但大体分为三类基本方法：感官检验、微生物学检验、理化检验。制定、颁布和实施动物产品检验相关法律法规、标准，使动物产品检验工作走上法制化和标准化轨道，是动物产品检验工作得以正常运行并发挥其应有作用的根本保证。

（一）相关法律法规简介

我国与动物产品检验相关的法律法规一般分为如下几个层次：

行政法律：行政法律是我国最高权力机关制定和颁布的法律中有关调整国家行政管理活动的一部分，是行政机关依法行政的重要依据。有关动物产品检验方面的行政法律主要有《中华人民共和国动物防疫法》《中华人民共和国食品安全法》《中华人民共和国农产品质量安全法》《中华人民共和国行政处罚法》等。它们都是动物卫生监督的重要依据，有些还是动物卫生监督的直接依据。

行政法规：行政法规是国务院根据法律的规定制定和颁布的有关国家行政管理活动的行为规则。其效力低于宪法和法律，不得与宪法和法律相抵触。目前，有关动物产品检验方面的行政法规主要有《生猪屠宰管理条例》等。

行政规章：行政规章是国务院各部委根据法律和国务院行政法规的授权在各自权限内制定的规范性法律文件。行政规章以“部、委令”的形式发布，其法律效力低于行政法规。有关动物产品检验方面的行政规章主要有《动物检疫管理办法》《动物防疫条件审查办法》《动物疫情报告管理办法》等。

地方性法规和规章：地方性法规规章是由我国地方省级人民代表大会及其常务委员会制定的关于地方行政机关管理行政活动的法律规范。如《江苏省动物防疫条例》《江苏省农产品质量安全条例》等。

下面重点介绍几部与动物产品检验密切相关的法律。

1.《中华人民共和国动物防疫法》　本法于 1997 年 7 月第八届全国人大常委会第二十

六次会议通过。2007年8月30日第十届全国人大常委会第二十九次会议第一次修订。2013年6月29日第十二届全国人大常委会第三次会议和2015年4月24日第十二届全国人大常委会第十四次会议两次修正。2021年1月22日第十三届全国人大常委会第二十五次会议第二次修订，由10章85条修订为12章113条，自2021年5月1日起施行。

（1）立法的目的。根据《中华人民共和国动物防疫法》总则第一条规定，为了加强对动物防疫活动的管理，预防、控制、净化、消灭动物疫病，促进养殖业发展，防控人畜共患传染病，保护公共卫生安全和人体健康，制定该法。

（2）适用范围。总则第二条规定《中华人民共和国动物防疫法》的地域效力为中华人民共和国的领域，包括我国的领陆、领水和领空。领陆是指主权国家疆界以内的陆地；领水是指位于陆地疆界以内或者与陆地疆界邻接的一定宽度的水域，包括江河、湖泊、内海、领海；领空是指领陆和领水之上的空间，其上限为大气空间与外层空间的分界处。此外，领域在延伸意义上还包括本国驻外国的使、领馆和航行于公海或停泊于外国港口的本国的船舶和飞机。但有一个例外，根据《中华人民共和国香港特别行政区基本法》和《中华人民共和国澳门特别行政区基本法》分别规定，自中华人民共和国对香港和澳门恢复行使主权时起，设立该地区为特别行政区，并规定除两个基本法附件中规定的特别行政区适用的全国性法律外，其他法律不适用于特别行政区。

《中华人民共和国动物防疫法》的主体是我国领域内的单位和个人。单位包括取得法人资格的企业法人、事业法人等，也包括未取得法人资格的其他组织；个人包括我国公民，即具有中国国籍的人，也包括进入我国国境的外国人，法律另有规定的除外。

（3）有关检疫检验的部分条款。

第四十八条　动物卫生监督机构依照本法和国务院农业农村主管部门的规定对动物、动物产品实施检疫。

动物卫生监督机构的官方兽医具体实施动物、动物产品检疫。

第四十九条　屠宰、出售或者运输动物以及出售或者运输动物产品前，货主应当按照国务院农业农村主管部门的规定向所在地动物卫生监督机构申报检疫。

动物卫生监督机构接到检疫申报后，应当及时指派官方兽医对动物、动物产品实施检疫；检疫合格的，出具检疫证明、加施检疫标志。实施检疫的官方兽医应当在检疫证明、检疫标志上签字或者盖章，并对检疫结论负责。

动物饲养场、屠宰企业的执业兽医或者动物防疫技术人员，应当协助官方兽医实施检疫。

第五十条　因科研、药用、展示等特殊情形需要非食用性利用的野生动物，应当按照国家有关规定报动物卫生监督机构检疫，检疫合格的，方可利用。

人工捕获的野生动物，应当按照国家有关规定报捕获地动物卫生监督机构检疫，检疫合格的，方可饲养、经营和运输。

国务院农业农村主管部门会同国务院野生动物保护主管部门制定野生动物检疫办法。

第五十一条　屠宰、经营、运输的动物，以及用于科研、展示、演出和比赛等非食用性利用的动物，应当附有检疫证明；经营和运输的动物产品，应当附有检疫证明、检疫标志。

第五十二条　经航空、铁路、道路、水路运输动物和动物产品的，托运人托运时应当提供检疫证明；没有检疫证明的，承运人不得承运。

进出口动物和动物产品，承运人凭进口报关单证或者海关签发的检疫单证运递。

从事动物运输的单位、个人以及车辆，应当向所在地县级人民政府农业农村主管部门备案，妥善保存行程路线和托运人提供的动物名称、检疫证明编号、数量等信息。具体办法由国务院农业农村主管部门制定。

运载工具在装载前和卸载后应当及时清洗、消毒。

第五十三条　省、自治区、直辖市人民政府确定并公布道路运输的动物进入本行政区域的指定通道，设置引导标志。跨省、自治区、直辖市通过道路运输动物的，应当经省、自治区、直辖市人民政府设立的指定通道入省境或者过省境。

第五十四条　输入到无规定动物疫病区的动物、动物产品，货主应当按照国务院农业农村主管部门的规定向无规定动物疫病区所在地动物卫生监督机构申报检疫，经检疫合格的，方可进入。

第五十五条　跨省、自治区、直辖市引进的种用、乳用动物到达输入地后，货主应当按照国务院农业农村主管部门的规定对引进的种用、乳用动物进行隔离观察。

第五十六条　经检疫不合格的动物、动物产品，货主应当在农业农村主管部门的监督下按照国家有关规定处理，处理费用由货主承担。

2.《中华人民共和国食品安全法》　为保证食品安全，保障公众身体健康和生命安全，第十二届全国人民代表大会常务委员会第十四次会议于2015年4月24日修订通过了新的《中华人民共和国食品安全法》，共10章154条，自2015年10月1日起施行。

部分相关条款：

第二十七条　食品安全国家标准由国务院卫生行政部门会同国务院食品药品监督管理部门制定、公布，国务院标准化行政部门提供国家标准编号。

食品中农药残留、兽药残留的限量规定及其检验方法与规程由国务院卫生行政部门、国务院农业行政部门会同国务院食品药品监督管理部门制定。

屠宰畜、禽的检验规程由国务院农业行政部门会同国务院卫生行政部门制定。

第三十四条　禁止生产经营下列食品、食品添加剂、食品相关产品：

（一）用非食品原料生产的食品或者添加食品添加剂以外的化学物质和其他可能危害人体健康物质的食品，或者用回收食品作为原料生产的食品；

（二）致病性微生物，农药残留、兽药残留、生物毒素、重金属等污染物质以及其他危害人体健康的物质含量超过食品安全标准限量的食品、食品添加剂、食品相关产品；

（三）用超过保质期的食品原料、食品添加剂生产的食品、食品添加剂；

（四）超范围、超限量使用食品添加剂的食品；

（五）营养成分不符合食品安全标准的专供婴幼儿和其他特定人群的主辅食品；

（六）腐败变质、油脂酸败、霉变生虫、污秽不洁、混有异物、掺假掺杂或者感官性状异常的食品、食品添加剂；

（七）病死、毒死或者死因不明的禽、畜、兽、水产动物肉类及其制品；

（八）未按规定进行检疫或者检疫不合格的肉类，或者未经检验或者检验不合格的肉类制品；

（九）被包装材料、容器、运输工具等污染的食品、食品添加剂；

（十）标注虚假生产日期、保质期或者超过保质期的食品、食品添加剂；

（十一）无标签的预包装食品、食品添加剂；

（十二）国家为防病等特殊需要明令禁止生产经营的食品；

（十三）其他不符合法律、法规或者食品安全标准的食品、食品添加剂、食品相关产品。

第四十五条　食品生产经营者应当建立并执行从业人员健康管理制度。患有国务院卫生行政部门规定的有碍食品安全疾病的人员，不得从事接触直接入口食品的工作。

从事接触直接入口食品工作的食品生产经营人员应当每年进行健康检查，取得健康证明后方可上岗工作。

（二）相关标准简介

除了上述法律法规外，国家还制定了一系列技术性法规规章，即由国家质量技术主管部门制定颁布的国家标准或国务院兽医主管部门制定发布的行业技术规范、操作规程、标准等，此类法规规章具有较强的科学性，技术性，并带有强制性和统一性，是实践中具体指导检疫检验工作的，必须严格执行。

依据《中华人民共和国标准化法》将标准划分为国家标准、行业标准、地方标准和企业标准等 4 个层次。

1. 国家标准　对需要在全国范围内统一的技术要求，应当制定国家标准。国家标准由国务院标准化行政主管部门编制计划和组织草拟，并统一审批、编号、发布。国家标准的代号为“GB”，其含义是“国标”两个字汉语拼音的第一个字母“G”和“B”的组合。如《生猪屠宰产品品质检验规程》（GB/T 17996—1999）、《屠宰和肉类加工企业卫生管理规范》（GB/T 20094—2006）等。GB/后带 T 的是推荐执行标准，不带 T 的是强制执行标准。

2. 行业标准　对没有国家标准又需要在全国某个行业范围内统一的技术要求，可以制定行业标准，作为对国家标准的补充，当相应的国家标准实施后，该行业标准应自行废止。行业标准由行业标准归口部门审批、编号、发布，实施统一管理。行业标准的归口部门及其所管理的行业标准范围，由国务院标准化行政主管部门审定，并公布该行业的行业标准代号。农业行业标准的代号为“NY”。如《冷却猪肉》（NY/T 632—2002）等。

3. 地方标准　对没有国家标准和行业标准而又需要在省、自治区、直辖市范围内统一的下列要求，可以制定地方标准：工业产品的安全、卫生要求；药品、兽药、食品卫生、环境保护、节约能源、种子等法律、法规规定的要求；其他法律、法规规定的要求。地方标准由省、自治区、直辖市标准化行政主管部门统一编制计划、组织制定、审批、编号、发布。

4. 企业标准　对企业范围内需要协调、统一的技术要求、管理要求和工作要求所制定的标准。企业标准由企业制定，由企业法人代表或法人代表授权的主管领导批准、发布。企业产品标准应在企业标准信息公共服务平台上发布备案。

动物产品的污染与控制

项目目标

1. 专业能力

了解动物产品污染的来源和途径，了解污染的种类和危害，掌握动物产品的安全性评价方法。

2. 方法能力

（1）具有预防动物产品污染的思维能力。

（2）具有采集动物产品样品的能力。

（3）能初步掌握动物产品污染的预防和控制措施。

3. 社会能力

（1）具有高度的责任心和使命感。

（2）具有良好的环境保护意识。

（3）具有良好的生物安全意识。

任务一　动物产品污染的认知

【任务描述】

动物产品污染的来源与分类，动物产品污染的危害，动物产品的安全性评价。

【与其他任务的关系】

明确动物产品污染的来源与分类，为预防与控制动物产品污染奠定基础。

一、动物产品污染的来源与分类

（一）动物产品污染的概念

动物产品污染是指动物产品中原来含有的或加工时人为添加的各种生物性或化学性物质对动物产品的污染。其共同特点是对人体健康具有急性或慢性危害。造成动物产品污染的原因很多，例如：微生物、寄生虫、兽药、农药、有害元素、生物毒素、激素、饲料（食品）添加剂、放射性物质等。

（二）动物产品污染的分类

根据污染的来源与方式，动物产品污染可分为内源性污染和外源性污染。根据污染物的特性可分为生物性污染和非生物性污染。目前，一般按污染物性质的不同，将其分为生物性污染、化学性污染和放射性污染。

1. 生物性污染 指微生物、寄生虫、有毒生物组织和食品害虫对动物产品的污染。

（1）微生物污染。细菌与细菌毒素、真菌与真菌毒素和病毒是造成动物产品污染的重要因素。细菌主要有炭疽杆菌、结核杆菌、布鲁菌、沙门菌、大肠杆菌等，真菌主要有黄曲霉及黄曲霉毒素，病毒主要有口蹄疫病毒、禽流感病毒、猪水疱病病毒、甲型肝炎病毒等。

（2）寄生虫污染。主要指人畜共患寄生虫可以通过动物产品使人发生感染。常见的有旋毛虫、绦虫、弓形虫、棘球蚴等。

（3）有毒生物组织污染。指某些动物组织具有毒性，食用后对人体会产生不良影响。如动物甲状腺、肾上腺、河豚鱼卵等。

（4）食品害虫污染。指肉、蛋、鱼、乳等产品中的蝇、蛆、甲虫、皮蠹等。食品被这些昆虫污染后，使食品的感官性状不良、营养价值降低，甚至完全丧失食用价值。

2. 化学性污染 各种有毒、有害化学物质对动物产品的污染。包括各种有毒的金属、非金属、无机化合物、有机化合物等所造成的污染。

（1）工业“三废”污染。工业“三废”是指废气、废水、废渣。随着工业生产的发展，工业“三废”大量产生并排放。“三废”中的化学污染物种类繁多，例如：镉、铅、汞、砷、多氯联苯、苯并芘等。这些污染物沿食物链富集并污染动物产品。

（2）兽药和饲料添加剂污染。兽药是指用于预防、治疗、诊断动物疾病或者有目的地调节动物生理机能的物质（含药物饲料添加剂）。饲料添加剂是指在饲料生产加工、使用过程中添加的少量或微量物质，在饲料中用量很少但作用显著。兽药和饲料添加剂可在动物体内残留。人类食用这种动物产品，可能对人体健康产生影响。

（3）农药的污染。农药是指用于防治农林牧业生产的有害生物和调节植物生长的人工合成或天然物质。动物产品的农药残留来源于对动物体和厩舍使用农药或在加工、运输、储存中受到农药污染而发生，但主要是通过食物链而来。

（4）食品添加剂污染。食品添加剂是指为改善食品的品质，增加其色、香、味，以及防腐和满足加工工艺的需要而加入食品中的化学合成的或天然的物质。食品添加剂在一定范围内使用对人体无害，但若滥用则会造成食品的污染，对食用者的健康造成危害。

（5）消毒药、洗洁净等污染。

3. 放射性污染 动物产品吸附或吸收外来的放射性核素，使其放射性高于自然放射本底时，称为动物产品的放射性污染。

（三）动物产品污染的来源

根据污染的来源与方式，动物产品污染可分为内源性污染和外源性污染。

1. 内源性污染 内源性污染也称为食用动物的生前污染或第一次污染，即动物在生长发育过程中，由本身带染的生物性或从环境中吸收的化学性、放射性物质而造成的食品污染。

（1）内源性生物性污染。

①非致病性微生物和条件致病性微生物。正常条件下，在动物机体的某些部位，如消化道、上呼吸道、泌尿生殖道及体表等，存在着一些非致病性和条件致病性微生物，当动物宰前处于不良条件下，如长途运输、过度疲劳、拥挤、饥饿等，则动物机体的抵抗力降低，这些微生物便有可能侵入肌肉、肝等部位，造成动物性食品的污染。

②致病性微生物。动物在生长发育过程中被致病性微生物感染，它们的某些组织器官内常存在病原微生物。有的在其产品中亦可带染某种病原微生物，如结核病牛的乳汁中可检出结核杆菌、禽类感染了沙门菌后其蛋中可带染沙门菌。

③微生物毒素。有些微生物在适宜的条件下，可以生长繁殖并产生毒素，当人类食入大量毒素时，可造成急性中毒。

④寄生虫。动物在生长发育过程中感染寄生虫，可能导致动物产品受到寄生虫污染。

(2) 内源性化学性污染。随着工业生产的发展，大量的化学物质在工业、农业、医疗卫生以及日常生活等各个方面广泛的应用，造成一些有毒的化学物质以各种形式存在于环境中，这些物质可以通过食物链进入动物体，造成动物产品化学性污染。

(3) 内源性放射性污染。环境中的放射性物质可通过多种途径进入动物体内，并蓄积在组织器官中，使动物产品受到污染。

2. 外源性污染　外源性污染又称为食品加工流通过程的污染或第二次污染。即动物产品在生产、加工、运输、贮藏、销售等过程中的污染。

(1) 外源性生物性污染。

①通过水的污染。动物产品生产加工的许多环节都离不开水。如果在这些环节中使用被生物性污染的水，则会造成动物产品的生物性污染。

②通过空气的污染。空气中含有大量的微生物。这些污染物可以自然沉降或随雨滴降落在动物产品上，造成直接污染。此外，带有微生物的痰沫、鼻涕与唾液的飞沫、空气中的尘埃、雾滴等也可对动物产品造成污染。

③通过土壤的污染。土壤中可能存在种类繁多的微生物、寄生虫及虫卵。动物产品在生产、加工、贮藏、运输等过程中，接触被污染的土壤，或尘土沉降于动物产品表面，造成动物产品的直接污染，土壤也可成为水及空气的污染源而间接污染动物产品。

④生产加工过程和流通、保藏环节的污染。动物产品在生产加工过程的各个环节，都有可能受到污染。如动物产品加工器具、设备等不清洁，可以造成动物产品的污染；运输和包装器具不净，可以造成动物产品污染；贮存于阴冷潮湿的仓库内，容易受到霉菌污染。此外，不合理使用食品添加剂也会造成食品污染。

⑤鼠类与害虫的污染。鼠类与害虫是指通过食品传播疾病的啮齿类及破坏并吞噬动物产品的昆虫，包括老鼠、苍蝇、蟑螂及甲虫等，这些生物均带有大量的微生物特别是致病性微生物。动物产品在生产、加工、运输、贮藏、销售过程中，被这类生物咬食，就会造成微生物污染。

⑥相关从业人员带菌污染。相关从业人员的健康状态和卫生习惯对动物产品卫生至关重要。正常人的体表、呼吸道、消化道、泌尿生殖道均带染一定类群和数量的微生物，这些微生物可能成为动物产品污染的来源。尤其应当注意的是，当从业人员患有传染性肝炎、开放性结核、肠道传染病、化脓性皮炎等疾病时，可向体外排菌。在加工、运输、贮藏、销售、烹调等各环节都有可能使动物产品污染。

(2) 外源性化学性污染。

①通过水的污染。水的化学性污染主要来源于未经处理的工业废水、屠宰废水、生活污水、油轮泄漏及农药施用等。在生产加工过程中，如果使用了化学性污染的水，则会造成动物产品的化学性污染。

②通过空气的污染。空气中除了含有大量的微生物之外，还可能含有燃烧产生的废气，工业生产中的有毒、有害化学物质。这些有害气体四处扩散，可自然沉降或随雨滴落在动物产品上，造成动物产品的化学性污染。

③通过土壤的污染。土壤是各种废弃物的天然收容所。土壤中的有毒、有害化学物质主要来自工业“三废”、农药、化肥、垃圾、污水等。当动物产品接触到被污染的土壤，或风沙、尘土沉降于动物产品表面，就会造成动物产品的化学性污染。

水、空气、土壤的污染都不是孤立的，而是相互联系、相互影响的。污染物质在三者之间相互转化和迁移，往往形成环境污染的恶性循环，从而造成污染物质对动物产品的污染。例如，有机氯类农药可从土壤中迁移至水和空气，由于其性质稳定，又可从水和空气再次迁移至土壤，并多次循环。

④加工过程中的污染。动物产品加工过程中每个环节都可能引入污染。例如，不合理使用添加剂可造成食品添加剂污染。食品包装材料选择不当，也会造成污染。肉类加工过程中的熏、烤、炸，可产生 3,4-苯并芘，造成外源性化学性污染。

⑤运输过程中的污染。运输过程中的装、运、卸、贮等环节，如果制度不严，管理不善，都会造成动物产品污染。例如，运输和装卸工具洗刷、消毒不净，就会造成动物产品的生物性及化学性污染；在运输过程中，若无防护设备，则易受灰尘、泥沙、雨水中化学物质的污染。

二、动物产品污染的危害

（一）食肉感染

食肉感染是指人们食用了患病动物的肉、乳、蛋等动物产品或被病原微生物污染的动物产品而引起的某种人畜共患传染病或寄生虫病。由于食源性感染大多是因食用患病动物肉而引起，所以食源性感染也可狭义地称为食肉感染，或肉源性感染。食肉感染是导致人畜共患病传播和流行的重要原因之一。

（二）食物中毒

食物中毒是指摄入了含有生物性、化学性有毒有害物质的食品或把有毒有害物质当作食品摄入后出现的非传染性（不属于传染病）的急性、亚急性疾病。食物中毒可分为微生物性食物中毒、化学性食物中毒、生物毒素性食物中毒。

（三）致癌、致畸、致突变

致癌、致畸和致突变效应称为“三致效应”。药物及环境中的化学药品可以导致基因突变或染色体畸变而造成对人体的潜在危害。致癌作用是指化学物质引起正常细胞发生恶性转化并发展成肿瘤的过程。致畸作用是指由于外源性化学物质的干扰，胎儿出生时，某种器官表现形态结构异常。致突变作用是指药物及环境引起人体细胞内的染色体及其中的脱氧核糖核酸的构成和排列顺序发生变化，进而使某些器官在形态、功能上发生病变。

（四）兽药残留的危害

兽药残留是指动物产品的任何可食用部分所含兽药的母体化合物及其代谢物，以及与兽药有关的杂质的残留。兽药残留对人体健康危害巨大，有些危害是即时的，有些危害是潜在的。动物产品中兽药残留的危害有以下几方面：

1. 过敏与变态反应 能引起过敏和变态反应的物质很多，在兽药中，青霉素、磺胺类、四环素以及某些氨基糖苷类抗生素潜在危害较大。由于部分兽药的热稳定性较强，烹调不能成为避免变态反应的措施。

2. 毒性作用　某些兽药具有毒性作用。由于动物产品中兽药残留量远远低于人的治疗量，发生急性中毒的可能性很小。但是，长期摄入可产生慢性中毒或蓄积毒性。另外，婴儿的药物代谢功能不完全，因此比较敏感。例如，氯霉素能导致再生障碍性贫血，我国已禁止将其用于动物源性食品动物；氨基糖苷类（链霉素、庆大霉素、卡那霉素）药物损害前庭和耳蜗神经，导致眩晕和听力减退；大环内酯类（红霉素、泰乐霉素）易导致肝损害和听觉障碍。

3. 细菌耐药性　细菌耐药性是指某些细菌菌株对通常能抑制其生长繁殖的某种浓度的抗生素产生了耐受性。细菌耐药性的产生和发展，是广泛使用抗生素，特别是滥用的结果。其最大的危害在于，耐药菌通过食物链使人类感染，增加治疗困难并延误治疗过程。

4. “三致”作用　致突变、致癌和致畸作用称为药品的“三致”作用，某些兽药具有“三致”作用。例如，治疗剂量的四环素可能具有致畸作用，链霉素具有潜在的致畸作用。

三、动物产品的安全性评价

（一）动物产品安全性评价的定义

动物产品安全性评价是指对动物性食品及其原料进行污染源、污染种类和污染量的定性、定量评定，确定其食用安全性，并制定切实可行的预防措施的过程。

（二）动物产品安全性评价的程序

动物产品安全性评价涉及毒理学试验，毒理学试验分为 4 个阶段：急性毒性试验；遗传毒性试验，传统致畸试验，短期喂养试验；亚慢性毒性试验（90d 喂养试验、繁殖试验、代谢试验）；慢性毒性试验。

1. 急性毒性试验　急性毒性试验是指一次或 24h 内多次染毒，短时间内观察动物体的毒性反应。测定半数致死量（LD_{50}）、了解受试物的毒性强度、性质和可能的靶器官，为进一步进行毒性试验的剂量和毒性判定指标的选样提供依据。

2. 遗传毒性试验，传统致畸试验，短期喂养试验　毒性试验是对受试物的遗传毒性以及是否具有潜在致癌作用进行筛选。传统致畸试验的目的在于了解受试物对胚胎是否只有致畸作用。短期喂养试验的目的是在急性毒性试验的基础上通过 30d 喂养试验，进一步了解其毒性作用，并可初步估计最大无作用剂量。

3. 亚慢性毒性试验（90d 喂养试验、繁殖试验、代谢试验）　观察受试物以不同剂量水平经较长期喂养后对动物的毒性作用性质和靶器官，并初步确定最大无作用剂量；了解受试物对动物繁殖及对子代的致畸作用，为慢性毒性和致癌试验的剂量选择提供依据。90d 喂养试验和繁殖试验的目的是观察受试物以不同剂量水平经 90d 喂养后对动物的毒性作用性质和靶器官，并初步确定最大无作用剂量；了解受试物对动物繁殖及对子代的发育毒性，初步确定最大未观察到有害作用剂量和致癌的可能性；为慢性毒性和致癌试验的剂量选择提供依据。代谢试验的目的是了解受试物在体内的吸收、分布和排泄速度以及蓄积性，寻找可能的靶器官；为选择慢性毒性试验的合适动物种系提供依据；了解代谢产物的形成情况。

4. 慢性毒性试验　慢性毒性试验的目的是了解经长期接触受试物后出现的毒性作用，

尤其是进行性或不可逆的毒性作用以及致癌作用；最后确定最大无作用剂量，为受试物能否应用于食品的最终评价提供依据。

（三）动物产品安全性评价的适用范围

（1）用于动物产品生产、加工和保藏的化学和生命物质。

（2）动物产品生产、加工、运输、销售和保藏等过程中产生和污染的有害物质和污染物，如农药、重金属和生物毒素以及包装材料的溶出物、放射性物质和食品器具的洗涤消毒剂等。

（3）新动物产品资源及其成分。

（4）动物产品中其他有害物质。

（四）常用指标

常用指标包括安全系数、日许量、最高残留限量、休药期、菌落总数、细菌总数、大肠菌群最近似数、大肠菌群值、致病性微生物等。

1. 安全系数和日许量

（1）安全系数（safety factor）。在对食品进行安全性评价时，由于人类和实验动物对某些化学物质的敏感性有较大的差异，为安全起见，由动物数值换算成人的数值（如以实验动物的无作用剂量来推算人体每日允许摄入量）时，一般要缩小100倍，这就是安全系数。它是根据种间毒性相差约10倍，同种动物不同个体的敏感程度相差约10倍制定出来的。实际应用中常根据不同的化学物质选择不同的安全系数。

（2）日许量（acceptable daily intake，ADI）。人体每日允许摄入量简称日许量，是指人终生每日摄入同种药物或化学物质，对健康不产生可觉察有害作用的剂量。以相当于人体每日每千克体重摄入的毫克数表示（mg/kg）。

2. 最高残留限量（maximum residue limit，MRL）　指允许在食品中残留化学物质或药物的最高量或浓度，又称允许残留量或允许量（tolerance level），具体指在屠宰、加工、贮存和销售等特定时期，直到被消费时，食品中化学物质或药物残留的最高允许量或浓度。

3. 休药期（withdrawal time）　指畜禽停止给药到屠宰和准予其产品（蛋、乳）许可上市的间隔时间，又称廓清期或消除期。凡供食用动物应用的药物或其他化学物质，均须规定休药期。休药期的规定是为了减少或避免供人食用的动物组织或产品中残留药物或其他化学物质超量。在休药期间，动物组织或产品中存在的具有毒理学意义的残留可逐渐消除，直至达到"安全浓度"，即低于"最高残留限量"。

4. 菌落总数　指一定重量、容积或面积的食物样品，在一定条件下（如样品的处理、培养基种类、培养时间、温度等）进行细菌培养，使适应该条件的每一个活菌必须而且只能形成一个肉眼可见的菌落，然后进行菌落计数所得的菌落数量。通常以1g或1mL或1cm^2样品中所含的菌落数量来表示。

5. 大肠菌群最近似数（coliform group most probable number，MPN）　指在100g（mL）食品检样中所含的大肠菌群的最近似或最可能数。食品受微生物污染后的危害是多方面的，但其中最重要、最常见的是肠道致病菌的污染。因此，肠道致病菌在食品中的存在与否及其存在的数量是衡量食品卫生质量的标准之一。但是肠道致病菌不止一种，而且各自的检验方法不同，因此选择一种指示菌，并通过该指示菌，来推测和判断食品是否已被肠道致病菌所污染及其被污染的程度，从而判断食品的卫生质量。

6. 致病性微生物　动物性食品中致病性微生物及引起食物中毒或其他疾病的微生物很多，包括细菌及其毒素、真菌毒素、病毒和寄生虫等。在对食品中致病菌检验时，没有将所有的病原菌都列为重点检验，只能根据不同食品的特点，选定某个种类或某些种类致病菌作为检验的重点对象。如蛋类、禽类、肉食品类以沙门菌检验为主，罐头食品以肉毒毒素检验为主，牛乳以检验结核杆菌和布鲁菌为主。

任务二　动物产品污染的预防与控制

【任务描述】

了解造成动物产品污染的常见污染物，动物产品污染的危害，动物产品污染的控制措施。

【与其他任务的关系】

熟悉动物产品污染的危害，从而明确开展动物产品检验的意义。

一、生物性污染的预防与控制

（一）生物性污染的危害

1. 食肉感染及危害　人畜共患病的危害因国家和地区而不同。对人有重要意义的人畜共患病约有 90 种，其中比较重要的有炭疽、鼻疽、布鲁菌病、结核病、沙门菌病、土拉杆菌病、军团病、李氏杆菌病、弯杆菌病、钩端螺旋体病、高致病性禽流感、口蹄疫、狂犬病、Q 热、流行性乙型脑炎、轮状病毒病、猪囊尾蚴病、棘球蚴病、旋毛虫病、弓形虫病、血吸虫病等。

2. 细菌性食物中毒及危害　因食入了含有致病量的活菌的食物，或食入了含有病原菌产生的致病量的细菌毒素的食物，或食入了既有致病量的活菌又含有细菌毒素的食物引起的食物中毒，称为细菌性食物中毒。

（1）沙门菌食物中毒。沙门菌食物中毒是常见、多发、危害较大的细菌性食物中毒。沙门菌广泛存在于各种动物的肠道中，是肠杆菌科的一个大属，有 2 000 多个血清型，我国已发现 120 多个血清型。引起食物中毒的沙门菌群主要包括鼠伤寒沙门菌、猪霍乱沙门菌、肠炎沙门菌等。引起中毒的原因主要是动物生前受到感染或宰后受到污染，食用前热处理不够，或虽经充分热处理后又受到污染导致。沙门菌食物中毒的潜伏期为 6～12h，最长可达 74h。临床表现恶心、头痛、寒战、面色苍白，继而出现呕吐、腹泻、体温升高（38～39℃），大便水样或带有脓血、黏液，中毒严重者出现血压下降、精神萎靡、嗜睡，甚至出现惊厥、抽搐和昏迷等，致死率较低。

（2）志贺菌食物中毒。志贺菌属是人类细菌性痢疾最为常见的病原菌，俗称痢疾杆菌。本属包括痢疾志贺菌、福氏志贺菌、鲍氏志贺菌、宋内志贺菌。本菌在环境中生存能力弱，分布不如其他病原菌广泛。志贺菌引起细菌性痢疾，潜伏期一般为 1～3d。患者突然出现发热、腹痛、里急后重等症状，并有脓血黏液便。伴有寒战、头晕、头痛，体温 38～40℃，常有肌肉痛、发绀、痉挛等。

（3）葡萄球菌食物中毒。葡萄球菌食物中毒是由金黄色葡萄球菌的肠毒素引起的一种最常见的食物中毒。葡萄球菌广泛地分布在空气、土壤、水体中，在人和动物的鼻腔、咽喉、皮肤及肠道中带菌率较高。患有化脓性感染及呼吸道感染的人和病畜禽，是造成动物产品污染的重要来源。肠毒素的耐热性强，食物中的肠毒素煮沸 2h 才能被破坏。葡萄球菌食物中毒的特征是发病突然，潜伏期一般为 2～4h，最短者 0.5h。主要症状是恶心、呕吐、胃部不适或疼痛、腹泻。呕吐为多发症，为喷射状呕吐。呕吐物或粪便中常可见有血和黏液。体温不超过 38℃，病程 1～2d，呈急性经过，很少有死亡，预后良好。

（4）副溶血弧菌食物中毒。副溶血弧菌又称嗜盐杆菌、嗜盐弧菌。广泛存在于海水及海底沉积物中，各种海鱼及贝蛤类带菌现象比较普遍，是沿海地区的主要肠道致病菌。潜伏期一般为 8～20h，最短 1h，也可长达数天。主要症状为腹痛、腹泻。腹泻多为洗肉水样便和血色水样便，以后可出现脓性黏液便，或脓血便，或血液便。恶心、呕吐，但不如腹泻剧烈。发热，其次也有头晕、头痛等症状。一般预后良好，2～3d 恢复。

（5）肉毒梭菌食物中毒。肉毒梭菌食物中毒也称肉毒中毒、腊肠中毒，是由肉毒梭菌的外毒素引起的一种比较严重的食物中毒，病死率高达 50%以上。肉毒梭菌广泛地分布在自然界中，其芽孢在土壤、尘埃、泥水、霉干草和动物粪便中均有存在。肉毒毒素作用于神经肌肉突触，阻止乙酰胆碱的释放，导致肌肉麻痹和神经功能不全。潜伏期一般为 1～7d，也有长达 60d 的。前驱期症状为四肢无力、头晕、头痛、食欲不振、步态不稳，部分患者出现恶心、呕吐、腹胀、腹泻等症状。典型症状为视力模糊、眼睑下垂、眼球震颤、瞳孔扩大、语言不清、咀嚼无力、吞咽困难等。严重者因呼吸肌神经麻痹而死亡。

（6）蜡样芽孢杆菌食物中毒。蜡样芽孢杆菌在自然界分布很广，在各种动物生熟食品中都能分离到。该菌的肠毒素可引起食物中毒，肠毒素分为呕吐肠毒素和腹泻肠毒素。呕吐型以头晕、胃部不适、恶心、呕吐为主，腹胀、腹痛、腹泻症状相对少见，潜伏期一般为 10min～6h。腹泻型以腹痛、腹泻为主，呕吐则少见，潜伏期一般为 2～3h。两型预后良好，致死率很低。

（7）李斯特菌食物中毒。李斯特菌属的代表种为单核细胞增多性李氏杆菌。该菌广泛分布于自然界，是人和动物李氏杆菌病的病原体，也是食品污染中最常见、公共卫生学上最重要的食源性致病菌。该菌所引起疾病可分为腹泻型和侵袭型两种，腹泻型主要表现为腹泻、腹痛及发热；侵袭型可引起脑膜炎、败血症，心内膜炎、流产等，部分病症可致死。

（8）致泻性大肠埃希菌食物中毒。致泻性大肠埃希菌是指能引起人类食物中毒的一群大肠埃希菌。无法通过形态、培养特性、生化特性与非致病性大肠埃希菌区分，可通过血清学方法区分。致泻性大肠埃希菌可分为 4 类：肠致病性大肠埃希菌、侵袭性大肠埃希菌、产肠毒素大肠埃希菌、肠出血性大肠埃希菌。潜伏期 8～44h，主要症状表现为急性胃肠炎型，腹痛、腹泻明显。多呈水样便、稀便或黏液便。产肠毒素大肠埃希菌可导致腹部绞痛明显，侵袭性大肠埃希菌可导致黏液脓血样的水样便。病程一般 1～3d，重者 7～10d。

3. 常见的真菌毒素性食物中毒及危害 因食入了被产毒真菌污染并在其中产生了致病量毒素的食物而引起的食物中毒，称为真菌毒素性食物中毒。

（1）黄曲霉毒素食物中毒。黄曲霉菌在自然界分布十分广泛。其产生的毒素——黄曲霉毒素属于剧毒，是目前已知真菌毒素中毒性最强的一种。已明确结构的黄曲霉毒素有十余种，其中以黄曲霉毒素 B_1 毒性最强，M_1 次之，再次为 G_1 和 M_2。黄曲霉毒素对热的抵抗力较强，一般烹调温度不能将其破坏。若使用黄曲霉毒素污染的饲料，可造成动物产品中黄曲霉毒素蓄积。急性中毒表现为胃部不适，食欲减退，腹胀，恶心，无力，肠鸣音亢进等。慢性中毒过程长，症状不明显，直到发展至肝细胞大量变性坏死时，才表现肝炎症状。与急性中毒相比，慢性中毒发生得更多。

（2）赭曲霉毒素食物中毒。赭曲霉常寄生于谷类，并产生赭曲霉毒素。在新鲜干燥的粮食和饲料中该毒素很少存在，但在发热霉变的粮食中含量很高，主要是赭曲霉素 A。赭曲霉毒素具有肾毒、肝毒、致畸、致癌、致突变和免疫抑制作用。

4. 常见的生物毒素性食物中毒及危害

（1）河豚中毒。引起中毒的是河豚毒素，毒素量因部位不同而有差异，河豚的卵巢、血液和肝毒性最强。河豚毒素中毒的特点为发病急速而剧烈，潜伏期 10min～3h，首先感觉手指、唇和舌刺痛，然后出现恶心、呕吐、腹泻等胃肠炎症状，并有四肢无力、发冷、口唇、指尖和肢端麻痹、眩晕，重者瞳孔及角膜反射消失，四肢肌肉麻痹，以致身体摇摆、共济失调，甚至全身麻痹、瘫痪，语言不清、发绀、血压和体温下降。呼吸先迟缓浅表，后渐困难，以致呼吸麻痹，最后死于呼吸衰竭。

（2）鱼类组胺中毒。组胺中毒是一种过敏型食物中毒。不新鲜的鱼含一定量组胺，容易形成组胺的鱼类有青花鱼、金枪鱼、沙丁鱼等青皮红肉的鱼。组胺中毒主要是组胺使毛细血管扩张和支气管收缩，临床特点为发病快、症状轻、恢复快，潜伏期为数分钟至数小时，主要表现为颜面部、胸部以及全身皮肤潮红和眼结膜充血等。同时还有头痛、头晕、心悸、胸闷、呼吸频数和血压下降。体温一般不升高，多在 1～2d 内恢复。

（3）贝类中毒。石房蛤毒素属神经毒素，其毒性很强，可阻断神经和骨骼肌细胞间神经冲动的传导。中毒潜伏期为数分钟至数小时，初期唇、舌、指尖麻木，继而腿、臂、颈部麻木，然后运动失调。伴有头痛、头晕、恶心和呕吐。随病程发展，呼吸更加困难，严重者在 2～24h 内因呼吸麻痹而死亡。

（4）甲状腺中毒。食用未摘除甲状腺的肉或误食甲状腺，可引起中毒。中毒潜伏期为 12～24h，表现为头晕、头痛、心悸、烦躁、抽搐、恶心、呕吐、多汗，有的还见腹泻和皮肤出血。

（5）肾上腺中毒。肾上腺中毒的潜伏期为 15～30min，表现为头晕、恶心、呕吐、腹痛、腹泻，严重者瞳孔散大，颜面苍白。

（6）肝和胆中毒。某些动物的肝和胆也可引起食物中毒，肝中毒主要是某些动物肝中所含的大量维生素 A 引起的，表现为头痛、皮肤潮红、恶心、呕吐、腹部不适、食欲不振等症状，之后有脱皮现象，一般可自愈。动物胆中毒是由胆汁毒素引起的，潜伏期为 5～2h，最短为 0.5h，初期表现恶心、呕吐、腹痛、腹泻等，之后出现黄疸、少尿、蛋白尿等肝肾损害症状，中毒者出现循环系统和神经系统症状，因中毒性休克和昏迷而死亡。

（二）生物性污染的预防与控制措施

1. 加强畜禽的防疫与检疫工作　坚持以预防为主的方针，做好畜禽的卫生防疫工作，提高食用动物的健康水平。切实开展动物检疫，防止人畜共患病及其他疾病的发生。

2. 加强食品生产过程中的卫生监督

（1）生产车间的卫生。生产车间的卫生良好与否，直接影响到动物性食品的卫生质量，除经常保持生产车间清洁外，还必须做好生产工具、设备的清洗消毒工作，生产中要严格执行各项卫生制度。

（2）工作人员的个人卫生。从事食品工作的人员应特别注意个人卫生，要有良好的卫生习惯，并应定期进行健康检查，检查的重点是消化道传染病，以及口腔、手、皮肤等部位的化脓创等。

（3）食品加工场（厂）周围的卫生。及时合理地处理食品加工场（厂）周围的废弃物、废水、污物等，避免周围环境对食品的污染。

（4）生产用水。食品生产用水必须符合国家饮用水质量标准。

二、化学性污染的预防与控制

（一）化学性污染的危害

化学性污染包括有害元素污染、农药污染、食品添加剂污染、其他化学毒物污染等。

1. 常见有害元素引起的食物中毒及危害　引起食物中毒的常见有害元素包括镉、汞、铅、砷。

（1）镉引起的食物中毒。镉在工农业的应用十分广泛，工业排放的含镉“三废”以及含镉农药的施用，是造成镉污染的重要原因。1946 年 3 月至 1968 年 5 月，日本富山县神通川流域发生“骨痛病”，就是工业厂矿排放到环境中的含镉废水污染造成。患者关节和骨疼痛，骨质松脆，易骨折。由于长期卧床而发生肌肉萎缩，常因并发症而死亡。此外，镉还引起高血压、动脉粥样硬化、贫血及睾丸损伤等。

（2）汞引起的食物中毒。汞的污染主要是来自开矿、冶炼，以及工农业生产的广泛应用。1953 年日本鹿儿岛水俣镇发生的“水俣病”，就是由汞中毒引起。进入人体的甲基汞，主要来自被污染的鱼、贝类，其进入人体后不易降解，排泄很慢，主要蓄积于肝和肾，并通过血脑屏障进入脑组织，主要损害神经系统。急性中毒时可导致抽搐，昏迷，甚至死亡；慢性中毒可导致四肢麻木，步态不稳，语言不清，进而发展为瘫痪麻痹，耳聋眼瞎，智力丧失，精神失常。此外，甲基汞还可通过胎盘进入胎儿体内，导致畸胎率明显增高。

（3）铅引起的食物中毒。铅在采矿、冶炼、蓄电池、汽油、印刷涂料、焊接、陶瓷、塑料、橡胶和农药工业中广泛使用。铅及其化合物对人体都有一定的毒性，有机铅比无机铅毒性更大，尤其作为汽油防爆剂的四乙基铅及其同系物则毒性更大。铅主要对神经系统、血液循环系统和消化系统有毒性作用。中毒性脑病是铅中毒的重要病症，表现为增生性脑膜炎或局部脑损伤。铅中毒可表现为食欲不振、胃肠炎、口腔金属味、失眠、头晕、头痛、关节肌肉酸痛、腰痛、便秘、腹泻和贫血等。中毒者外貌出现“铅容”，牙齿出现“铅缘”。此外，铅中毒还可导致肝硬化、动脉硬化，对心、肺、肾、生殖系统及内分泌系统均有损伤作用。

（4）砷引起的食物中毒。砷及其化合物在有色玻璃、合金、制革、染料、医药等行业广泛使用。1968 年中国台湾西海岸曾发生的“污脚病”，就是砷慢性中毒的结果。1965—1966 年，日本“森永毒奶粉事件”曾导致 12 000 人砷中毒，死亡 128 人，其中大部分是儿童。其原因是奶粉加工过程中使用了劣质磷酸钠，而劣质磷酸钠混入了砷，导致砷中毒。砷中毒表现为感觉异常、进行性虚弱、眩晕、气短、心悸、食欲不振、呕吐、皮肤黏膜病变和多发性神经炎。颜面、四肢色素异常，称为黑皮症和白斑。心、肝、脾、肾等实质脏器发生退行性病变以及并发性溶血性贫血、黄疸等，严重时可导致中毒性肝炎、心肌麻痹而死亡。砷还可通过胎盘引起胎儿中毒。

2. 农药引起的食物中毒及危害　引起食物中毒的常见农药包括有机磷农药、氨基甲酸酯类农药。

（1）有机磷农药中毒。有机磷农药使用广泛，但是，其生物半衰期短，不易在动物和人体残留，食品经洗涤、烹饪后，残留量有不同程度的降低。动物产品中的有机磷农药进入人体被吸收后，由血液、淋巴液转运到全身各脏器，其分布以肝为最多，其次为肾、肺、骨、肌肉和脑。以肾排泄为主。有机磷农药的毒性作用主要在于其抑制胆碱酯酶活性。急性中毒时，表现为血液胆碱酯酶活性下降，引起胆碱能神经功能紊乱，例如出汗、肌肉震颤，严重时导致中枢神经功能障碍，出现共济失调、震颤、精神错乱、语言失常等一系列神经毒的表现。但一般食品中残留的少量有机磷农药不致引起上述中毒现象。有机磷农药慢性接触时，也引起胆碱酯酶活性的变化。

（2）氨基甲酸酯类农药中毒。氨基甲酸酯类多为杀虫剂，近年来应用日益广泛。常用的品种有西维因、速灭威、混灭威、叶蝉散、害朴威等。这些农药的特点是对虫害选择性强、作用快、易分解、在体内不易蓄积。但是，随着用量的不断增大，动物产品中残留问题也逐渐突出。氨基甲酸酯类具有抗胆碱酯酶活性，并对造血系统有影响。急性中毒表现精神沉郁、流泪、肌肉无力、震颤、痉挛、低血压、瞳孔缩小等胆碱酯酶抑制症状。近年来发现氨基甲酸酯类随食物进入哺乳动物胃内，在酸性条件下与亚硝酸盐反应而形成各种亚硝胺类物质，致使氨基甲酸酯类农药具有潜在的致癌、致突变性。

3. 食品添加剂引起的食物中毒及危害　引起食物中毒的常见食品添加剂包括着色剂、油脂抗氧化剂、防腐剂。

（1）着色剂。常用的着色剂有硝酸盐和亚硝酸盐。着色剂加入肉品中，可使肉色鲜红，香肠、火腿肠、肉类罐头等食品中经常使用。亚硝酸盐除具有着色作用外，还有抑制肉毒梭菌的作用。当亚硝酸盐大量进入血液时，将血红蛋白中二价铁离子氧化为三价铁离子，正常血红蛋白就转变为高铁血红蛋白，失去输氧能力。高铁血红蛋白大量增加，形成高铁血红蛋白血症。最初，表现为皮肤黏膜青紫；若有20%的血红蛋白转变为高铁血红蛋白，则造成机体组织的缺氧。中枢神经系统对缺氧最为敏感，可引起呼吸困难，循环衰竭以及中枢神经系统的损害。亚硝酸盐还有松弛平滑肌的作用，特别是小血管的平滑肌易受到影响，中毒时，造成血管扩张、血压下降。

（2）油脂抗氧化剂。我国规定使用和制定有国家标准的油脂抗氧化剂，有丁基羟基茴香脑（BHA）、二丁基羟基甲苯（BHT）和没食子酸内酯（PG）。这三种油脂抗氧化剂毒性很小，较为安全。但近年来对油脂抗氧化剂的安全性提出了新的质疑。日本报道用含2%BHA的饲料饲喂大鼠两年，发现其胃发生扁平上皮癌；美国报道BHA有促癌作用，联合国粮食及农业组织和世界卫生组织认为BHA仍需进一步试验。

（3）防腐剂。我国允许使用并制定有国家标准的防腐剂有苯甲酸及其钠盐、山梨酸及其钾盐、亚硝酸及其盐类。以上防腐剂安全性较高，一般不会引起食物中毒，但是，随着研究的深入，有学者发现苯甲酸钠可能具有蓄积毒性，并提出部分禁止或全面禁止苯甲酸钠作为防腐剂。

4. 其他化学毒物引起的食物中毒及危害　多氯联苯（PCB）用途广泛，化学性质极其稳定，广泛存在于自然界。长期接触多氯联苯，除引起再生障碍性贫血和致癌外，还可使遗传基因受到损害，出现畸形胎儿。它还能影响大脑功能，使记忆力减退甚至丧失。1968年日本福冈县发生的“米糠油中毒事件”就是污染多氯联苯所致，患者出现皮肤酒刺样疮疤，并有手足麻木等症状。

（二）化学性污染的预防与控制措施

（1）积极治理“三废”。有关工矿企业要积极改革工艺，把工业“三废”消灭在生产过程中，不将含有有害物质的废水、废气、废渣随意排放到自然环境中，防止对环境的污染。同时，要积极开展环境分析和食品卫生监测工作，及时采取防止食品污染的有效措施。

（2）加强对农药生产和使用的管理。对农药的生产和使用必须有完善的法规，严格执法，在使用农药时应配备必要的防护设备。禁止和限制使用高残留、剧毒农药，研制推广低残留低毒农药，根据农药的性质、使用对象、使用方法、剂量、使用条件合理使用农药，防止滥用。开展食品中农药残留的检测工作，严格规定食品中农药的最高残留限量，禁止使用农药残留量超标的任何原料生产食品。

（3）加强对兽药生产和使用的管理。制定药物（包括药物添加剂）管理条例，确实做好兽药的具体管理工作。生产实践中合理应用抗菌药物，限制容易产生耐药菌株的抗生素在畜牧业生产上的使用范围，不能任意将这些药物用作饲料添加剂。用作饲料添加剂的药物必须具有较大的安全范围，而且对动物的危害性小。应严格规定饲料药物添加剂的应用范围、用量及应用期限，禁止在同一饲料中使用两种以上作用相同的抗生素或将禁止并用的两种药物添加剂应用于同一饲料中。规定药物和药物添加剂的休药期，以法规形式制定肉、蛋、乳等动物性食品中药物的最高残留限量。为了保障人民身体健康，凡供食用动物应用的药物和其他化学物质均需规定休药期，生产中必须切实执行休药期的规定。对动物性食品中的药物残留进行全面检测，凡超过最高允许残留限量的食品不允许在市场上出售及食用。

（4）加强食品生产过程中的卫生监督。

三、放射性污染的预防与控制

（一）放射性污染的危害

通过食物链蓄积在人体内的放射性核素所产生的潜在危害，主要是小剂量的内照射。能引起慢性放射病和长期效应，如血液学变化，性欲减退，生育能力障碍，以及诱发肿瘤等。其潜伏期较长，多以肿瘤形式呈现。如肝中贮藏的^{144}Ce（铈）、^{60}Co（钴）主要引起肝硬化及肝癌，嗜骨性的^{90}Sr（锶），^{226}Ra（镭）等主要引起骨癌及白血病；^{137}Cs（铯），^{216}Po（钋）主要引起软组织肿瘤；^{90}Sr（锶）和U（铀）的裂变产物可引起雄性动物性机能改变，使畸形精子数增加，精子生成障碍，精子数减少，以及睾丸重量比值下降等；雌性动物则可能引起死胎及子代生活力减弱等；X射线能引起皮癌。此外，放射性核素还可引起动物基因突变及染色体畸变，即使是小剂量也能对动物的遗传过程发生影响。

（二）放射性污染的控制措施

1. 防止食品受到放射性污染的措施

（1）加强对放射性污染源的监督。防止食品的放射性污染，主要在于控制污染源。使用放射性物质时，应严格遵守技术操作规程，定期检查装置的安全性，对食品进行辐照保鲜时，应严格遵守照射源和照射剂量的规定，绝对禁止把放射性核素作为食品保藏剂，核装置和同位素试验装置的废物排放、必须做到合理、无污染。

(2) 适时或定期地进行食品卫生监测。对应用于工业、农业、医学和科学实验的核装置及同位素装置附近地区的食品，要定期进行卫生监督。对于辐照处理的食品应严格控制食品的吸收剂量，卫生监督部门随时检查，未经审查批准的辐照食品，一律不得上市。发生意外事故造成的偶然性放射性污染，要全力进行控制，把污染缩小到最小范围。

2. 防止已受放射性污染的食品对人体的危害

(1) 严格执行食品卫生法规。坚持对食品进行放射性物质的监测和检验。一旦发现某一地区食品中放射性物质超标，则应加强对食品进行放射性物质的检验，以保障食品安全。

(2) 严格执行国家食品卫生标准。食品中放射性物质浓度应符合 GB 14882 食品中放射性物质限制浓度标准。按章处理放射性污染的食品。

任务三　动物产品检验的一般程序

【任务描述】

掌握动物产品检验的一般程序。

【与其他任务的关系】

掌握动物产品检验的一般程序，为屠宰动物的卫生检验及其他动物产品的卫生检验奠定基础。

一、样品的采集、制备和保存

(一) 样品的采集

1. 采样的概念　从整批被检食品中抽取一部分有代表性的样品供分析检验用称为采样。

2. 采样样品分类　样品分检样、原始样品和平均样品 3 种。由整批样的各部分采取的少量样品称为检样，把许多份检样综合在一起称为原始样品，原始样品经过处理再抽取其中一部分供分析检验用者称为平均样品。如果采样得到的检样互不一致，则不能把他们放在一起作成原始样品，而只能把质量相同的检样混在一起，作为若干份原始样品。

3. 采样的方法与步骤

(1) 采样的一般方法。样品的采集通常采用随机抽样的方法。随机抽样是指不带主观框架，在抽样过程中保证整批食品中的每一个单位产品都有被抽取的机会。抽取的样品必须均匀地分布在整批食品的各个部位。最常用的方法有简单随机抽样、分层随机抽样、系统随机抽样和阶段随机抽样。对于难以混匀的食品，也可采用代表性取样，该法是用系统抽样法进行采样，即已经掌握了样品随时间、空间变化的规律，按照这个规律采样。从而使采集到的样品能代表其相应部分的组成和质量。如对整批样品进行分层采样，在生产的各个环节采样。

(2) 采样的步骤。采集样品的步骤一般分 5 步。①获得检样：由分析的整批物料的各个部分采集的少量物料成为检样。②形成原始样品：许多份检样综合在一起称为原始样品。如果采得的检样互不一致，则不能把它们放在一起做成一份原始样品，而只能把质量相同的检样混在一起，作成若干份原始样品。③得到平均样品：原始样品经过技术处理后，再抽取其中一部分供分析检验用的样品称为平均样品。④平均样品三分：将平均样品平分为3份，分别作为检验样品（供分析检测使用）、复验样品（供复验使用）和保留样品（供备查或查用）。⑤填写采样记录：写明样品的生产日期、批号、采样条件、方法、数量、包装情况等。外地调入的食品还应结合运货单、商检机关和卫生部门的化验单、厂方化验单等，了解起运日期、来源地点、数量、品质及包装情况。同时注意其运输及保管条件，并填写检验目的、项目及采样人。

（3）具体样品的抽取方法。采样时，应根据具体情况和要求，按照相关的技术标准或操作规程所规定的方法进行。

①有完整包装（桶、袋、箱等）的食品。此类食品要首先根据下列公式确定取样件数：

$$n=\sqrt{\frac{N}{2}}$$

式中，n 为取样件数；N 为总件数。

从样品堆放的不同部位采取到所需的包装样品后，再按下述方法采样。

a. 固体食品。用双套回转取样管插入包装中，回转180°取出样品。每一包装须由上、中、下三层取出三份检样，把许多份检样综合起来成为原始样品，再按四分法缩分至所需数量。

b. 稠的半固体样品。如动物油脂等，启开包装后，用采样器从上、中、下三层分别取出检样，然后混合缩减至所需数量。

c. 液体样品。如鲜乳等，充分混匀后采取一定量的样品混合。用大容器盛装不便混匀的，可采用虹吸法分层取样，每层各取500mL左右，装入小口瓶中混匀后，再分取缩减至所需数量。

②散装固体食品。可根据堆放的具体情况，先划分为若干等体积层，然后在每层的四角和中心分别用双套回转取样管采取一定数量的样品，混合后按四分法缩分至所需数量。

③肉类、水产等组成不均匀的食品。视检验目的，可由被检物有代表性的各部位（肌肉、脂肪等），分别采样，经捣碎、混匀后，再缩减至所需数量。体积较小的样品，可随机抽取多个样品，切碎混匀后取样。有的项目还可在不同部位分别采样、分别测定。

④罐头、瓶装食品或其他小包装食品。根据批号连同包装一起采样。同一批号取样数量，250g以上包装不得少于3个，250g以下包装不得少于6个。

⑤微生物检验。采用国际食品微生物标准委员会（ICMSF）的采样方案。在该方案中，有二级采样方案和三级采样方案。二级采样方案有 n、c、m 值，三级采样方案有 n、c、m、M 值。n 指一批产品采样个数；c 指该批产品的检样菌数中，超过限量的检样数，即结果超过合格菌数限量的最大允许数；m 指合格菌数限量，将可接受与不可接受的数量区别开；M 指附加条件，判定为合格的菌数限量，表示边缘的可接受数与边缘的不可接受数之间的界限。

a. 二级采样方案。设定取样数 n，指标值 m，超过指标值 m 的样品数为 c，只要 $c>0$，就判定整批产品不合格。

b. 三级采样方案。设定取样数 n，指标值 m，附加指标值 M，介于 m 与 M 之间的样品数 c。

只要有一个样品值超过 M 或 c 规定的数就判整批产品不合格。以表 1-1 给出的菌落总数为例说明三级采样方案。

表 1-1　微生物检测采样方案

项　目	采样方案及限量（若非指定，均以 CFU/g 表示）			
	n	c	m	M
菌落总数	5	2	10^4	10^5

在本例中，$n=5$，$c=2$，$m=10^4$，$M=10^5$。即样品数为 5 个，允许≤3 个检样的菌落总数在 m 与 M 之间。

（二）样品的制备

制备样品的目的在于保证样品十分均匀，在分析时取任何部分都能代表全部被检物的成分。一般为考虑样品的充分代表性，所取样品的数量较多，但因较多的样品送检时不便于运输和保存，而检验工作实际也不需要如此多的数量，故应在现场进行样品缩分，根据被检物的性质和检测要求，可以用摇动、搅拌、切细或搅碎、研磨或捣碎等方法进行制备。把送检样品分割后，混合其中有代表性的一部分作为“检验样品”。例如，需要进行理化检验的样品可采用“圆锥四分法”制备。需要进行微生物检验的样品，在无菌操作条件下，对均匀的样品也可直接采用四分法缩分。

圆锥四分法是把样品充分混合后堆砌成圆锥体，再把圆锥体压平成扁平的圆形，中心划两条垂直交叉的直线，分成对称的四等分，弃去对角的两个四分之一圆，再混合；反复用四分法缩分，直至得到适量的样品（图 1-1）。

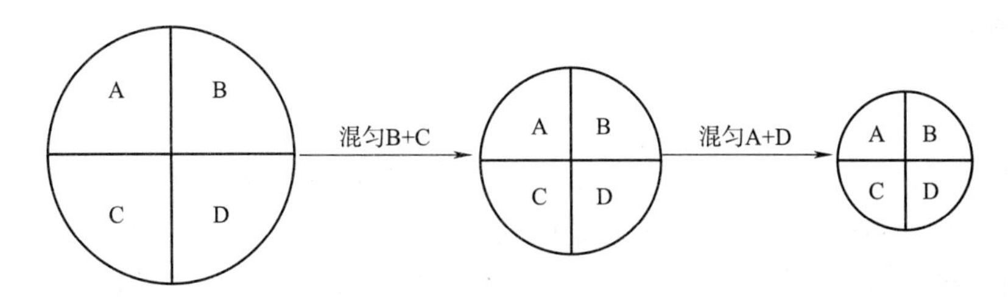

图 1-1　圆锥四分法缩分样品

（三）样品的保存

为保证样品的成分不发生变化，不要使样品发生受潮、挥发、风干、污染、变质、病毒死亡等现象。一般在收到样品后应尽快分析，如不能立即分析，则需妥善保存。样品在进行保存时应注意防止污染，防止腐败变质，易腐败变质的样品装入瓶中放在冰箱中保存；保持食品样品中原有的水分；防止蒸发损失和干食品吸湿；对某些不稳定或容易挥发损失的待测成分，可以结合分析方法，在采样时加入某些试剂或溶剂，使待测成分处于稳定状态。样品在存放时尽可能保持原状，不使其发生受潮、挥发、风干、污染及变质等现象，将其储存于低温、洁净、密闭的容器中，可获得较好的保存效果。进行病毒检测的样品，应在－20℃保存，也可在 50％甘油生理盐水中冷藏保存。

二、样品的预处理

由于动物性食品种类繁多，组成较为复杂，其具体检验方法有所差异。因此，检验前对送检样品先要按具体情况进行处理，再进行检验。理化检验常用的食品样品预处理方法包括有机质分解、溶剂提取、挥发与蒸馏、离子交换、层析、沉淀、透析、磺化与皂化等。微生物检验常用的预处理方法包括振摇、振荡、搅拌、均质、除菌、加缓冲液等。

三、样品的检测

根据不同的检测需要，样品的检测可分为感官检验、理化检验、微生物检验、真菌毒素检验、污染物的检验等。选择针对性的检验项目，参考规定项目的检测标准进行检验。

四、数据分析与统计

（一）有效数字的运算规则及修约规则

有效数字（significant figure）表示数字的有效意义，就是实际能测得的数字，它一方面反映了数量的大小，同时也反映了测量的精密程度。

1. 有效数字的运算规则

（1）除有特殊规定外，一般可疑数表示末位1个单位的误差。

（2）复杂运算时，其中间过程多保留一位有效数，最后结果须取应有的位数。

（3）加减法。当几个数据相加或相减时，它们的和或差保留几位有效数字，应以绝对误差最大的（即小数点后位数最少的）数为依据。

（4）乘除法。对几个数据进行乘除运算时，它们的积或商的有效数字位数，应以其中相对误差最大的（即有效数字位数最少的）那个数为依据。

2. 数字修约规则 我国科学技术委员会正式颁布的《数字修约规则》，通常称为“四舍六入五成双”法则或四舍六入五考虑，即当尾数≤4时舍去，尾数≥6时进位。当尾数为5时，则应视倒数第2位数是奇数还是偶数，倒数第2位数为偶数应将5舍去，倒数第2位数为奇数应将5进位。

（二）分析方法的评价

在研究一个分析方法时，通常用精密度、准确度和灵敏度这三项指标评价。

1. 精密度 精密度是指在一定条件下对同一被测物多次测定的结果与平均值偏离的程度。这些测试结果的差异是由偶然误差造成的，它代表着测定方法的稳定性和重现性。

2. 准确度 准确度是指测定值与真实值的接近程度。测定值与真实值越接近，则准确度越高，准确度主要是由系统误差决定的，它反映测定结果的可靠性。准确度高的方法精密度必然高，而精密度高的方法准确度不一定高。

3. 灵敏度 灵敏度是指分析方法所能检测到的最低限量。不同的分析方法有不同的灵敏度，一般仪器分析法具有较高的灵敏度，而化学分析法（质量分析和容量分析）灵敏度相对较低。

五、检验报告的出具

一份完整的检验报告包括正本和副本。正本包括封皮、检验报告首页、检验报告序页三部分。副本除具有以上三部分外，还必须有产品抽样单、仪器设备使用记录情况、检验原始记录等。

（一）检验报告封皮

写明产品编号，产品名称，生产、经销、委托单位名称，检验类别，检验单位名称，详细地址，出具报告时间等。

（二）检验报告首页

被检产品的详细信息及检验结论一般在首页填写。被检产品信息包括产品名称，受检单位、生产单位、经销单位、委托单位名称，检验类别，产品的规格型号、包装、商标、等级，所检样品数量、样品批次、到样日期等。监督检验的产品要填写抽样地点、抽样基数；委托检验的还要填写送样人等。报告首页显示的产品信息要与检验报告封皮显示的信息相一致。检验项目、判定依据以及检验结论，要在检验报告首页醒目位置显示。

（三）检验报告续页

检验结论的综合判定，来源于各检验项目的单项判定。在检验报告续页，对每一个检验项目，逐一列出标准规定值和实际检测值，在相比较的基础上，判定该产品的单项合格与否。需要注意的是检测结果的单位与标准规定的单位应当一致。

（四）副本

1. 产品抽样单　抽查的产品要填写详细的抽样单，并由双方签字盖章后附在检验报告副本中一并归档。检验报告的信息要与抽样单上的原始信息相一致。

2. 仪器设备使用记录　检验项目的不同，使用的仪器设备也各不相同。检验报告副本中还要附有所用仪器设备的使用记录。其内容包括：设备的名称、规格型号、检定日期、检定有效期、环境温度、湿度、设备使用日期等，以确保在用设备的检测能力满足检验工作的需求。

3. 检验原始记录　检验原始记录是检验工作运转的媒介，是检验结果的体现。检验原始记录必须如实填写检验日期、检验依据的方法标准、使用的仪器设备、检验过程的实测数据、计算公式、检测结果等。最后报值的单位要与标准规定的单位相一致。检验原始记录的填写，必须按照检验流程中的各个实测值如实认真填写，字迹清楚无涂改。如果确有必要更正的，可以用红笔划改，但必须有划改人的签字。填写完整后，由检验员、审核人签字，作为出具检验结果报告的依据。

【相关知识链接】

（一）食物链

食物链（food chain）是指在生态系统中，由低级生物到高级生物顺次作为食物而连接起来的一个生态系统。与人类有关的食物链主要有两条：一条是陆生生物食物链，即土壤→农作物→畜禽→人；另一条是水生生物食物链，即水→浮游植物→浮游动物→鱼类→人。

（二）生物富集作用

生物富集作用（Bioconcentration）是指生物将环境中低浓度的化学物质，在体内蓄积达到较高浓度的过程。环境污染物，如多氯联苯（polychlorinated biphenyls，PCB）在河水和海水中的浓度只有0.000 01～0.001mg/L，但经过食物链富集后，在鱼体中可达到0.01～10mg/kg，在食鱼鸟体内可达到1.0～100mg/kg，人食用上述鱼类，使脂肪中多氯联苯达0.1～10mg/kg。

（三）微生物性食物中毒的共同特点

与饮食有关，不吃者不发病。除掉引起中毒的食品，新的患者不再发生。呈暴发性和群发性，众多人同时发病。有季节性，多发生在夏秋，6—9月为高峰期。多数显现恶心、呕吐、腹痛、腹泻等急性胃肠炎症状，且不相互传染。能从所食食物和呕吐物、粪便中同时检出同一种病原菌。

屠宰加工过程的动物卫生监督与检验

项目目标

1. 专业能力

（1）了解屠宰加工企业选址和布局以及屠宰加工企业主要部门、供水与污水处理系统的卫生要求，掌握屠宰加工企业的消毒方法。

（2）了解屠宰动物的运输方法，掌握屠宰动物收购和运输过程的动物卫生监督，应激性疾病及预防措施。

（3）掌握猪、牛、羊、禽、兔屠宰加工过程的动物卫生监督，生产人员的卫生要求与人身防护。

（4）掌握动物宰前检疫与宰前管理。

（5）掌握动物宰后检验的程序及要点。

（6）掌握屠宰动物常见组织病变、皮肤及器官病变、性状异常肉、肿瘤的检验与处理。

2. 方法能力

（1）具有较好的学习新知识和新技术的能力。

（2）具有查找与动物屠宰检疫相关的法律法规等相关资料并获取信息的能力。

3. 社会能力

（1）具有良好的职业道德；爱岗敬业、认真负责。

（2）具有一定的语言及文字表达能力。

任务一　屠宰加工企业的动物卫生监督

【任务描述】

屠宰加工企业选址和布局的卫生要求，屠宰加工企业主要部门的卫生要求，供水与污水处理系统的卫生要求，屠宰加工企业的消毒。

【与其他任务的关系】

为学习屠宰加工过程动物卫生监督和动物屠宰检疫奠定基础。

根据《中华人民共和国动物防疫法》第二十四条，动物饲养场和隔离场所、动物屠宰加工场所以及动物和动物产品无害化处理场所，应当符合下列动物防疫条件：场所的位置与居民生活区、生活饮用水水源地、学校、医院等公共场所的距离符合国务院农业农村主管部门的规定；生产经营区域封闭隔离，工程设计和有关流程符合动物防疫要求；有与其规模相适应的污水、污物处理设施，病死动物、病害动物产品无害化处理设施设备或者冷藏、冷冻设施设备，以及清洗消毒设施设备；有与其规模相适应的执业兽医或者动物防疫技术人员；有完善的隔离消毒、购销台账、日常巡查等动物防疫制度；具备国务院农业农村主管部门规定的其他动物防疫条件。

一、屠宰加工企业选址和布局的卫生要求

（一）屠宰加工企业场址选择的卫生要求

1. 地理位置 屠宰加工企业的地点应距离生活饮用水源地、动物饲养场、养殖小区、动物集贸市场500m以上；距离种畜禽场3 000m以上；距离动物诊疗场所200m以上，并位于水源和居民区下游、下风向，以免污染居民区的水源、空气和环境。场区整体地势应平坦、干燥、具有一定的坡度，以便于车辆的运输和污水的排出。地下水位离地面的距离不得低于1.5m，以保持场地的干燥与清洁和防止水源的污染。

2. 交通 应考虑交通便利，有利于屠宰畜禽的运入和畜禽产品的运出。可设在城市的郊区或交通良好的牧区。

3. 能源 水源、电源供应稳定可靠，水的来源可以是有资质企业供应的自来水，或经过检验合格的自备水源。

4. 生产环境 屠宰加工企业场区周围应有2m高的围墙，防止犬、鼠等其他动物窜入，设立门岗，畜禽收购和产品运输应分门进出，门口设有消毒池。场内的道路、地面应硬化，以减少尘土污染，且便于清洗及消毒。场内还应注意环境绿化，起到防风固沙和调节空气的作用。

5. 环保 设置完善的污水排放系统及污水处理系统，以及设有粪便发酵处理场所，以便使粪便、胃肠内容物经发酵处理后运出，防止病原微生物扩散。

6. 尊重少数民族信仰 我国规定，在少数民族地区，根据其风俗习惯，生产清真食品的牛羊禽应专场屠宰。

（二）屠宰加工企业总平面布局及卫生要求

本着既符合卫生要求，又便于生产管理的原则，屠宰加工企业总平面布局在各建筑物和车间的分布上应科学合理，既要相互连接方便，又要做到一定的分隔，既能提高生产效率，又能防止原料与产品交叉污染。

根据《动物防疫条件审查办法》第十二条，动物屠宰加工场所布局应当符合下列条件：

（1）场区周围建有围墙。

（2）运输动物车辆出入口设置与门同宽，长4m、深0.3m以上的消毒池。

（3）生产区与生活办公区分开，并有隔离设施。

（4）入场动物卸载区域有固定的车辆消毒场地，并配有车辆清洗、消毒设备。

（5）动物入场口和动物产品出场口应当分别设置。

（6）屠宰加工间入口设置人员更衣消毒室。

（7）有与屠宰规模相适应的独立检疫室、办公室和休息室。

（8）有待宰圈、患病动物隔离观察圈、急宰间；加工原毛、生皮、绒、骨、角的还应当设置封闭式熏蒸消毒间。

根据动物从住场检疫、宰前送检、宰前检疫后的处理、屠宰加工、宰后检验到宰后检验的处理等过程把屠宰企业的整体布局可划分为五个区（图2-1），每个区可根据条件设置相应的配套设施（表2-1）。

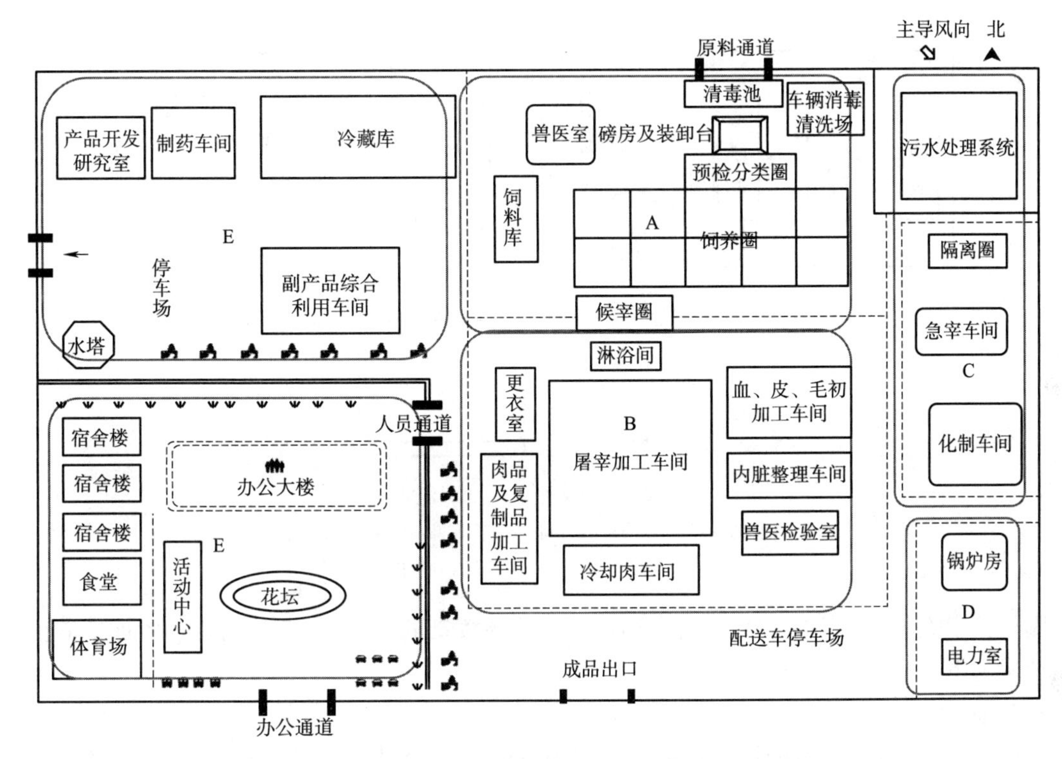

图2-1　屠宰加工企业总平面布局

表2-1　屠宰加工企业总平面布局各区相应配套设施

生产区	A. 宰前饲养管理区	包括卸车台、预检分类圈、饲养圈、候宰圈及兽医室等
	B. 屠宰加工区	包括屠宰加工车间、副产品整理车间、分割肉车间、凉肉间、肉品和复制品加工车间、生化制药车间、化验室、卫检办公室及冷库等
	C. 防疫处理区/宰前检疫处理区	包括病畜隔离圈、急宰车间、化制车间及污水处理系统等
非生产区/综合服务区	D. 动力区	包括锅炉房、供电室、制冷设备室等
	E. 行政生活区	包括办公室、宿舍、冷藏库、停车场、俱乐部、食堂等

二、屠宰加工企业主要部门的卫生要求

根据屠宰企业的加工流程：入场验收、住场检疫、宰前检疫、宰前检疫后的处理、屠宰加工、宰后检疫到宰后检疫的处理，把屠宰加工企业划分为宰前饲养管理区、病畜禽隔离圈、候宰间、急宰车间、屠宰加工车间、化制车间、供水系统及污水处理系统等（图2-2）。

（一）宰前饲养区

在动物屠宰前，需要对动物进行宰前检疫，宰前饲养区是对屠宰动物实施入场验收、宰前管理、宰前检疫的场所。应远离生产区，并设有卸车台、地秤、预检圈、病畜隔离圈、健

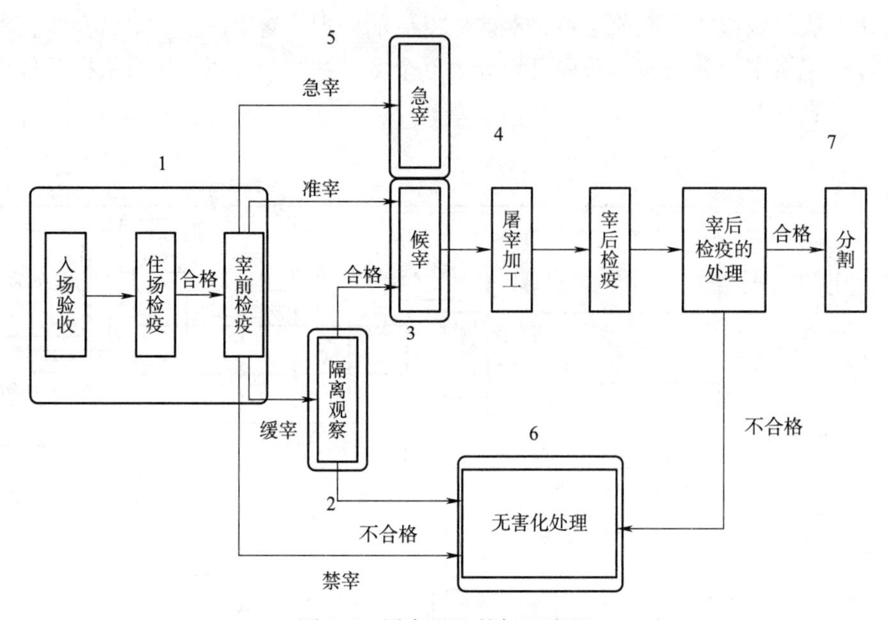

图 2-2　屠宰企业的加工流程

1. 宰前饲养场　2. 病畜隔离圈　3. 候宰圈　4. 屠宰加工车间

5. 急宰车间　6. 化制车间　7. 分割肉车间

畜圈、待宰圈等，待宰圈容量以可容纳日屠宰动物数量的 1.2～1.5 倍为宜。宰前饲养区卫生要求如下。

1. 圈舍

（1）地面应用不渗水的材料，并有适当的坡度，在利于排污和消毒的同时也应防滑。每头畜禽所需面积应符合下列卫生标准：牛为 1.5～3m^2，羊为 0.5～0.7m^2，猪为 0.6～0.9m^2。

（2）动物圈舍应采取小而分立的形式，圈内光线充足，通风良好，温度适宜，在北方要有暖气等保暖设施，寒冷季节圈温应不低于 4℃。

（3）布局具有完善的供水、排水系统，圈内应设有饮水装置和消毒用具及圆底的排水沟。

（4）场内所有圈舍，必须每天清除粪便，定期进行消毒，粪便须及时运到粪便发酵处理场所无害化处理后方能运出。

2. 消毒场　应设有车辆清洗消毒场，备有高压喷水龙头、洗涮工具与消毒剂。

3. 兽医室　应设有兽医工作室，建立完善的兽医卫生管理制度。

（二）病畜隔离圈

病畜隔离圈是暂时存放宰前检疫中剔除的患病或怀疑患有传染病动物的场所，其容量应不少于宰前饲养管理场容量的 1%。病畜隔离圈卫生要求如下。

1. 设计

（1）隔离圈的地面和墙壁应用不透水的材料建成，地角、墙角、柱角呈圆弧形，便于清洗消毒。

（2）病畜隔离圈、宰前饲养管理场和急宰车间之间的围墙应保持严格隔离，防止疫病传播。通道开启方便，但人畜车辆不能随意通过。

2. 消毒　出入口设有消毒池，排泄物经消毒后方可运出，尸体应用密闭的专用车运送。

（三）待宰圈

待宰圈是对屠宰动物实施宰前停饲管理并等待屠宰的场所，可与屠宰加工车间相毗邻，分成若干个小圈。待宰圈卫生要求如下。

1. 地面　地面采用不渗水材料，易于冲洗、消毒。

2. 布局　设有饮水设备和淋浴间，淋浴间应紧连屠宰加工车间。

（四）屠宰加工车间

屠宰加工车间是对动物进行屠宰加工并生产出肉品的地方，也是屠宰加工企业最重要的场所，其设备、卫生状况的好坏及加工环节是否合理都将影响到产品的卫生质量。

以生猪屠宰为例，根据屠宰加工流程，其卫生要求见表 2-2。

表 2-2　生猪屠宰加工车间卫生要求

项目	内　　容
清洗	上、下水：车间内要有冷、热水笼头，以便洗刷消毒器械和去除油污 设计：车间内墙壁、地面和顶棚应采用不渗水和抗腐蚀的材料，地面最好用水泥纹砖，并形成 1°～2°的坡度，利于防滑和排水，在离地面 2～3m 的墙壁上应用白色瓷砖铺砌；地面与墙壁、柱脚的结合处为圆弧形，并有防鼠设备；天花板的高度，在垂直放血处不低于 6m，其他部分不低于 4.5m；门窗应采用密闭性能好、不变形的材料制作；室内窗台宜向下倾斜 45° 光线：为保证车间内光线充足，窗户与地面面积的比例设为 1：（4～6）。车间内的采光应以自然光为好，不能用直射光或过强光，需人工照明时应选择日光灯，不能使用有色灯和高压水银灯；车间内光照度应不低于 75lx，屠宰操作处照度应不低于 150lx，检验操作处照度应不低于 300lx，避免灯下黑和逆光
屠宰	屠宰工艺流程：致昏→刺杀放血→脱毛或剥皮→开膛净膛→劈半→整修等，因此有如下设置 布局：设有赶猪道、致昏处、放血处、烫毛脱毛（剥皮）处、净膛处、内脏整理间、胴体修整处及凉肉间等；车间的入口处应设有与门同宽且不可跨越的消毒池，且池内的消毒液需经常更换，以保持药效；赶猪道的宽度以仅能通过 1 头猪为宜，赶猪道坡度不应大于 10%，墙的高度不应低于 1m 传送装置：一般采用架空轨道为宜，可减少污染，减轻劳动强度 高度：放血轨道应距地面 3～3.5m，胴体加工线轨道距地面高度单滑轮 2.5～2.8m，双滑轮 2.8～3m 速度：轨道输送速度以每分钟不超过 6 头屠体为宜 间距：架空轨道上猪体间的距离应大于 0.8m 分支：从生产流程的主干轨道，应分出若干岔道，以便随时将需要隔离的胴体从生产流程中分离出来；为方便兽医卫检人员实施同步检验，在悬挂胴体的架空轨道旁边，应设置同步运行的内脏和头的传送装置（或安装悬挂式输送盘）；为了减少污染，屠宰加工车间与其他车间的联系一般采用架空轨道和传送带。上、下层之间采用金属滑筒；所有用具、设备应采用不锈钢材料
检疫	消毒：在各兽医检验点应设有操作台，并备有冷热水和刀具消毒设备；在放血、开膛、摘除内脏等加工点，也应有刀具消毒设施；每天生产完毕后用热水洗刷。除发现烈性传染病时紧急消毒外，每周应用 2%的碳酸氢钠液消毒 1 次，至下一班生产前冲洗干净。放血刀经常更换和消毒；生产人员及工具受污染后，应立即消毒和清洗
其他	通风：车间内应有良好的通风设备；在北方，冬季室内雾气大，车间入口处应设有套房，室内应安装去湿除雾机。夏季气温高，在南方应安装降温设备；门窗的开设应适合空气的对流，有防蝇、防蚊装置；室内空气交换以每小时 1～3 次为宜，交换的具体次数和时间可根据悬挂胴体的数量和气温决定

（五）急宰车间

急宰车间是屠宰病畜禽的场所，一般与病畜隔离圈相邻，以便于病畜隔离圈检出的病畜及时得到处理。

卫生要求与病畜隔离圈相同，还应配备专职人员，具有良好的卫生条件与人身防护设施。各种器械、设备、用具应专用，经常消毒，防止疫病扩散。整个车间的污水和粪便必须经严格消毒后方可排入污水处理系统。

（六）化制车间

化制车间是对无害化处理后仍不能食用的胴体、内脏等进一步处理的场所，其目的是尽可能地杀死病原和利用产品。化制车间卫生要求如下。

1. 设计 地理位置处于屠宰加工企业的边缘和下风处，车间的地面、墙壁、通道、装卸台等应均为不透水材料，大门口和各工作室门前应设有消毒槽以防止病原的传播。

2. 布局 车间内应分成两部分并分开，只保持运料孔道相连。其一是原料接收和初步处理场所，其二是化制处理和成品贮存场所。

3. 污水处理 化制车间排出的污水，必须经过严格消毒后方可排入屠宰加工企业的污水处理系统。

（七）分割肉车间

分割肉车间对肉类加工企业极其重要，包括以下部分：暂存胴体的冷却间、分割肉加工车间、成品冷却间、包装间、用具准备间、包装材料暂存间，有时还有分割工人的专用淋浴间。分割肉车间和屠宰车间相连，后端连接冷库。分割肉车间卫生要求如下。

1. 设计 地面使用不透水材料，有一定坡度。内墙使用易清洗和消毒的材料，如瓷砖大理石等。地面与墙壁、柱脚的结合处为圆弧形。墙壁贴面到顶。墙壁其他部分和顶棚喷涂白色无毒涂料或者无毒塑料。窗户高度以 2m 为好，窗台有 45°倾斜。门窗都有防蝇、防蚊、防虫设施以防止疫病的传播。门有风幕或水幕。

2. 水源 饮用水、非饮用水（红色）和消毒用的 82℃热水管道，应标记为不同色彩。

3. 环境 室温保持在 10～20℃，一般设有空调，自动温度测定仪和自动记录仪，方便温度的监测和调控。顶棚和风道都不能结露滴水。操作区平均风速 0.1～0.2m/s。

4. 采光 以人工照明为主，要求达到 130～140lx。开关不设明拉线。

5. 噪声 减少噪声，达到国家标准。

6. 器具 传送装置用不锈钢或无毒塑料制品。车辆、用具和容器以及操作台面采用不锈钢或者无毒塑料制造，不得使用竹子和木材器具。加工机械便于拆卸、清洗消毒。

7. 消毒 为了方便清洗、消毒，分割车间备有冷水、热水、消毒液，且最好每个操作台设置一个刀具消毒器。消毒器可以使用 82℃以上的热水或化学消毒剂。每天工作结束时，用 82℃以上热水消毒地面和工作台。

三、供水与污水处理系统的卫生要求

（一）供水系统

为了防止动物及动物产品在加工过程中被污染，屠宰加工企业用水必须符合我国《生活饮用水卫生标准》（GB 5749—2006）。

1. 水源 一般使用自来水，若场内自备水源，平时应定期检查各项指标。

2. 水源污染

（1）病原微生物污染。供水内的病原微生物必须符合国家卫生标准，如沙门菌、大肠杆菌等。

（2）放射性物质污染。放射线危害人体健康，水中不应含有放射性物质。

3. 水源消毒 一般采用二氧化氯或者臭氧消毒，用有自动释放装置的加氯器进行消毒更好。这样既可对水源进行消毒，又可以氯化有机物和某些盐类，并能驱除供水气味。

（二）污水处理系统

1. 屠宰污水的特点 屠宰车间废水来源主要包括：屠宰前冲洗的废水，烫毛、剖解的废水，清洗内脏的废水，冲洗车间地板、设备的废水，冲洗圈栏的废水。废水中含有大量的血污、油脂、毛、肉屑、内脏杂物、未消化的食料及粪便等，有机物浓度较高。为防止动物疫病的传播，需做好屠宰污水的处理。

2. 测定指标 根据《肉类加工工业水污染物排放标准》（GB 13457—1992），屠宰加工企业可通过测定以下污染指标来判定污水的污染情况及处理结果是否符合要求。

（1）生化需氧量（BOD）。是指在一定的时间和温度下，水体有机污染物质通过微生物的作用而被氧化分解时所消耗的水体溶解氧的总数量，单位是mg/L。一般以5d水温保持20℃时的微生物的生化需氧量作为衡量有机污染的指标，记为BOD_5。污染度越高，其值越大。我国肉品工业污水排出口BOD_5要求不超过60mg/L，排入地面后BOD_5不超过4mg/L。清洁水生化需氧量一般小于1mg/L。

（2）化学耗氧量（COD）。是指在一定条件下，用化学氧化剂氧化废水中的有机污染物质和一些还原物质所消耗的氧量（单位为mg/L）。测定方法有重铬酸盐法、高锰酸钾法等。当用重铬酸钾作氧化剂时，所测得的化学耗氧量用COD_{Cr}表示，而高锰酸钾法则用COD_{Mn}表示。最高允许排放浓度为100mg/L。

（3）其他。还可以通过测定污水的溶解氧（DO）、pH、悬浮物（SS）、浑浊度、硫化物及微生物含量等，来了解水的污染情况或处理效果。目前，我国已制定了《肉类加工工业水污染物排放标准》（GB 13457—1992），该标准根据肉类加工企业建设的时间而提出了不同的要求，对于1992年7月以后立项及建成投产的企业的污水排放要求见表2-3。

表2-3 1992年7月1日起立项的建设项目及其建成后投产的企业污染物最高允许排放浓度

污染物	级 别	畜类屠宰加工		肉制品加工		禽类屠宰加工	
		排放浓度（mg/L）	排放总量（kg/t）	排放浓度（mg/L）	排放总量（kg/t）	排放浓度（mg/L）	排放总量（kg/t）
悬浮物	一级	60	0.4	60	0.35	60	1.1
	二级	120	0.8	100	0.6	100	1.8
	三级	400	2.6	350	2.0	300	5.4
生化需量（BOD_5）	一级	30	0.2	25	0.15	25	0.45
	二级	60	0.4	50	0.3	40	0.72
	三级	300	2.0	300	1.7	250	4.5
化学需氧量（COD_{Cr}）	一级	80	0.5	80	0.45	70	1.20
	二级	120	0.8	120	0.7	100	1.8
	三级	500	3.3	500	2.9	500	9.0
氨氮	一级	15	0.1	15	0.09	15	0.27
	二级	25	0.16	20	0.12	20	0.36
	三级	—	—	—	—	—	—

（续）

污染物	级 别	畜类屠宰加工		肉制品加工		禽类屠宰加工	
		排放浓度（mg/L）	排放总量（kg/t）	排放浓度（mg/L）	排放总量（kg/t）	排放浓度（mg/L）	排放总量（kg/t）
大肠菌群数（个/L）	一级	5 000	5 000	5 000	5 000	5 000	5 000
	二级	10 000	10 000	10 000	10 000	10 000	10 000
	三级	—	—	—	—	—	—
pH	一级	6～8.5	6～8.5	6～8.5	6～8.5	6～8.5	6～8.5
	二级	6～8.5	6～8.5	6～8.5	6～8.5	6～8.5	6～8.5
	三级	6～8.5	6～8.5	6～8.5	6～8.5	6～8.5	6～8.5

注：“—”表示国家标准未给出浓度参数。

四、屠宰加工企业的消毒

屠宰加工企业屠宰的动物来源广泛、健康情况复杂，不可避免地有带菌动物进入屠宰加工过程而造成对场内或车间内的污染，因此屠宰加工企业必须定期或不定期消毒。消毒的范围除了包括病畜通过的道路、停留过的圈舍、接触过的工具（饲槽、车船等）、产生的排泄物等，还包括各种人员的刀具、工作服、手套、胶靴等，这些场地或用具等特点不同，必须选择适当的消毒方法方能取得良好的消毒效果。

（一）消毒范围

1. 车间的消毒 屠宰加工企业各生产车间的消毒，按卫生条例规定有经常性消毒和临时性消毒两种：

（1）经常性消毒。是指生产车间在日常工作中或工作完毕后所进行的消毒工作。如，每日工作完毕，将全部生产地面、墙裙、通道、台桌、各种设备、用具、检验器械、工作衣帽、手套、胶靴等都要仔细彻底清洗，并用82℃热水洗刷消毒，必要时选择适当的消毒液重点喷洒。

此外，生产车间还应有定期消毒制度，每星期或十天或半个月，定期进行一次大消毒。在彻底扫除、洗刷的基础上对生产地面、墙裙和主要设备用1%～2%的氢氧化钠（烧碱）溶液或2%～4%的次氯酸钠溶液进行喷洒消毒，保持1～4h后，用水冲洗。刀和器械可用82℃左右的热水消毒或0.015%的碘溶液消毒。工作人员的手用75%的乙醇擦拭消毒或用0.002 5%的碘溶液洗手消毒，该碘溶液无刺激、无气味、无染色性，具有较强的清洁效力。胶鞋、围裙等胶制品，用2%～5%的甲醛溶液进行擦洗消毒。工作服、口罩、手套等应煮沸消毒。

（2）临时性消毒。是在生产车间发现炭疽等烈性传染病或其他必要情况下进行的以消灭特定传染病原为目的的消毒方法。它在控制疫情、防止肉品污染上有很大的作用。具体方法可根据传染病的性质分别采用有效的消毒药剂。对病毒性疾病的消毒，多采用3%的氢氧化钠喷洒消毒。对能形成芽孢的细菌如炭疽、气肿疽等，应用10%的氢氧化钠热水溶液或10%～20%的漂白粉溶液进行消毒，国外多用2%的戊二醛溶液进行消毒。消毒的范围和对象应根据污染的情况来决定。消毒时药品的浓度、剂量、时间等必须准确。

2. 圈舍的消毒 对地面、墙壁、门窗、饲槽、用具等，用1%～4%氢氧化钠溶液或

4%的碳酸钠（食用碱）喷洒消毒。消毒后打开门窗通风，并用水冲洗饲槽以除去药味。圈舍墙壁还可以定期用石灰乳粉刷，以达到美化环境和消毒的目的。

3. 场地的消毒　被芽孢杆菌污染的场地，首先用1%漂白粉溶液喷洒，然后将表土掘起一层撒上干漂白粉，与土混合后将此表土深埋，这样重复一次。其他传染病所污染的地方，如为水泥地，则用消毒液仔细刷洗；如为泥土地，可将地面深翻20cm以上，撒上干漂白粉，然后以水湿润、压平。

4. 空气的消毒　室内空气消毒可采用紫外线照射，也可用消毒液喷雾或熏蒸。通常用乳酸，每$100m^3$需6～12mL，稀释后加热蒸发，密闭30min。也可采用过氧乙酸或甲醛熏蒸消毒。室温在0℃以下的冷库消毒，可用2%～4%次氯酸钠溶液内加2%碳酸钠喷雾或喷洒库内，密闭2h后通风换气。

5. 废物的消毒　先将粪便、垫草、残余草料、垃圾等集中堆放用生物发酵的方式处理，如量小又有传染危险时，也可焚烧。

（二）消毒方法

1. 物理消毒法

（1）机械清除。以清扫、冲洗、洗擦等手段达到清除病原的目的，但不能杀灭病原，特别是烈性传染病时，需配合其他消毒方法，如焚烧、化制。

（2）紫外线。系利用太阳光谱中的紫外线、灼热以及干燥作用达到消毒的目的。杀菌作用最强的紫外线波长范围是254nm左右，很多非芽孢菌和病原在阳光暴晒下都能被杀死；抵抗力较强的病原，也能失去繁殖力，但紫外线消毒一般用于物体表面消毒。当室温在20～40℃，相对湿度不超过60%，照射30min即可达到消毒目的。

（3）干热。焚烧时直接点燃或在焚烧炉内焚烧，多用于病畜禽尸体、病畜垫草以及可燃的废弃物等物品的消毒。

（4）湿热。煮沸是一种经济方便、应用广泛、效果良好的消毒法。大多数非芽孢病原在100℃沸水中迅速死亡，大多数芽孢在煮沸后30min死亡，一般沸腾（100℃）后再煮5～15min，能达到常规消毒目的。在水中加入2%Na_2CO_3，可以增强杀菌力，若在屠宰过程中检验工具被污染，可放入消毒液中（常温）或82℃热水中消毒；蒸气灭菌时常压下，温度为121.3℃，经30min即可杀灭所有的病毒、细菌繁殖体、霉菌孢子和细菌芽孢。

2. 化学消毒法　常用的化学消毒剂种类及用途见表2-4。

表2-4　常用化学消毒剂和种类及用途

分类	所属类别	消毒药物名称	主要用途	常用浓度	备　注
高效消毒剂	碱类	氢氧化钠	病毒、芽孢等严重污染场所的消毒	2%～5%	广谱、高效，有强烈腐蚀性
		石灰乳	粉刷地面、墙壁，消灭细菌繁殖体	10%～20%	现用现配
	醛类	戊二醛	碱性戊二醛（芽孢），酸性戊二醛（病毒）	2%	广谱、高效，有气味、低毒，对金属腐蚀小
		甲醛	场舍喷洒消毒、密闭圈舍熏蒸消毒	2%～4%喷洒，14～28mL/m^3熏蒸	广谱、高效，有强力刺激性，有毒

（续）

分类	所属类别	消毒药物名称	主要用途	常用浓度	备　注
高效消毒剂	氧化剂类	过氧乙酸	圈舍、仓库、地面、墙壁、食槽的喷雾消毒及室内空气消毒	0.5%喷洒，5%熏蒸	广谱、高效，20%以上容易爆炸
		高锰酸钾	皮肤、黏膜、创面冲洗消毒	0.1%	有颜色残留
	烷化剂类	环氧乙烷	用于医疗器械、生物制品、皮毛、橡胶、塑料、图书、谷物、饲料等的熏蒸消毒	50～100mg/L	广谱、高效，易燃易爆，有毒
中效消毒剂	酸类	乳酸	空气消毒，杀灭流感病毒，抑制多种细菌	20%	可以带畜消毒
	醇类	乙醇	皮肤和器械消毒	75%	不能杀死芽孢
	酚类	来苏儿（煤酚）	手臂、器械和动物圈舍消毒	2%～5%	不能杀死芽孢，有特殊气味
	卤素类	漂白粉	水槽、食槽、圈舍、笼架及车辆等的消毒	5%～10%	广谱、高效
		碘酊	用于手术部位、注射部位的消毒	2%～5%	广谱、高效
低效消毒剂	季铵盐类	新洁尔灭	皮肤、黏膜、手臂、器械、种蛋消毒	0.1%	消毒能力较弱
		百毒杀	饮水、器具、场舍消毒，水管水塔除霉除臭	0.05%喷洒，0.005%饮水	可以带畜消毒

任务二　屠宰动物收购和运输的动物卫生监督

【任务描述】

收购动物前的准备工作，动物的运输方法，收购动物时的检疫，运输过程中的动物卫生监督，常见的应激性疾病及预防措施。

【与其他任务的关系】

掌握屠宰动物在收购和运输过程中的动物卫生要求是学习动物宰前检疫的基础。

屠宰加工企业屠宰的动物往往都是从外地采购来的，根据《中华人民共和国动物防疫法》第二十九条：禁止屠宰、经营、运输下列动物和生产、经营、加工、贮藏、运输下列动物产品：封锁疫区内与所发生动物疫病有关的；疫区内易感染的；依法应当检疫而未经检疫或者检疫不合格的；染疫或者疑似染疫的；病死或者死因不明的；其他不符合国务院农业农村主管部门有关动物防疫规定的。

为了避免误购病畜禽，保证肉品的质量，防止疫病扩散及减少经济损失，在收购和运输屠宰动物过程中必须加强动物卫生监督。

一、屠宰动物收购的动物卫生监督

（一）收购前的准备

1. 物质准备　在收购前应先准备好存放健康畜禽和隔离病畜的圈舍，以及必要的饲养管理用具，消毒用具和药品，使收购来的畜禽能及时妥善安置，得到合理的饲养管理。

2. 组织人力　检疫人员应对整个收购工作进行防疫和检疫技术指导，对畜禽收购工作应做到分工明确，检疫、过秤、饲养管理及押运等，都要分工协作，做到专人负责。

3. 了解疫情　根据《中华人民共和国动物防疫法》的相关规定，禁止从疫区购买、运出畜禽和畜禽产品，兽医检疫员在到达某地准备采购动物前，应首先向所在地动物检疫和防疫部门、兽医人员、饲养员等了解当地动物定期检疫、预防接种、饲养管理以及有无疫情等情况，通过调查确定为非疫区时，方可设站收购。

（二）收购时的检疫

收购动物时兽医检疫人员必须对动物进行严格的健康状况检查，主要采取群体检查和个体检查相结合的方法，一般对猪、羊、兔、鸡、鸭、鹅的收购检疫都采用群体检查为主，辅以个体检查；对牛、马等大家畜的收购检疫以个体检查为主，辅以群体检查。

1. 检疫方法　如表 2-5 所示。

表 2-5　动物检疫方法

检查方式	项　目	方　法
群体检查	静态观察	观察其精神状态、睡卧姿势、呼吸和反刍状态，有无咳嗽、气喘、战栗、呻吟、流涎、嗜睡和孤立一隅等反常现象
	动态观察	将动物轰起，观察其活动姿势，注意有无跛行、后腿麻痹、打晃踉跄、屈背弓腰和离群掉队等现象
	饮食状态观察	在动物进食时，观察其采食和饮水状态。注意有无停食、不饮、少食、不反刍和想食又不能吞咽等异常状态
个体检查	看	看精神、被毛和皮肤：病畜一般表现兴奋不安或沉郁呆钝，被毛粗乱或成片脱落，皮肤变厚或弹性不良，颜色异常，出现肿胀、皮疹或溃烂等现象 看运步姿态：牲畜运步姿态的异常，如家畜患破伤风、脑炎、脑包虫病，李氏杆菌病以及骨软症等病时，都表现出特殊的异常步态 看鼻镜和呼吸动作：查看其鼻镜或鼻盘（猪）的干湿程度 看可见黏膜：注意观察眼结膜、鼻黏膜和口黏膜有无苍白、潮红，发绀、黄染、肿胀以及分泌物流出等情况 看排泄物：注意有无便秘、腹泻、血便、血尿及血红蛋白尿等
	听	听叫声：当牲畜有病时则出现各种异常的叫声，如呻吟、磨牙、嘶哑，发吭等 听咳嗽：咳嗽是上呼吸道和肺发生炎症时出现的一种症状，常见于鼻卡他、喉卡他、支气管炎、牛肺结核、牛肺疫、猪肺疫和肺丝虫病等 听呼吸音：一般借助听诊器进行。肺区主要的病理呼吸音有肺泡呼吸音增强，支气管呼吸音，干啰音，湿啰音和胸膜摩擦音等 听胃肠音：主要适用于马属动物和牛、羊，猪不常采用，病理性胃肠音一般有增强、减弱和消失等 听心音：注意心跳次数，心音的强弱、节律和有无杂音等，主要适用于马属动物和牛羊

（续）

检查方式	项　目	方　法
个体检查	摸	摸耳、角根：可以大概判定其体温的高低 摸体表皮肤：注意胸前、颌下、腹下、四肢、阴鞘及会阴部等处有无肿胀、疹块或结节，并查明其性质如软硬度、波动感、捻发音等 摸体表淋巴结：主要是查其大小、形状、硬度、温度、敏感性及活动性 摸胸廓和腹部：触摸时注意有无敏感或压痛，牛肺疫、猪肺疫胸廓往往表现出敏感，腹膜炎则常有压痛
	检	重点是检测体温，体温的升高或降低，是牲畜患病的重要标志

大中动物在休息30min后逐头测量体温，体温高于正常的，应休息2h后复测，体温仍然高于正常的不能收购。在收购检疫中发现患病动物，应就地按规定妥善处理，发现恶性传染病时，须向当地动物防疫监督机构报告疫情，同时制定并实施控制传染源扩散的措施。动物正常体温、呼吸和脉搏变化如表2-6所示。

表2-6　动物正常体温、呼吸和脉搏变化

畜　别	体温（℃）	呼吸次数（次/min）	脉搏次数（次/min）
猪	38.0～39.5	12～20	60～80
牛	37.5～39.5	10～30	40～80
绵羊、山羊	38.0～40.0	12～20	70～80
马	37.5～38.5	8～16	26～44
骆驼	36.5～38.5	5～12	32～52
鸡	40.0～42.0	15～30	140
兔	38.5～39.5	50～60	120～140

2. 检疫对象　畜禽宰前检疫对象如表2-7所示。

表2-7　畜禽宰前检疫对象

畜　别	检疫对象
牛	检查口蹄疫、炭疽
羊	检查口蹄疫、炭疽、羊痘
猪	检查口蹄疫、猪水疱病、猪瘟、猪丹毒、猪肺疫、炭疽
禽	检查禽流感、鸡新城疫、鸭瘟、鸡支原体病、白血病
其他	由各省、自治区、直辖市规定的检疫对象

畜禽收购检疫除上述主要检疫对象外，还应注意鼻疽、牛瘟、恶性水肿、气肿疽、狂犬病、羊快疫、羊肠毒血症、马流行性淋巴管炎、马传染性贫血等烈性传染病。

（三）收购时的饲养管理

1. 分群　购入的畜禽应按其来源分类、分批、分圈饲养，不得混群饲养。

2. 消毒　注意场地圈舍的清扫、消毒。

3. 饲喂及其他　在饲养期间应尽力保障动物的安全和正常采食，防止受冻、发病和掉膘。力求做到不打、不踢、不饿、不晒、不冻、不挤、不打架和防风雨、防霜雪、防惊吓、防暴食。

（四）转运前的准备

转运前的准备是降低经营费用、减少意外损失的关键，购入的畜禽在收购站停留时间最多不超过3d。根据动物检疫管理办法，下列动物、动物产品在离开产地前，货主应当按规定时限向所在地动物卫生监督机构申报检疫：

（1）出售、运输动物产品和供屠宰、继续饲养的动物，应当提前3d申报检疫。

（2）出售、运输乳用动物、种用动物及其精液、卵、胚胎、种蛋，以及参加展览、演出和比赛的动物，应当提前15d申报检疫。

在采购地停留期间，应及时获取检疫合格证明。

产地检疫证明需要检疫员经过临场检疫合格后方可开写，检疫标准按照《动物检疫管理办法》第十四条规定：

（1）来自非封锁区或者未发生相关动物疫情的饲养场（户）。

（2）按照国家规定进行了强制免疫，并在有效保护期内。

（3）临床检查健康。

（4）农业农村部规定需要进行实验室疫病检测的，检测结果符合要求。

（5）养殖档案相关记录和畜禽标识符合农业农村部规定。

二、屠宰动物运输的动物卫生监督

（一）运输前的动物卫生监督

根据《动物检疫管理办法》规定，运输动物、动物产品的单位或个人，应向当地动物卫生监督机构提出申请检疫（报检），说明运输目的地和运输动物、动物产品的种类、数量、用途等情况。动物卫生监督机构要根据国内疫情或目的地疫情，由当地动物卫生监督机构进行检疫，合格者出具“动物检疫合格证明”。

因此运输动物的兽医人员或押运员，在运输动物前必须首先取得检疫合格证明，同时还应备好途中可能用到的各种用品，将动物按要求合理装载后，方可承运。

（二）运输途中的动物卫生监督

承运人凭“动物检疫合格证明”运输，并接受动物防疫监督机构及其派驻车站、码头等运输检疫站的监督检查。动物卫生监督机构经检查，证物相符，检查合格的放行，发现无证、无章、证物不符或确定未经检疫、检疫不合格的不得放行，并对当事人的违法行为给予处罚。

装载前和卸载后，对动物、动物产品的运载工具以及饲养用具、装载用具等，按照农业农村部规定的技术规范进行消毒，并对清除的垫料、粪便、污物等进行无害化处理。运输途中，兽医人员和押运人员应经常观察动物情况，发现病、死畜禽和可疑病畜禽时，立即隔离到车、船的一角，进行治疗和消毒，并将发病情况报告车船负责人，以便与有兽医机构的车站、码头联系，及时卸下病死畜禽，在当地兽医的指导下妥善处理，运输途中不准宰杀、销售、抛弃染疫动物和病死动物以及死因不明的动物。如发现恶性传染病及当地已经扑灭或新发现的疫病时，应遵照有关防疫规程采取措施，防止疫病扩散，并将疫情及时报告当地动物防疫监督机构，妥善处理动物尸体以及污染场所、运输工具，同群动物应隔离检疫，进行紧急免疫和药物预防，待确定正常无扩散危险时，方可准予运输或屠宰。

运输途中要加强饲养管理，按时饮喂，注意观察屠畜的健康状况，防止挤压。天气炎热时，车厢内应保持通风，设法降低温度；天气寒冷时，则应采取防寒挡风措施，防止因外界环境改变而产生的应激。

（三）到达目的地时的动物卫生监督

动物运达目的地后，接收地兽医检疫人员需查证验物，即查验检疫证明文件。如出现以下情况，检疫人员必须仔细查验畜群，查明原因，按有关规定做出妥善的处理：

（1）无检疫证明文件。

（2）动物来源于疫区。

（3）动物数目、日期与检疫证明记载不符，又未注明原因。

（4）到站后发现有疑似传染病及死亡动物。

处理方法如下：

（1）装运动物的车、船，卸完后须立即清除粪便和污垢。

（2）装运过健康动物及其产品的车船，清扫后用热水冲洗消毒。

（3）装运过一般性传染病病畜及其产品的车船，清扫后用4%的氢氧化钠溶液或0.1%的碘溶液洗涤消毒，清除的粪污应进行生物热消毒。

（4）装运过恶性传染病病畜及其产品的车船，要进行两次以上消毒，每次消毒后，再用热水清理，处理程序是先用10%漂白粉或20%石灰乳、4%氢氧化钠等消毒，然后清扫粪便污物，用热水将车厢彻底清洗干净后，再依上法消毒一遍，经30min后再用热水洗刷一遍，即可使用。

（5）各种用具也应同时消毒，清除的粪便焚烧销毁或者生物发酵处理。

三、应激性疾病（运输性疾病）及预防措施

应激是一种适应性机制，即当机体受到应激原的刺激时所引起的应答性反应。在感染、中毒、创伤、疼痛、疫苗注射、精神紧张、异常运动、冻伤、灼伤、失血、脱水、缺氧或窒息以及电离辐射等异常刺激作用于垂体肾上腺皮质系统后，引起了机体特异性障碍与非特异性的防御反应，导致应激综合征。因此应激在疾病中，不仅有适应、代偿和防御的作用，而且它本身也可以引起病理变化，但不能算是应激性疾病，应激也就是这些疾病的一个组成部分。只有以应激所引起的损害为主要表现的疾病称“适应性疾病”，现在则惯称“应激性疾病”。

而在屠宰动物收购的过程中，驱赶、惊吓、抓捕、保定、运输、拥挤、过劳、咬斗、噪声、电击、过冷、过热、感染、损伤、饥饿以及强化培育等不良刺激均会造成动物的应激性疾病。

（一）常见的应激性疾病

应激性疾病常见的有以下几种：

1. 猪应激综合征　应激敏感猪由于受到应激原刺激而发生的一种应激敏感综合征，以异常高的频率产生灰白颜色、质地松软、水分渗出的肌肉，以及其他病变并伴随突然死亡的猪所表现的症候群，具有以下几种情况。

（1）白肌肉（PSE肉）。

特点：苍白（pale），柔软（soft），多汁（exudative），故称PSE肉。

病因：由于敏感猪宰前受到强烈应激原刺激，如宰前运输、拥挤以及捆绑、热电等刺激。

病变：在背最长肌、半腱肌、半膜肌、股二头肌、腰肌、臂二头肌、臂三头肌处肌肉呈苍白色，质地柔软，手指易插入，切后断面流出渗出液，湿润，透明度高，甚至呈透明变性、坏死，肌间缺乏脂肪组织，肌组织结合不良，缺乏弹性，常呈左右两侧对称性变化，又称水煮样肉。

处理：肉加工时损失大，不宜做腌腊制品的原料。不宜鲜销，轻度可通过加工再利用，重度应工业利用或进行无害化处理。

（2）黑干肉（DFD肉）。

特点：切面干燥（dry），质地粗硬（firm），色泽深暗（dark），又称黑干肉。

病因：猪在宰前长时间受到应激较小的应激原刺激，使体内肌糖原消耗过多，而肌肉产生的乳酸少，且被呼吸性碱中毒时产生的碱所中和。

病变：病变主要发生于股部肌肉和臀部肌肉，肌肉的颜色异常深，呈暗红色，质地硬实，切面干燥。

处理：一般无碍于食用，但不耐保存，宜尽快利用。由于DFD肉pH高，保水性强，质地干硬，调味料不易扩散，因此也不宜做腌腊制品。

（3）背肌坏死。

病因：应激综合征的一种特殊表现，并与PSE肉有着相同的遗传病理因素。患过急性背肌坏死的猪所生的后代，可以自发地发生背肌坏死。有的猪也可能在受到应激原刺激后发生急性背肌坏死。

病变：病猪表现双侧或单侧背肌肿胀，肿胀无疼痛反应，有的患猪最后酸中毒死亡。

处理：若感官上的变化轻微，在切除病变部位后，胴体和内脏可不受限制出厂；若有全身病变的，在切除病变部位后，胴体和内脏可作为次品加工后出售。但严重者因酸中毒死亡的，应进行化制或销毁。

2. 猪急性浆液-坏死性肌炎（腿肌坏死）

病变：外观与PSE肉相似，肉眼难以区别。即色泽苍白，质地较硬，切面多水，肌肉坏死、自溶和炎症。因其主要发生于猪后腿的半腱肌、半膜肌，故又称为“腿肌坏死”性肌炎。

处理：若感官上的变化轻微，在切除病变部位后，胴体和内脏可不受限制出厂；若有全身病变的，在切除病变部位后，胴体和内脏可作为次品加工后出售。

3. 猝死综合征

病因：动物受到强烈应激原（如运输中的过度拥挤或惊恐）的刺激时，无任何临床病症而发生的突然死亡，又称“突毙综合征”。

处理：凡突然死亡的畜禽，不管发病原因是否清楚，一律化制或销毁。

4. 运输病　由于捕捉和运输等应激因素作用，诱发猪副嗜血杆菌的感染而发病。以发生浆膜炎和肺炎为特征。30～60kg猪多发，常于运输疲劳后3～7d发病，表现中度发热，食欲不振，倦怠。病程数日至1周而自愈，或恶化而死亡。

病因：在捕捉和运输等应激因素作用下，猪的抵抗力降低，诱发猪副嗜血杆菌和副溶血性嗜血杆菌的感染而发病，又称“格塞氏病”。

病变：浆膜炎和肺炎，镜检可见肺因间质水肿而增宽，并有圆形细胞浸润及纤维素渗出。支气管黏膜上皮变性、脱落，支气管周围亦有圆形细胞浸润和出血。

处理：仅肺和胸膜发生病变，将病变部及其周围组织割除废弃，胴体和其他脏器不受限制出厂（场）；其他器官和肌肉也有轻微病变者，应高温处理；死亡动物，应化制或销毁。

5. 运输热

病因：动物在运输中常处在过载和通风不良的车厢里，饲喂、饮水不当时，常常出现运输热，又称运输高温。

病变：可见大叶性肺炎变化，小叶间隔增宽、浆液性浸润，有时出现急性肠炎。

处理：仅肺和肠管发生病变，则废弃肺和肠管，其余部分不受限制出厂（场）；若出现全身性轻微病变时，胴体高温处理后出场；若全身性病变严重，则胴体化制；死亡动物，到达目的地后再化制或销毁。

（二）应激性疾病的预防措施

通过治疗方法来降低应激性疾病对养殖业及屠宰加工企业造成严重的经济损失不可取，应将重点放在预防上，其措施主要可从以下几方面着手：

1. 选育抗应激品种 动物对应激原是否敏感与品种有关，故在育种上应选育抗应激性强，即对应激不敏感的品种，淘汰应激敏感猪。应激敏感猪可从外貌、行为特征判断，四肢较短，后腿肌肉发达，皮肤坚实，脂肪薄，屁股圆，眼球突出，目光异常，极易惊恐，兴奋和好斗，自由进食少，生长慢；也可根据氟烷试验和测定血液中肌酸磷酸激酶（CPK）含量来检出应激敏感猪。

2. 加强饲养管理 集约化养殖场在养殖过程中应注意避免畜舍的高温、高湿、噪声和拥挤等。饮喂时，尽量减少各种应激原对养殖动物的刺激。保证通风良好，温度适宜，避免饲养密度过大，保证饲料的营养全面。

3. 减少诱因 运输过程中尽量减少应激刺激，如不打、不饥渴、不暴食、不拥挤、不任意混群等，避免闷热、饥饿、过劳、骚动、惊恐以及暴力驱赶等外因刺激。避免饱腹收购和运输。

4. 药物预防 添加抗应激药物，主要有以下几种：

（1）电解质。调节酸碱平衡（$NaHCO_3$、NH_4Cl、KCl 等）。

（2）维生素（维生素 C、维生素 E）。

（3）微量元素（锌、硒、铬）。

（4）安定止痛剂（氯丙嗪、哌唑嗪、三氟拉嗪、氟哌啶醇）和镇静剂（苯纳嗪、溴化钠、盐酸地巴唑）。

（5）微生态制剂。

（6）中药制剂。

任务三　动物宰前检疫与宰前管理

【任务描述】

宰前检疫的步骤、方法和内容，宰前检疫后的处理，宰前管理。

【与其他任务的关系】

动物宰前检疫是屠宰检疫的一部分，宰前检疫合格后进入宰后检疫程序。

一、宰前检疫

（一）宰前检疫的目的和意义

宰前检疫是对即将屠宰的动物进行的检疫，它是屠宰检疫的重要组成部分，是动物卫生监督的重要环节之一。那种认为只要有宰后检验“把关”就万无一失的观点是错误的，必须重视宰前检疫。宰前检疫的目的意义在于：

（1）通过宰前检疫能及时发现有临床症状的患病动物，实行病健隔离、病健分宰，防止疫病扩散，减轻产品污染，保证产品的卫生质量。

（2）可以及早检出宰后检验时难以检出的许多动物疾病，如破伤风、狂犬病、李氏杆菌病、口蹄疫以及某些中毒性疾病等。这些疾病因宰后一般无明显的病理变化或因剖检部位的关系，在宰后检验时常有被忽略和漏检的可能。但是这些疾病在宰前检疫时根据其明显而特殊的临床症状是不难检出的，如果忽视了宰前检疫，就错过了检出这些疾病的机会。

（3）防止宰杀国家禁止宰杀的牲畜，如种畜、幼畜和适龄的母畜等。

（4）及时发现疫情，并为疫病防治积累资料。因为宰前检疫要求对送宰牲畜的情况填写报表，记录存档，这可为疫病防治工作积累十分宝贵的资料。

（二）宰前检疫的步骤

宰前检疫要求检验人员结合动物的宰前管理，迅速而准确地从待宰畜群中剔除病弱牲畜。因此，必须做好宰前检疫的组织工作，并按一定的程序和步骤进行操作。

1. 入场验收 入场验收的目的在于防止病畜混在健康畜群中而进入宰前饲养管理圈，做到病健隔离。因此，检疫人员在入场验收中，须认真做好以下四项工作。

（1）验讫证件，了解疫情。当屠畜运到屠宰加工厂未卸载之前，检疫人员应先向押运人员索取屠畜产地动物卫生监督机构签发的检疫证明和车辆消毒证明，了解产地有无疫情，并亲临车船，仔细查看屠畜，核对屠畜的种类和数目，检查有无免疫标识。如发现问题，必须查明原因。如果发现疫情或有疫情可疑时，应立即将该批屠畜转入病畜隔离圈，并进行详细的临床检查和必要的实验室诊断，确诊后根据疫病性质按有关规定处理。

（2）视检屠畜，病健分群。经过初步检查认为合格的屠畜，准予卸载，并赶入宰前预检分类圈中，此时，检疫人员要认真视检屠畜，如发现异常，立即标记剔除隔离。赶入宰前预检分类圈的屠畜，要按产地，批次分圈管理。

（3）逐头测温，剔除病畜。进入宰前预检分类圈的屠畜，要给予充足的饮水，待休息4h后，再进行详细的临床检查，逐头测温。经检查确认体温正常的健康屠畜，赶入饲养圈，体温异常的病畜和可疑病畜则赶入病畜隔离圈。

（4）个别诊断，按章处理。被隔离的病畜和可疑病畜，经适当休息后，进行详细的临床检查，必要时辅以实验室诊断，确诊后按规定处理。

2. 住场查圈 入场验收合格的屠畜，进入健康饲养圈，一般休息两天后屠宰。在宰前饲养管理期间，检疫人员应经常深入圈舍进行观察、巡视，发现问题及时处理。

3. 送宰检验 进入饲养圈的屠畜经过2d以上的饲养管理之后，便可送去屠宰。在送宰之前再进行最后一次详细的临床检查，以便最大限度地控制病畜进入屠宰线。经检查确认为健康合格的屠畜，出具宰前检疫合格证明，送往候宰间等候屠宰。

(三) 宰前检疫后的处理

经宰前检疫后的屠畜，根据其健康状况及疾病的性质和程度，进行以下处理。

1. 准宰 经宰前检疫认为健康合格的屠畜，出具准宰证明，准予屠宰。

2. 急宰 确诊为无碍肉食卫生的普通患病动物或一般性疫病而有死亡危险时，应立即出具急宰证明，送往急宰间进行急宰。

3. 缓宰 经宰前检疫，确认为一般性疫病和普通病且有治愈希望者，或患有疑似疫病而未经确诊的屠畜，应予以缓宰。但必须考虑有无隔离饲养和治疗条件，并进行成本核算。

4. 禁宰 经宰前检疫，凡是危害性大且目前防治困难的疫病，或急性烈性传染病，或重要的人畜共患病，以及国外有而国内无或已经消灭的疫病，均按下述方法处理。

(1) 经宰前检疫，患有炭疽、鼻疽、牛瘟、恶性水肿、狂犬病、羊快疫、气肿疽、羊肠毒血症、马流行性淋巴管炎、马传染性贫血等恶性传染病的及患有口蹄疫等一类疫病的屠畜，一律不准屠宰，采取不放血的方法扑杀，尸体销毁。

①在牛、羊、马、驴、骡群中发现炭疽时，除对患畜禁宰外，其同群屠畜应立即进行测温，体温正常者急宰；体温不正常者予以隔离并注射有效药物观察3d，待无高温及临床症状时屠宰；如不能注射有效药物，则必须隔离观察14d，待无高温及临床症状时方可屠宰。

②在猪群中发现炭疽时，立即对同群猪进行测温，体温正常者急宰；体温不正常者隔离观察，确诊为非炭疽时可屠宰。

③凡经炭疽疫苗预防注射的家畜须经过14d后方可屠宰。用于制造炭疽血清的家畜不得屠宰食用。

④在屠畜群中发现恶性水肿和气肿疽时，除对患畜禁宰外，其同群屠畜应逐头测温，体温正常者急宰；体温不正常者隔离观察，待确诊为非恶性水肿或气肿疽时方可屠宰。

⑤在牛群中发现牛瘟时，除对患畜禁宰外，其同群的牛须隔离，并注射抗牛瘟血清观察7d，未经注射血清者观察14d，无高温及临床症状时方可屠宰。

⑥被狂犬病或疑似狂犬病患畜咬伤的家畜，采取不放血的方法扑杀，尸体销毁或化制。

(2) 经宰前检疫，凡患有羊猝狙、钩端螺旋体病、急性猪丹毒、李氏杆菌病、马鼻腔肺炎、马鼻气管炎、布鲁菌病、牛鼻气管炎、猪密螺旋体痢疾、牛肺疫、肉毒梭菌中毒症等病的屠畜一律不准屠宰，采取不放血的方法扑杀，尸体销毁或湿法化制。

宰前检疫的结果及处理情况要做记录留档。官方兽医应回收进入屠宰场（厂、点）动物附具的“动物检疫合格证明”。发现危害严重的疾病时，必须及时向当地和产地的动物卫生监督机构报告疫情，以便及时采取预防控制措施。

二、宰前管理

为了获得优质耐存的肉品，必须做好屠畜的宰前管理。宰前管理主要包括休息管理和停饲停水管理。

(一) 休息管理

1. 休息管理的意义

(1) 可降低宰后肉的带菌率。屠畜经过长途运输，由于过度疲劳和惊恐，使机体的抵抗力下降，肠道内的细菌乘机侵入机体，使肉中细菌含量增加，影响肉的品质和保存。如果做好宰前休息管理，可恢复或增强机体的抵抗力，将入侵的细菌消灭，这样可大大降低宰后肉品的带菌率。

（2）可排出体内过多的代谢产物。屠畜经过长途运输，使动物机体处于过度疲劳和恐惧的情况，机体的生理代谢功能发生紊乱，体内蓄积过多的代谢产物不能及时排除，影响宰后肉的品质。经适当休息可使屠畜体内过多的代谢产物排出体外，保证肉的品质。

（3）有利于肉的成熟。运输中由于饲养管理条件有限，再加上过度紧张、恐惧等，使肌肉中的糖原大量消耗，从而影响宰后肉的成熟。宰前适当休息可恢复肌肉中糖原的含量，有利于宰后肉的成熟。

2. 休息管理的时间　经长途运输的屠畜，宰前一般休息24～48h即可达到消除疲劳的目的，经检验者认可，准予送宰。

（二）停饲管理

1. 停饲管理的意义

（1）可以节约大量饲料。进入牲畜胃内的饲料消化吸收需要一段时间，因此，宰前做好停饲管理，可以节约大量的饲草、饲料，避免浪费。

（2）有利于屠宰加工。停饲可使胃肠内容物大量减少甚至空虚，这样有利于摘除胃肠和清理其内容物，减少污染胴体的机会，并减轻劳动强度。

（3）有利于提高肉品质量。轻度饥饿可以促进肝糖原分解为葡萄糖和乳糖，并通过血液循环分布全身，使肌肉中的含糖量增加，为肉的成熟创造良好的条件，有利于获取优质肉品。

（4）有利于放血和剥皮操作。宰前停饲并充分饮水，使血液浓度变淡，有利于放血。

2. 停饲和停水时间　屠畜在送宰前，要实施停饲管理，规定的停饲时间，猪为12h，牛、羊为24h。在停饲期间必须保证充足的饮水，直至临宰前2～3h停止供水。

任务四　动物屠宰加工的兽医卫生监督

【任务描述】

猪、牛、羊、禽及兔的屠宰加工工艺流程，屠宰加工各个环节的兽医卫生要求。

【与其他任务的关系】

宰前检疫合格的动物方能进入屠宰加工流程，屠宰过程中要进行宰后检验，将检验合格的胴体加工为可利用的动物产品。

一、生猪屠宰加工的动物卫生要求

屠宰工艺过程对肉品质量有重要影响，它不仅涉及对动物的击晕、放血、烫毛等处理环节，还包括使胴体降温的措施，生产中加强对这些环节的联合控制是从屠宰环节提高肉类质量的重要方法。国家标准《生猪屠宰操作规程》（GB/T 17236—2008）中规定，从致昏开始，猪的全部屠宰过程不应超过45min，从放血至摘取内脏，不应超过30min，从编号到复检、加盖检验印章，不得超过15min。

（一）淋浴

主要用于猪，在猪致昏放血前用适当压力的温水喷淋屠畜的体表。

淋浴对提高肉品卫生质量的重要意义：清洁皮毛，去除污物，减少屠宰加工过程中的肉品污染；安抚屠畜，促进血液循环，有利于放血；浸湿体表，提高电麻效果。

在淋浴过程中应注意水温，夏季以20℃为宜，冬季以25℃为宜，尽量少用或不用冷水，否则易造成应激，影响肉品质量，动物福利组织要求冬季水温在35℃左右。喷淋水压不宜过大，水流不宜过急，最好呈雾状，以免引起屠畜惊恐。宜在不同角度、不同方向设置喷头，以保证体表冲洗完全。淋浴的时间不宜过长，以能使屠畜体表洗净为度，一般3～5min。研究表明，生猪在水洗或淋浴后休息10min有利于宰杀放血和肉品质量。

（二）致昏

利用物理（如机械、电击）或化学（如吸入CO_2）方法，使屠畜在宰杀前短时间内处于暂时昏迷状态，称为致昏或击晕。活挂屠畜会强烈挣扎，应激反应强烈导致放血不良、白肌肉等影响肉品卫生质量。致昏的动物知觉丧失，处于昏迷状态，此时放血无须保定，操作安全易行，还可防止因动物挣扎而造成糖原的损耗，既符合卫生要求，又保证肉品质量。猪致昏要求心跳动，处在昏迷状态，不可致死或反复致昏。常用的致昏方法主要有以下几种：

1. 电麻法　生产上称作“麻电”，是目前广泛使用的一种致昏方法，用电流麻痹动物中枢神经，使肌肉强烈收缩和心跳加快，有利于放血。电麻法的致昏效果与电流强度、电压大小、频率高低及作用部位和作用时间等因素都有关系。研究和生产实践证明，采用低电压高频率电流的额部或颞部电击可获得较好的电麻效果，可大大减少肌肉出血。

优点：操作简便安全，减轻了劳动强度，且放血较完全。因电麻使动物处于癫痫状态，动物全身肌肉组织会发生高度痉挛性抽搐，心跳加剧，昏迷后及时放血，则放血完全。

缺点：电麻过深会引起动物心麻痹，造成死亡或放血不全；电麻不足则达不到麻痹感觉神经的目的，会使动物挣扎得更厉害。研究表明，电麻屠宰的动物有5%～10%因急性心力衰竭而导致放血不全，有5%～15%内脏器官和皮肤出现点状出血，尤以电麻不恰当者为甚。

电麻器有人工控制电麻器和自动控制电麻器两种类型。用于猪的电麻器主要有两种，即手提式电麻器和自动控制电麻机。手提式电麻器在使用时，工人穿胶鞋并带胶手套，手持麻电器，先将电麻器两极的海绵层分别在下边水中浸湿，最好是盐水（浓度5%），然后将电麻器的两极同时按压在猪体一侧额颞部的太阳穴与肩胛部，电麻器电压一般为70～90V，电流为0.5～1.0A，触电时间1～3s。常用的托胸三点式电麻器形似狭窄的通道，采用“八”字形托腹结构，使屠猪保持抬头姿势前行，无法调头，出口两侧装有多个铜片电极板。电麻时，依次将屠畜赶至电麻装置，头部触及自动开闭的夹形电麻器上，晕倒后滑落在运输带上。电麻器电压一般不超过90V，电流应不大于1.5A（世界动物卫生组织建议最小电流为1.25A），电麻时间1～2s。

2. 二氧化碳麻醉法　是使屠宰动物通过含有65%～75% CO_2 气体的密闭室或隧道使动物失去知觉。暴露于气体中的时间是此法的关键，一般经过15～45s致昏，可达到麻醉2～3min的效果。此法在丹麦、德国、俄罗斯、美国、加拿大等国常应用。

优点：动物在安静状态下，不知不觉地进入昏迷，无噪声，无挣扎，所以操作安全，生产效率高（500～600头/h）；呼吸维持较久，心跳不受影响，放血良好；糖原消耗少，宰后肉的 pH 较电麻法低而稳定，利于肉的保存；肌肉、器官出血少。

缺点：设备成本高，工作人员不能进入麻醉室；CO_2 中暴露时间长也能造成动物死亡，故在国内较少采用。

3. 锤击法 指用木槌猛击屠畜前额（左额角至右眼和右额角至左眼两条直线的交叉点），使其昏迷的方法。此法有悖动物福利，操作不安全，目前已淘汰。

（三）刺杀放血

用放血刀割断血管或刺破心，使血液流出体外，将动物致死的屠宰操作。放血的目的是快速且尽可能多地放出屠猪血，因为血液是细菌生长的理想培养基。放血程度是评价肉品质量的重要指标，刺杀放血能放出全身总血量的50%～60%，放血量约为猪胴体重的3.2%～3.5%。放血良好的肉体和内脏色泽鲜艳，有光泽，切割时一般看不到汁液和血液，容易贮藏，食用时口感质嫩，味道鲜美。放血不良的肉体和内脏色泽晦暗，切割时有较多的汁液和血液，脂肪组织发红，不易贮藏，食用时口感肉质较坚韧，鲜味不浓。

放血应于致昏后立即进行，不得超过致昏后的 30s，否则动物很快苏醒，将影响放血操作。放血刀要锋利，保证切口整齐。每刺杀一次，刀需在 82℃的热水中消毒。高效流水线从致昏到刺杀放血间隔不超过 6s，可有效减少出血斑。

根据放血时动物的体位不同，可将放血方法分为水平放血和垂直放血两种。从卫生角度来看，以垂直放血为好，即可使放血完全，又有利于随后的加工，生产中通常先刺杀再悬吊垂直放血，促进血液沥出。常用的放血方法有以下几种：

1. 颈部血管切断法 切断颈部动脉和静脉的放血方法（图 2-3）。猪的刺杀部位在颈与躯干交界处的中线偏右约 1cm 处刺入，刀尖向上，刀刃与猪体成 15°～20°角，抽刀时向外侧偏转切断血管。在放血良好的前提下，杀口越小越好，长度以 3～4cm 为宜，不得超过 5cm，若切口过大，在入池浸烫时会造成较大的污染。放血时间 6～10min。

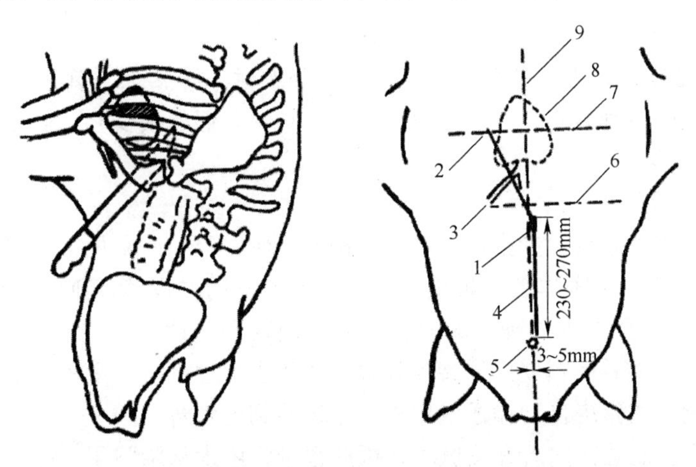

图 2-3 刺杀放血部位示意

1. 进刀起点 2. 进刀终点 3. 前腔静脉支管 4. 拖刀长度 5. 下颌痣
6. 第一对肋骨线 7. 第三对肋骨线 8. 心 9. 胸腹中线

此法的优点是操作简便安全，不伤及心，放血良好。缺点是杀口较小，放血时间较长，需要足够的放血时间和放血轨道及集血槽，以保证放血充分。

2. 真空刀放血法 该法在国外广泛使用，国内也在普及推广。放血的原理是通过一个连接集血罐的真空泵将血液吸入罐中（常混有抗凝剂）。放血时，将一种具有抽气装置的特制“空心刀”（图2-4）插入事先在颈部沿气管做好的皮肤切口，经过第一对肋骨中间的胸前口直向右心插入，由于负压，血液会通过刀刃空隙、刀柄腔道沿橡皮管流入容器中。空心刀放血虽刺破心，但因由真空抽气装置抽出血液，故仍放血良好，但是耗时较长，可能会影响流水线的运行。此法放血由于血液未受到污染，可供食用和制药用，从而提高血液利用价值，且不会造成环境污染，是值得推广的放血方法。

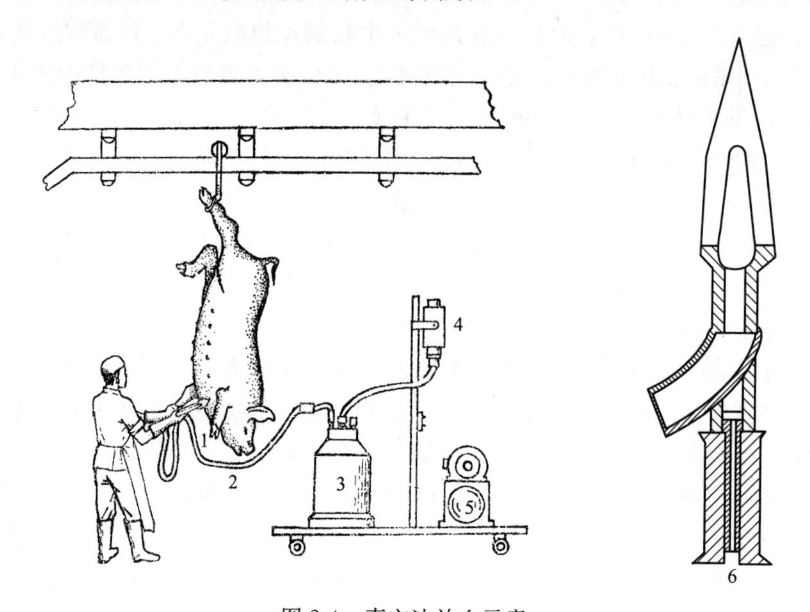

图2-4 真空法放血示意

1. 空心刀 2. 输血胶管 3. 贮血桶 4. 盛抗凝剂容器 5. 抽气机 6. 真空刀结构剖析

3. 刺杀心放血法 此法已经废止，仅见于部分农村年猪宰杀。刺杀部位是在颈胸交界处的凹陷处，沿胸前口刺至心。优点是放血快，死亡快，但是损伤心，放血不全，且胸腔易积血。

（四）剥皮或脱毛

猪皮是良好的皮革原料，猪鬃毛可制成毛刷等，所以猪的屠宰加工要剥皮和脱毛。

1. 剥皮 剥皮前应洗净体表，防止污物。如果猪皮用作皮革，则不可烫毛（或浸烫四蹄和头尾），但要进行预剥皮处理。剥皮首先要去四蹄和雄性生殖器，并将颈部皮肤切开，并进行预剥皮处理，随后用剥皮机的夹皮装置夹住猪皮通过机械剥皮机的滚筒旋转将猪体的整张猪皮剥下，剥下的猪皮自动输送或用皮张车运输到皮张暂存间。

由于猪的皮下脂肪紧紧附着在皮肤下，因此很难将生皮从脂肪层上剥离，且容易破坏脂肪层。在剥皮操作过程中，要尽可能避免损伤皮张，并在皮张上少留皮肌和脂肪。

2. 脱毛 是加工带皮猪的重要工序，主要分为烫毛、脱毛（包括刮毛、燎毛与刮黑）两步。

（1）烫毛。可采用烫池中浸烫和烫毛隧道热水喷淋（或蒸汽烫洗）两种方法。浸烫是将放血后的猪体由悬空轨道上卸入烫毛池内进行烫毛，烫池中水温应根据猪的品种、年龄、季节而定，一般在60～62℃为宜，可浸烫4～6min。浸烫时注意控制水温和时间，防止烫“生”和烫“老”。烫生即水温低，浸烫时间短，毛孔未舒张，毛不易脱掉；烫老即水温高或浸烫时间长，则表皮蛋白质凝固，毛孔闭塞，也不易脱毛，而且进入脱毛机（滚筒式）脱毛时易将皮肤打烂，增加污染风险。浸烫虽然杀死了体表大部分细菌，但是也会传播耐热菌，且容易污染肺，体表要力求干净且放血完全。烫毛隧道热水喷淋烫毛法是使吊挂状态的屠体进入隧道，以62～63℃热水喷淋或蒸汽烫洗，之后再使其经过下一隧道内的打毛机进行脱毛。这种方法可避免反复摘挂钩，并减少切口的污染，更满足卫生需求。

（2）脱毛。主要采取机械脱毛，将猪毛从毛囊中拔出，并刮除角质层和表皮。脱毛力求干净，不断肋骨，不伤皮下脂肪。目前大型肉联厂普遍应用吊挂隧道式烫毛脱毛，屠猪经过烫毛隧道后进入两侧有毛刷的脱毛隧道进行脱毛。国内大中型肉联厂多采用机械刨毛机，浸烫完毕的猪由传送带自动送进刨毛机，刨毛机内淋浴水温应掌握在30℃左右。生产上常用卧式刨毛和螺旋自动刨毛。脱毛后的猪体自动放入清水池内清洗，同时由人工将未脱净的部位，如耳根、大腿内侧及其他未脱掉的毛刮去，刨毛要力求干净。为清除屠体上的残毛和绒毛，脱毛后屠猪进入燎毛炉（约1 200℃，经10s）与刮黑隧道，进行净毛处理。经燎毛的猪皮，因高温而膨胀，再经刮黑处理后，出隧道后猪体表的残毛与毛根被全部清除掉，只是胴体皮肤略显微黄色。燎毛过程不仅可以烧去猪体表面残毛，还能杀死体表微生物。

（五）开膛和净膛

开膛是指剖开屠体胸腹腔，净膛是将胸腹腔内的脏器取出的过程。屠宰动物在剥皮或脱毛后应立即进行开膛，自放血后到开膛，时间不得超过30min。延缓开膛会影响脏器和内分泌腺体的利用价值（如肠管发黑、内分泌腺的激素降解等），同时还会影响肉品质量和耐藏性。目前，开膛已基本实现机械化。

开膛一般采用倒挂垂直方式，从而减轻劳动强度，并减少胴体被胃肠内容物污染的机会。开膛前将脱毛后的猪体后肢跟腱部用刀穿口（6～8cm）、上钩，经由滑轮吊上悬空轨道，通过限位装置保证屠猪的姿势一致，将骨盆正中的皮层自上而下划开，拉出生殖器并连根割净，然后沿腹部正中线自上而下剖腹，当刀到达软肋时，刀沿胸部正中偏右1.5cm向下拖刀至放血口，不得划破内脏。随后，用开肛器沿肛门周围将直肠与肛门连接部割离开（俗称雕圈或雕肛），随后去生殖器。常设封肛操作台，开肛后用密封袋包裹住直肠末端，并压在与胴体同步的轨道上，防止粪便污染胴体。随后用刀将肠系膜丛处割断，随之取出胃肠、脾。然后用刀划破横膈膜，并沿肋软骨与胸骨连接处切开胸腔，并剥离气管、食道，再将心、肝、肺取出。取出的内脏“红下水”（心、肝、肺、肾）挂在红内脏同步检疫输送机的挂钩上，“白下水”（胃、肠、脾）放在白内脏检疫输送机的托盘内待检。

开膛时应注意不可划破胃肠、膀胱和胆囊，一旦划破应及时冲洗处理。取出内脏后，应及时用足够压力的净水冲洗胸、腹腔，洗净腔内淤血、污物。在摘取内脏的同时，检验人员应按照国家标准《生猪屠宰产品品质检验规程》（GB/T 17996—1999）进行同步检验。

（六）去头蹄、劈半

净膛后将头从寰枕关节处卸下，将前后蹄分别从腕关节与跗关节处卸掉。操作中注意切口整齐，避免出现骨屑。

劈半是沿脊椎正中线将胴体劈成左右对称的两半。劈半时以劈开脊椎管暴露出脊髓为宜，避免左右弯曲或劈断、劈碎脊椎，而降低商品价值。目前国内常用的猪胴体劈半设备有桥式劈半机、往复式劈半锯、带式劈半锯、圆盘式劈半锯和全自动劈半机等。其中桥式劈半机、往复式劈半锯适合中小型屠宰厂。全自动劈半机具有自动化程度高、劈半准确、肉品质量好、卫生安全等优点，主要有两类：全自动刀式劈半机和全自动锯式劈半机。全自动刀式劈半机可根据生产需要设定不同的自动劈半程序，与全自动锯式劈半机的主要区别是：前者通过双刀劈砍将脊骨劈开，而后者则是通过圆盘锯位移将脊骨锯开。全自动劈半机投资一般都较大，且运行和维护成本较高，适合大型屠宰工厂规模化生产使用。目前自动劈半每小时可劈半屠猪数百头，甚至上千头。

（七）胴体修整

胴体为屠宰动物经放血、去毛或剥皮、去头蹄和内脏后的剩余部分。胴体修整指清除胴体表面的各种污物，割掉胴体的病变组织、损伤组织及游离的组织，摘除有碍食肉卫生的组织器官，以及对胴体不平整的切面进行必要修削的过程。生产上分前道和后道两道工序。

1. 前道 对颈部进行修整，将放血口附近的血污、淤血块、黏膜、异物，及可见粘有大量血块的淋巴管、脂肪块、胸廓前口下方的甲状腺修净。

2. 后道 修整里脊，将残留在胴体上的横膈膜、横膈肉、碎板肉、肝角、肺角修净。并将开剖刀口两侧脂肪层外露淋巴结、小里脊外白管、外露脓疱、发炎部分去掉，摘除甲状腺、肾上腺、病变的淋巴结、公畜的阴茎根等。

修整好的胴体要无血、无粪、无毛、无污物、无三腺，具有良好的商品外观。

（八）内脏整理

摘出的内脏经检验后，应立即送往内脏整理车间，进行分离胃肠和翻出胃肠内容物的整理加工，不得积压。分离胃时应将食道和十二指肠留有适当长度，以免胃肠内容物流出。分离肠道时切忌撕扯或拉断，要摘除附着在脏器上的脂肪组织和胰，除去淋巴结及寄生虫等。在固定的工作台上进行翻肠和倒胃，翻出的胃肠内容物应集中后及时运出处理。洗净的内脏装入容器迅速冷却，不得长时间堆放，以免变质。

（九）皮张鬃毛整理

1. 皮张整理 先抽取尾巴，刮去血污、皮肌和脂肪，及时送至皮张加工车间进一步加工，不得堆放或暴晒，以防变质、老化和掉毛。

2. 鬃毛整理 猪的颈部和脊背部的刚毛，刚韧而富于弹性，具有天然的鳞片状纤维，能吸附油漆，为工业和军需用刷的主要原料。能制成各种用刷、化学灭火剂、化学药品等。整理时要除去混杂的皮屑，及时摊晾，以备进一步加工。

二、牛、羊屠宰加工的动物卫生要求

牛、羊屠宰加工工艺流程包括致昏、放血、剥皮、开膛、劈半、胴体修整、内脏整理、皮张整理等工序。屠宰加工过程各环节的卫生状况和工艺要求，直接影响着产品的卫生质量和耐存性。因此，对屠宰加工过程各环节正确实施动物卫生监督，是屠宰加工企业兽医卫生检验人员的一项重要任务。

（一）致昏

1. 刺昏法 指用锋利的匕首迅速、准确地刺入牛的枕骨与第一颈椎之间，破坏延脑和脊髓的联系，造成瘫痪。此法的优点是操作简便，易于掌握。缺点是刺得过深会伤及呼吸中枢或血管运动中枢，可使呼吸立即停止或血压下降，造成放血不良。

2. 木槌击昏法　指用2～2.5kg木槌猛击屠畜的前额，使其昏倒的方法。锤击的确切部位在屠畜的左额角至右眼线和右额角至左眼线的交叉点上。此法的优点是操作简便，虽然屠畜的感觉麻痹，但是运动中枢依然完好，因而放血较好。缺点是劳动强度大，效率低；安全性差，当打击部位不准确或用力较轻时，容易引起屠畜惊恐、逃窜，造成伤人毁物的不良后果；如果打击力度过大则会出现头骨破裂或死亡，造成放血不良。此法目前大型屠宰加工企业已很少使用。

3. 电麻法　牛用单接触杆式电麻器时，以电压不超过200V、电流强度为1～1.5A、电麻时间为7～30s为宜；使用双接触杆式电麻器时，以电压为70V、电流强度为0.5～1.4A、电麻时间为2～3s为宜。

由于羊的性情温顺，对人不具有攻击性，因而一般不予致昏。

（二）刺杀放血

1. 切颈法　多用于屠宰牛、羊。此法是在屠畜头颈交界处的腹侧面作横向切开，切断颈部的颈静脉、颈动脉、气管、食管和部分软组织，使血液从切面流出。这种方法的优点是放血快，屠畜死亡快，缩短了垂死挣扎的时间；缺点是在切断颈动脉、颈静脉的同时，也切断了气管、食管和部分肌肉，胃内容物常经食道流出，污染切口，甚至引起肺呛血和肺呛食。切颈法主要在信仰伊斯兰教的少数民族地区使用。

2. 切断颈部血管法　牛的刺杀部位在距胸骨16～20cm的颈中线处下刀，刀尖斜向上方（悬挂状态）刺入30～35cm，随即抽刀向外侧偏转，切断血管。羊的刺杀部位在下颌角稍后处横向刺穿颈部，切断颈动脉、颈静脉，而不伤及气管和食道。沥血时间，牛为8～10min，羊为5～6min。

（三）剥皮与去头、蹄

屠宰牛、羊一般剥皮。刺杀放血后应尽快剥皮，以免尸体冷后不易剥皮。牛、羊的剥皮方法分手工剥皮和机械剥皮两种。在剥皮过程中，分别将头、蹄卸下。剥皮应力求仔细，避免损伤皮张和胴体，防止污物皮毛、胴体。有条件的屠宰加工企业应尽量采用机械剥皮，既可减少污染胴体和损伤皮张，又可减轻劳动强度，提高工效。

（四）开膛与净膛

牛、羊的开膛与净膛应在屠畜剥皮后立即进行，自放血后至开膛不得超过30min。延缓开膛会影响脏器和内分泌腺体的利用价值，如肠管发黑、内分泌腺的生物效价降低等，同时还会降低肉品的质量和耐存性。

开膛宜采用倒挂垂直方式，这样既减轻劳动强度，又减少胴体被胃肠内容物污染的机会。开膛时应沿腹部正中线剖开，切勿划破胃肠、膀胱和胆囊，一旦划破后被胃肠内容物、尿液、胆汁污染，应立即用清水冲洗干净，并另行处理。

开膛后去内脏，又称净膛，摘除的内脏按“白下水”（胃、肠、脾）和“红下水”（心、肝、肺）分开放置，并接受检验。净膛时，要防止内脏落地，净膛后应及时用足够压力的清水冲洗胸腹腔，洗净腔内淤血、污物。

（五）胴体劈半

牛胴体劈半时以劈开脊椎管暴露出脊髓为宜，避免左右弯曲或劈断、劈碎脊椎，而降低商品价值。牛胴体劈半后，再沿最后肋骨后缘分割为前后两半，称为“四分体”。羊的胴体较小，一般不劈半。

（六）胴体修整

胴体修整是指清除胴体表面的各种污物，修割掉胴体上的病变组织、损伤组织及游离组织，摘除有碍食肉卫生的组织器官，并对胴体进行必要的修削整形，使胴体具有完好的商品形象。胴体修整包括湿修和干修。

1. 湿修 湿修是指用具有一定压力的净水冲刷胴体，将附着在胴体表面的毛、血、粪等污物尽量冲洗干净，应特别注意冲洗颈断部和已劈开的脊柱。牛、羊胴体湿修时，只冲洗胸腹腔，不冲洗胴体外表，因为牛、羊皮下疏松结缔组织多，易吸水而影响肉的品质和保藏。

2. 干修 干修是指用刀钩将胴体表面的碎屑和余水除去，修整颈部和腹部的游离缘，割除伤痕、化脓灶、斑点、淤血部以及残留的膈肌、游离脂肪，取出脊髓，摘除甲状腺、肾上腺和病变淋巴结。修整好的胴体要无血、无粪、无毛、无污物、无三腺，具有良好的商品外观。

（七）内脏整理

内脏经检验后立即送往内脏整理车间整理，不得积压。割取胃时，应将食道和十二指肠留有适当的长度，以免胃内容物流出。分离肠道时，应小心摘除附着的脂肪和胰，除去肠系膜淋巴结和病变部位，切忌将肠管扯破。翻肠和倒胃应在固定的工作台上进行，翻出的胃肠内容物应集中于容器中，及时运出处理，不得在车间内堆积。内脏整理洗净后应及时冷冻加工，以防变质。内脏整理车间应有充足的温水和冷水。

（八）皮张整理

牛羊生皮是重要的副产品，经鞣制加工后，可以制成各种日用品和工业品。皮张整理时，应先抽取尾巴，刮去血污、皮肌和脂肪，然后送往皮张整理车间进一步加工，不得堆放或暴晒，以防变质、老化和褪毛。鬃毛整理主要是除去混杂的皮屑，选择适当地点及时晾晒。

三、家禽屠宰加工的动物卫生要求

大型家禽屠宰加工厂其加工工艺一般包括致昏、刺杀放血、烫毛和脱毛、净膛、胴体修整、内脏羽毛整理。

（一）致昏

家禽个体虽然小，但是好挣扎，加之头颈的扭曲，两翅的扇动，容易造成车间的污染。此外，过度挣扎会造成糖原的消耗，影响宰后肉的品质，在放血前应予以致昏。致昏的方法很多，但目前常用的方法是电麻致昏法。国内用于家禽的电麻器常见的有两种。一种是呈Y形的电麻钳，钳的两边各有一电极。当电麻器接触家禽头部时，电流即通过大脑而达到致昏的效果。另一种为电麻板，是在悬空轨道的一段接有一电板，而在该段轨道的下方设有一导电板。当家禽倒挂在轨道上传送，其喙或头部触及导电板时，可形成通路，从而达到致昏的效果。致昏时，多采用单相交流电，在0.65～1.0A、80～105V的条件下，电麻时间为2～4s。

(二) 刺杀放血

家禽的刺杀放血要保证放血充分，尽可能保持胴体的完整，减少污染的机会，以利于保藏。常用的刺杀放血的方法有以下 3 种。

1. 颈动脉颅面分支放血法　该方法是在家禽左耳后方切断颈动脉颅面分支，鸡切口约为 1.5cm，鸭、鹅约为 2.5cm，放血时间应在 2min 以上。本法操作简单，放血充分，也便于机械化操作，而且开口较小，不会造成大面积污染，能保证胴体较好的完整性，故目前大多数采用这种放血方法。

2. 三管切断放血法　即在家禽的喉部横切一刀，在切断颈动脉、颈静脉的同时，也切断了气管和食管。该法操作简便，放血较快。但缺点是切口较大，不但有碍商品外观，而且容易造成污染，影响商品的耐藏性。所以该法不适用于规模化的屠宰加工厂，为我国民间习惯采用的方法。

3. 口腔放血法　即用一手打开口腔，另一手持一细长尖刀，在上腭裂后约第二颈椎处，切断任意一侧颈总动脉与桥状静脉连接处。抽刀时，顺势将刀刺入上腭裂至延脑，以促使家禽死亡，并可使缩毛肌松弛而有利于脱毛。用本法给鸭放血时，应将鸭舌扭转拉出其口腔，夹于口角，以利于放血流畅，避免呛血。本法放血效果良好，能保证胴体外观的完整性。但是操作较复杂，不易掌握，操作稍有不慎，容易造成放血不良，有时也会造成口腔及颅腔的污染，影响产品质量，不利于禽肉的保藏。

无论采用上述哪种方法，都应有足够的放血时间，保证放血良好。放血不良的胴体，外观发紫，不耐贮藏，商品价值降低。

(三) 烫毛和脱毛

目前机械化家禽屠宰加工厂在屠宰加工时先烫毛再脱毛。烫毛时要严格掌握浸烫水温和浸烫时间，防止烫生或烫老，要根据家禽的品种、年龄和季节而定，一般肉仔鸡浸烫水温为 58～60℃，淘汰蛋鸡浸烫水温为 60～62℃，鸭、鹅为62～65℃，浸烫时间一般控制在 1～2min。烫毛过程中应注意的要点如下：

(1) 要保持烫池内水的清洁，最好采用流水，或每隔 2h 更换一次热水。

(2) 未死透或放血不良的禽尸，不能进行烫毛，否则会降低商品价值。

(3) 严格掌握水温和浸烫时间，以能够轻易拔掉被毛而不破损皮肤为度。

浸烫后一般采用机械脱毛，未脱净的残毛（尤其是绒毛）在清水池中用手拔干净。为降低劳动强度，提高生产效率，有些屠宰场在机械脱毛后，先用食用蜡脱去大部分残毛，再用人工清除残毛。

(四) 净膛

从体腔内摘除内脏的过程即为净膛，脱毛后应立即净膛。

1. 净膛的方式

(1) 全净膛。从胸骨末端至肛门中线切开腹壁或从右胸下肋骨开口，将脏器全部取出，仅保留肺、肾。

(2) 半净膛。仅从肛门拉出全部肠管，其他脏器仍保留在体腔内。

(3) 不净膛。全部脏器都保留在体腔内。

2. 净膛时的卫生要求

(1) 在全净膛和半净膛时，拉肠管前应先挤出肛门内粪便，不得拉断肠管和扯破胆囊，以免粪便和胆汁污染胴体。体腔内不得残留断肠和应除去的脏器、血块、粪污及其他异物等。

（2）在加工全净膛和半净膛时，内脏取出后应与该胴体放在一起进行检验。

（3）在加工不净膛光禽时，宰前必须做好停饲管理，适当延长停饲时间，尽量减少胃肠内容物，以利于保存。

（五）胴体修整

胴体整修分为湿修和干修。

1. 湿修 湿修时最好使用具有一定压力的净水进行冲刷，将附着在胴体表面的污物冲洗干净。全自动生产线是用洗禽机进行清洗，清洗效果很好。半自动生产线是将净膛后的胴体放在清水池中进行冲洗，采用这种修整方法时，要注意勤换池水，以免造成胴体二次污染。

2. 干修 是借助于刀、剪将胴体上的病变组织、机械损伤部位、游离的脂肪等去除，并将残毛拔掉，最后用剪刀从跗关节处将后肢剪下。修整好的胴体要无血、无粪便、无羽毛、无污物、无病变组织。外观要整洁，具有良好的商品外观。

（六）内脏、羽毛整理

摘出的内脏经检验后，立即送往内脏整理间进行加工，不得挤压。如果为全净膛，分离出心和肝，收集在专门的容器中分离出肌胃，在专门的地点剖开，清除掉内容物，撕掉角质膜，将肌胃与角质膜分开收集。腺胃和肠收集在一起。

浸烫下的羽毛应及时整理，在专门场地上晾晒，不得堆积存放，将晾晒后的羽毛整理用于进一步加工。

四、家兔屠宰加工的动物卫生要求

目前，我国兔肉生产主要是外贸出口，兔肉的加工流程和工艺是按照世界卫生组织食品安全的要求设计和操作的。家兔屠宰加工过程中的卫生状况直接关系到兔肉的卫生质量，对每个屠宰加工环节都要实施严格的兽医卫生监督。

（一）致昏

致昏的目的是使家兔暂时失去知觉，减少或消除宰杀时家兔的挣扎，便于宰杀放血，使皮张不致被血污染，并减少肌糖原的消耗，有利于肉的成熟。

目前我国家兔屠宰加工企业广泛采用电麻法致昏。电麻器有转盘式或长柄钳式两种，一般采用电压70V、电流0.75A、电麻时间2～4s，钳端附有海绵体，使用时先蘸5%的盐水，然后插入家兔两耳的后部，家兔触电后昏倒，即可宰杀。电麻不得过度，否则会造成放血不良。

（二）宰杀放血

家兔的放血方法一般采用机械割头法和切断颈部动静脉血管法。现代化兔肉加工企业多采用机械割头法，这种方法可减轻劳动强度，提高效率，并防止兔毛飞扬，兔血四溅。使兔体倒挂切断颈部动、静脉血管法，也是一种常用的较好的放血方法。放血是否充分，对兔肉的品质和耐藏性起着决定性作用，放血时间一般不少于2min。

（三）剥皮

家兔放血后剥皮前先水淋兔体，以免兔毛飞扬，但应注意避免淋湿挂钩和吊挂的兔爪，以防污染液向下流污染胴体。一般采用脱袜式剥皮，用刀在颈部、前肢腕关节及后肢跗关节上方1cm处将皮肤做环形切口，再沿两后肢内侧绕过肛门挑切开皮肤并断尾，用手自阴部上方翻转皮肤，把皮肤自阴部拉至头部并剥去。剥皮要求迅速，不污染胴体和皮张，做到手不沾肉，肉不沾毛。凡接触过皮毛的手和工具，未经消毒，不得接触胴体。剥下的毛皮应尽快伸展、固定和干燥，防止腐败、虫蛀和鼠咬，但不得在烈日下暴晒，更不能用火烘烤，以免老化和失去弹性。

（四）截肢与去尾

在腕关节稍上方截断前肢，从跗关节稍上方截断后肢，从第一尾椎处去掉尾巴。

（五）开膛与净膛

开膛力求深浅适度，避免割破胃肠而造成污染。用刀自骨盆腔开始，从腹部正中线剖开腹腔，取下大小肠和膀胱，不要暴露胸骨。在取大小肠时，应以手指按住腹壁和肾，以免脂肪与肾连同大小肠一并扯下。然后再割开横膈膜，以手指深入胸腔抓住气管，将心、肝、肺、胃取出。

（六）胴体修整

用洁净的海绵或毛巾擦去颈部和体腔的血水，拭去胴体表面的毛污。用刀、剪修除残余内脏、生殖器官、耻骨附近的腺体和结缔组织；修除血脖肉、胸腺和胸腹腔内的大血管；修除背部、臀部及腿部外侧等主要部位的外伤；对暴露在胴体表面的脂肪，特别是背部的两条脂肪应修割掉，以防贮藏过程中脂肪氧化变质。

家兔胴体的修整一般不采用湿修方法，否则体表难以形成干燥薄膜，不耐保藏。

五、生产人员的卫生要求与人身防护

（一）健康要求

从事肉食生产的工作人员，每半年进行一次健康体检。新进厂的工作人员，经体检合格取得健康合格证方可参加生产。凡患有痢疾、伤寒、病毒性肝炎等消化道传染病（包括病原携带者），活动性肺结核，化脓样或渗出性皮肤病以及其他有碍食品卫生的疾病患者，不得从事肉食生产。

（二）卫生要求

生产人员应保持良好的个人卫生，勤洗澡、勤换衣、勤理发，不得留长指甲和涂指甲油。生产人员不得将与生产无关的个人用品和饰物带入生产车间；进入车间必须穿戴工作服、工作帽、工作鞋、头发不得外露；工作服和工作帽每天必须更换，每天清洗和消毒一次，保持清洁；接触直接入口食品的工作人员，必须佩戴口罩。生产人员离开车间时，必须脱掉工作服、工作帽、工作鞋。车间内严禁进食、饮水和吸烟，不许对着肉食品咳嗽、打喷嚏，不许随地吐痰；饭前、便后及工作前后按要求洗手和消毒。

（三）个人防护

生产人员在生产过程中要做好个人卫生防护，参与放血的工作人员和与水接触较多的工作人员，应穿戴不透水的衣、裤。凡受刀伤或其他外伤的工作人员，应立即采取措施包扎防护，否则不得从事屠宰或接触肉品的工作。急宰车间的工作人员应佩戴无色平光眼镜、乳胶手套、线手套、皮套袖、皮围裙、高筒靴等。屠宰加工企业的工作人员应定期进行必要的预防注射，以免感染人畜共患病。

任务五　屠宰动物宰后检验

【任务描述】

了解动物宰后检验的基本方法和要求，掌握猪、牛、羊、禽、兔的宰后检验程序及要点。

【与其他任务的关系】

动物宰后检验以动物的宰前检疫为基础，是屠宰检疫的重要组成部分，宰后检验合格后进入动物产品加工或市场销售环节。

宰后检验是指动物在放血解体后，检验人员通过视、剖、触、嗅等方法检查胴体、内脏，根据其病理变化和异常现象进行综合判断，得出检验结论。

一、宰后检验概述

（一）宰后检验的意义

因动物宰后胴体、内脏充分暴露，能直观、快捷、准确地发现胴体和内脏的病理变化，对临诊症状不明显或处于潜伏期、在宰前难发现的疫病如猪慢性咽炭疽、猪旋毛虫、猪囊尾蚴等较容易检出，弥补了宰前检疫的不足，从而防止疫病的传播和人畜共患病的发生。

宰后检验还可以及时发现非传染性畜禽胴体和内脏的某些病变，如黄疸肉及黄脂肉、脓毒症、尿毒症、腐败、肿瘤、变质、水肿、局部化脓，异色、异味等有碍肉品卫生的情况，以便及时剔除，保证肉品卫生安全。

因此，宰后检验对判定畜禽产品的卫生质量和经济价值，按照国家法律法规对畜禽产品做出卫生评价，从而保证人们食肉安全，控制畜禽疫病的传播，具有重要意义。

（二）宰后检验的基本方法

宰后检验主要是通过感官检验对胴体和脏器的病变进行综合判断和处理，必要时辅以细菌学、血清学、病理组织学等实验室检验。感官检验方法主要有视检、剖检、触检和嗅检，以视检和剖检为主。

1. 视检　通过视觉器官直接观察胴体皮肤、肌肉、脂肪、胸腹膜、骨骼、关节、天然孔及各种脏器浅表暴露部位的色泽、形状、大小、组织状态等，判断有无病理变化或异常。如牛、羊的上下颌骨膨大时，注意检查放线菌病；若猪咽喉和颈部肿胀的，应注意检查咽炭疽和猪肺疫；若见皮肤、黏膜、脂肪发黄则表明有黄疸的可疑。

2. 剖检　切开胴体或脏器的深部组织或隐蔽部分，观察其有无病理变化，这对淋巴结、肌肉、脂肪、脏器的检查非常必要，尤其是对淋巴结的剖检更为重要。当病原体侵入动物机体后，首先进入管壁薄、通透性大的淋巴管，进而随淋巴液流向附近淋巴结内，在此被其吞噬、阻留或消灭，由于阻留病原体的刺激，淋巴结会呈现相应的病理变化如肿大、充血、出血、化脓、坏死等，病因不同，淋巴结的病理形态变化也不同，且往往在淋巴结中形成特殊的病变。如猪瘟病猪全身淋巴结肿大，切面周边出血呈红白相间的大理石样外观；炭疽病变淋巴结急剧肿大、变硬，切面呈砖红色，淋巴结周围组织常有胶样浸润。

3. 触检　即通过触摸受检组织和器官，感觉其弹性、硬度以及深部有无隐蔽或潜在性的变化。触检可减少剖检的盲目性，提高剖检效率，必要时将触检可疑的部位剖开视检，这对发现深部组织或器官内的硬块很有实际意义。例如猪肺疫时红色肝变的肺除色泽似肝外，用手触摸其坚实性也似肝；奶牛乳房结核时可摸到乳房内的硬肿块等，均具有一定的诊断价值。

4. 嗅检　用鼻嗅闻被检胴体及组织器官有无异常气味，借以判定肉品质量和食用价值，为实验室检验提供指导，确定实验室的必检项目。生前动物患有尿毒症，宰后肉中有尿臊味；生前用药时间较长，宰后肉品有残留的药味；病猪、死猪冷宰后肉有一定的尸腐味等，都可通过嗅检查出。

当感官检验不能判定疾病性质时，须进行实验室检验。

（三）宰后淋巴结的检验

1. 淋巴系统的作用　淋巴系统包括两个部分：一部分是由淋巴管组成的管道部分，它最后开口于静脉，将组织液还流于血液；另一部分是淋巴器官，包括胸腺、淋巴结、扁桃体、脾、法氏囊（禽）等。

（1）淋巴器官的结构特点。淋巴器官是由网状细胞和网状纤维组成的网状结构，网眼中充满着淋巴细胞和淋巴组织。分布在淋巴管道上的淋巴结属于外周淋巴器官，是机体的重要防御屏障和过滤装置。

（2）淋巴器官的免疫功能。在动物长期进化过程中，机体逐渐发展形成了具有识别和清除异物的能力，即免疫机能。当病原作用于机体后（即异种抗原进入机体时），先由巨噬细胞处理，将抗原吞噬，并将抗原信息（mRNA）传递给栖居于淋巴小结之间弥散组织（副皮质区）中的T淋巴细胞和皮质淋巴小结分化繁殖的B淋巴细胞。在抗原刺激后的3～4d，T淋巴细胞大量增殖，转化为致敏性淋巴细胞，释放出多种淋巴因子，呈现细胞免疫反应。在抗原和淋巴因子的刺激下，B淋巴细胞也大量增殖，在淋巴小结形成生发中心，B淋巴细胞可转化为能产生抗体的浆细胞，当抗体进入血液后发生抗原抗体反应，使补体系统激活，溶解、中和抗原，呈现体液免疫反应。

（3）淋巴系统在肉检中的作用。

①反映病原入侵的途径和程度。机体每个部位的淋巴结收集相应区域的组织或器官的淋巴液。当机体某些器官或局部发生病变时，病原可随淋巴液到达相应部位的淋巴结，该部位淋巴结内具有免疫活性的细胞迅速增殖，从而引起局部淋巴结肿大。严重的则继续蔓延，导致机体其他组织和淋巴结发生相应的病变。

②淋巴结阻留病原并呈现相应的病理变化。淋巴结在不同病原因子的作用下表现出不同的病理特征，特别是某些传染病，往往会使淋巴结发生特殊的病理变化，如肿大、充血、出血、化脓、坏死、结节以及各种炎症等病变。

由此可见，淋巴系统尤其是淋巴结在肉品检验中可以较准确迅速地反映屠畜的生理或病理状况，在宰后检验中具有极为重要的意义。

2. 淋巴结的正常形态与常见病理变化

（1）淋巴结的正常形态。各种动物的淋巴结在结构上大致相同，其形态、色泽略有差异，大小差异较大。

淋巴结的形状有圆形、椭圆形、扁圆形、长圆形及不规则形，有的单个存在，有的集簇成群。

淋巴结的色泽一般呈黄白色或灰黄色。猪的淋巴结大多呈黄白色，牛的为黄灰色，羊的为青灰色。同一机体中，不同部位的淋巴结，其色泽也不同，如呼吸系统的淋巴结呈青灰色，肝门淋巴结常呈红褐色。

淋巴结的大小从纽扣大至长10～20cm，平均为0.5～3cm。一般而言，牛的淋巴结较大，猪的较小；幼龄的较大，老龄的较小；瘦弱的较大，肥壮的较小。

（2）淋巴结的常见病理变化

①充血。淋巴结肿胀、发硬，表面潮红，切面呈深红或浅红色，按压时有血液渗出。多见于发炎初期，如急性猪丹毒。

②水肿。淋巴结肿大，切面苍白、隆凸、多汁，质地松软。多见于炎症初期和多种慢性消耗性疾病后期、淤血、外伤、长途急赶等。

③出血与坏死。在淋巴结的渗出液中含有大量的红细胞，使淋巴结呈红色或深红色。如猪瘟和猪肺疫的淋巴结就是出血性淋巴结炎；猪慢性炭疽的淋巴结多呈出血性、坏死性淋巴结炎。

④化脓。淋巴结肿大，质地柔软，表面有大小不等的黄白色脓肿灶，切面按压时有脓汁流出，严重时整个淋巴结变成一个大脓肿。多见于马链球菌感染、棒状杆菌感染等化脓菌性传染病和化脓创。

⑤急性增生性炎。淋巴结肿大，切面隆凸，呈灰白色或土黄色混浊的颗粒状，常称之为淋巴结“髓样变”。多见于弓形虫感染、副伤寒和其他急性传染。

⑥慢性增生性炎。淋巴结因组织增生而肿大、变硬，切面灰白、湿润而富有光泽，呈脂肪样。当病变扩展到淋巴结周围时，淋巴结往往与周围组织粘连。常见于鼻疽和布鲁菌病。

⑦结核性肉芽肿。淋巴结肿大，切面多汁或干燥，质地变硬，色泽灰白，其中散在粟粒至蚕豆大结节。结节中心呈干酪样坏死，往往钙化。有时整个淋巴结干酪化或钙化。

3. 宰后被检淋巴结的选择 动物体内淋巴结数目众多，猪的淋巴结有190多个，牛羊的有300多个，分布很广，而且它们从组织收集淋巴液的情况又错综复杂，因此宰后检验时不能逐一剖检，必须有所选择。

（1）选择被检淋巴结的基本原则。选择被检淋巴结时应首先选择汇集淋巴液范围较广泛的淋巴结；其次选择位于浅表易于剖检的淋巴结；再次选择能反映特定病变过程的淋巴结。

（2）猪宰后主要被检淋巴结。猪的淋巴结呈灰白色，椭圆形或近圆形，大小不等。小的如高粱米，长的有如带状，可达40cm（如结肠淋巴结）。由于其颜色和硬度与猪的脂肪组织相似，故有时可能被误认为脂肪组织。生产实践中主要剖检如下淋巴结：

①颌下淋巴结。有2～6个淋巴结，常形成2～3cm的淋巴结团块，呈卵圆形或扁椭圆形。位于下颌间隙，左右下颌骨角下缘内侧，颌下腺的前方。主要收集下颌部皮肤、肌肉以及舌、扁桃体、颊、鼻腔前部和唇等组织的淋巴液；输出管一方面直接走向咽后外侧淋巴结，另一方面经由颈浅腹侧淋巴结，将汇集的淋巴液输入颈浅背侧淋巴结。

②腹股沟浅淋巴结。此淋巴结在母猪又称乳房淋巴结，在公猪又称阴囊淋巴结。位于最后一个乳头平位或稍后上方（肉尸倒挂）的皮下脂肪内，大小为（3～8）cm×（1～2）cm。收集猪体后半部下方和侧方的表层组织包括腹壁皮肤、后肢内外侧皮肤、腹直肌和乳房、外生殖器官的淋巴液。

③腹股沟深淋巴结。这组淋巴结往往缺无或并入髂内淋巴结。一般分布在髂外动脉分出旋髂深动脉后、进入股管前的一段血管旁，有时靠近旋髂深动脉的起始处，甚至与髂内淋巴结连在一起。汇集来自腰肌和腹肌、后肢全部游离部分，以及腹股沟浅淋巴结、腘淋巴结和髂下淋巴结输出的淋巴液；其输出管走向髂内淋巴结。

④髂淋巴结。分髂内和髂外两组。髂内淋巴结位于旋髂深动脉起始部的前方，腹主动脉分出髂外动脉处的附近。髂外淋巴结位于旋髂深动脉前后两分支的分叉处，包埋在髂腰肌外侧面脂肪中。两组淋巴结汇集淋巴液的部位基本相同，并将收集的淋巴液，大部分经由髂内淋巴结输入乳糜池，其余部分由髂外淋巴结直接汇入乳糜池。髂内淋巴结除收集腹股沟浅、腹股沟深、髂下、腘、腹下和荐外侧淋巴结的淋巴液外，还直接汇集腰部骨骼和肌肉、腹壁和后肢的淋巴液，是猪体后半部最重要的淋巴结。

⑤肩前淋巴结（颈浅背侧淋巴结）。位于肩关节的前上方，肩胛横突肌和斜方肌的下面，长 3～4cm。主要汇集整个头部、颈上部、前肢上部、肩胛与肩背部的皮肤、深浅层肌肉和骨骼、肋胸壁上部与腹壁前部上 1/3 处组织的淋巴液。

⑥肠系膜淋巴结。主要位于小肠系膜上，沿小肠呈串珠状或绳索状分布。此外，还有结肠淋巴结和盲肠淋巴结，分别位于结肠旋袢中、回肠末端和盲肠之间。

⑦支气管淋巴结。分左、右、中、尖叶四组。分别位于气管分叉的左方背面（被主动脉弓覆盖）、右方腹面、气管分叉的夹角内、右肺前叶支气管的前方，一般检查前两组。

⑧肝门淋巴结（肝淋巴结）。位于肝门，在门静脉和肝动脉的周围，紧靠胰，被脂肪组织所包裹，摘除肝时经常被割掉。肝门淋巴结呈卵圆形，通常为 2～7 个单个淋巴结。

（3）牛羊宰后主要被检淋巴结。牛和羊虽然畜种不同，淋巴结大小也有区别，但其形状、色泽、部位及其汇集淋巴液的区域基本相似（图 2-5）。按照选择被检淋巴结的原则，牛羊的被检淋巴结如下所述。

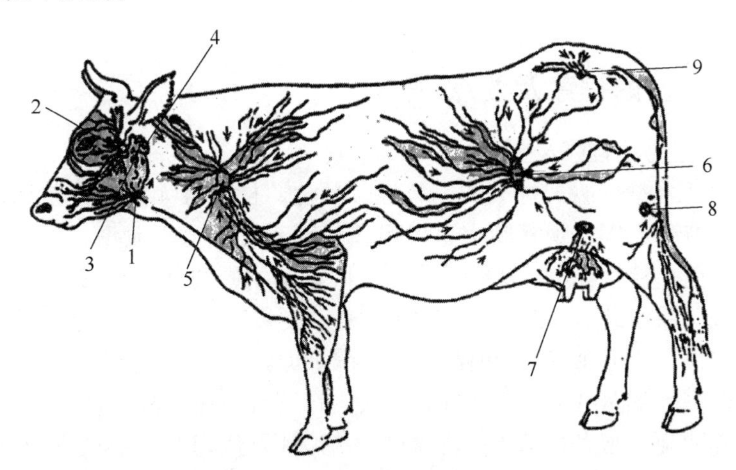

图 2-5　牛体表淋巴结的分布

1. 颌下淋巴结　2. 腮淋巴结　3. 咽后内侧淋巴结　4. 咽后外侧淋巴结　5. 颈浅淋巴结
6. 髂下淋巴结　7. 乳后外侧淋巴结　8. 腘淋巴结　9. 坐骨淋巴结

①颌下淋巴结。位于下颌间隙、下颌血管切迹的后方，颌下腺的外侧。汇集头下部各组织的淋巴液，输出管走向咽后外侧淋巴结。

②咽后内侧淋巴结。位于咽后方、腮腺后缘深部。汇集咽喉、舌根、鼻腔后部、扁桃体、舌下腺及颌下腺等处的淋巴液，输出管走向咽后外侧淋巴结。

③颈浅淋巴结。又称肩前淋巴结。位于肩关节前的稍上方、臂头肌和肩胛横突肌的下面。主要收集胴体前半部绝大部分组织的淋巴液，输出管走向胸导管。检查这组淋巴结基本上可以了解躯体前半部的健康状况。

④髂下淋巴结。又称股前淋巴结、膝上淋巴结。位于膝褶中部、股阔筋膜张肌的前缘。主要汇集第8肋间至臀部的皮肤和部分浅层肌肉的淋巴液，输出管走向腹股沟深淋巴结和髂内淋巴结。剖检此淋巴结可了解胴体后半部两侧体壁，腰部至臀部的皮肤和部分浅层肌肉被感染的情况。

⑤腹股沟深淋巴结。位于髂外动脉分出股深动脉的起始部上方，在倒挂的胴体上，该淋巴结位于骨盆腔横径线的稍下方，骨盆边缘侧方2～3cm处。除汇集来自髂下淋巴结、腘淋巴结、腹股沟浅淋巴结这三组淋巴结输送来的淋巴液以外，还直接汇集从第8肋间起躯体后半大部分的淋巴液；其输出管一部分经髂内淋巴结输入乳糜池，其余的直接输入乳糜池。剖检此淋巴结可了解胴体后半部深层组织与器官被感染情况及由体表向深层蔓延的情况。该淋巴结体积较大，容易在胴体上找到，是牛羊胴体检验的首选淋巴结。

⑥支气管淋巴结。又称肺门淋巴结，分为左、右、中和尖叶四组（中支气管淋巴结差不多半数牛羊缺无、约25%的牛羊还缺右支气管淋巴结），它们分别位于肺支气管分叉的左方、右方、背面和尖叶支气管的根部。收集气管和相应肺叶及胸部食管的淋巴液，输出管进入纵隔前淋巴结或直接输入胸导管。宰后检验时常剖检前两组淋巴结。

⑦肠系膜淋巴结。位于肠系膜两层之间，呈串珠状或彼此相隔数厘米散布在结肠盘部位的小肠系膜上。汇集小肠和结肠淋巴液，输出管经肠淋巴干进入乳糜池。

⑧肝淋巴结。位于肝门内，由脂肪和胰覆盖，收集肝、胰、十二指肠的淋巴液，输出管走向腹腔淋巴干或纵隔后淋巴结。

二、宰后检验的程序及要点

（一）猪宰后检验的程序及要点

1. 头蹄及体表检查 视检体表的完整性、颜色，检查有无宰后检验规程规定疫病引起的皮肤病变、关节肿大等，观察吻突、齿龈和蹄部有无水疱、溃疡、烂斑等。猪放血致死后，烫毛剥皮之前，检验者左手持钩，钩住切口左壁的中间部分，向左牵拉切口使其扩张，右手持刀将切口向深部纵切一刀，深达喉头软骨。再以喉头为中心，朝向下颌骨的内侧，左右各做一弧形切口，便可在下颌骨内沿、颌下腺下方，找出呈卵圆形或扁椭圆形的左右颌下淋巴结，剖开两侧颌下淋巴结，视检有无肿大、坏死灶（紫、黑、灰、黄），切面是否呈砖红色，周围有无水肿、胶样浸润等。平行紧贴下颌骨角切开左右咬肌2/3以上（图2-6、图2-7），观察咬肌有无灰白色米粒大半透明的囊尾蚴包囊和其他病变。

2. 内脏检查 取出内脏前，观察胸腔和腹腔有无积液、粘连、纤维素性渗出物。检查脾、肠系膜淋巴结有无肠炭疽。取出内脏后，检查心、肺、肝、脾、胃肠、支气管淋巴结、肝门淋巴结等（图2-8、图2-9）。

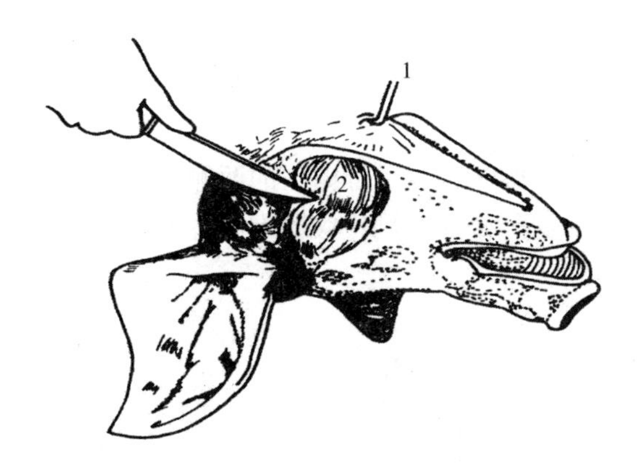

图 2-6　猪的咬肌检疫术式（离体猪头）
1. 检疫钩住的部位　2. 被切开的咬肌

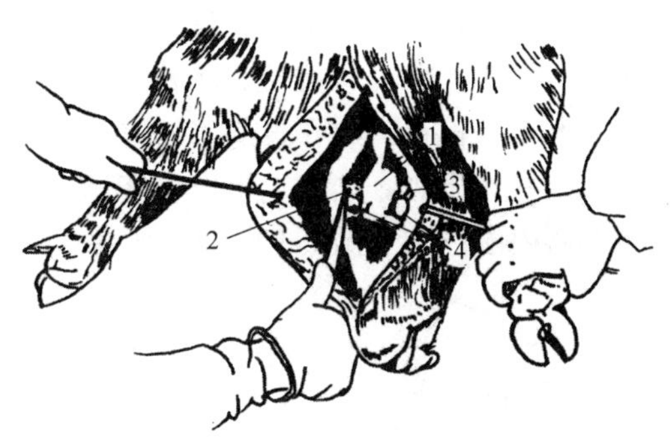

图 2-7　猪颌下淋巴结剖检术式
1. 咽喉头隆起　2. 下颌骨切迹　3. 颌下腺　4. 颌下淋巴结

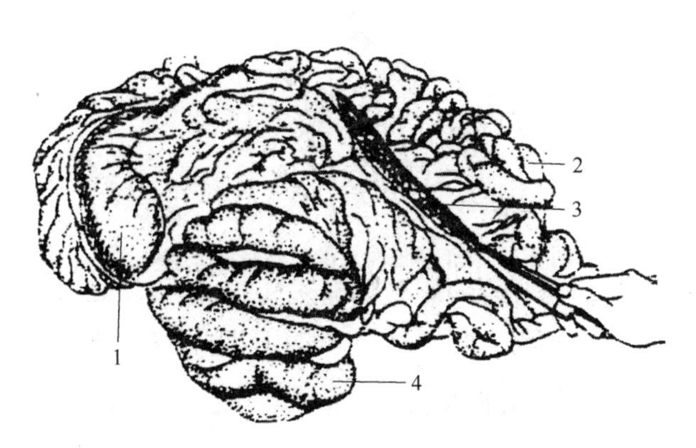

图 2-8　猪胃肠检疫术式
1. 胃　2. 小肠　3. 肠系膜淋巴结　4. 大肠

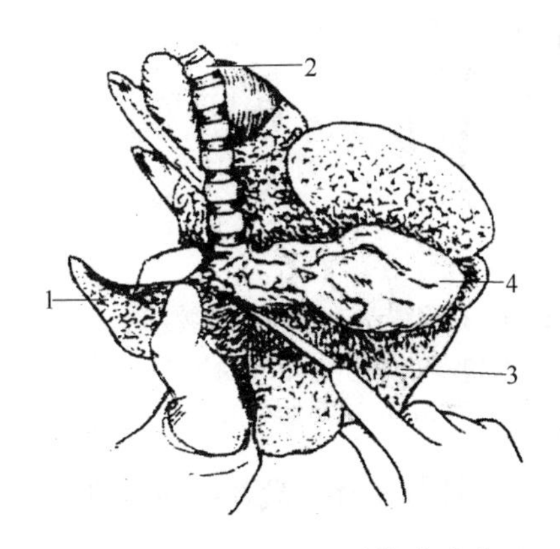

图 2-9　猪心、肝、肺检疫术式
1. 右肺尖叶　2. 气管　3. 右肺膈叶　4. 心

(1) 心。视检心包，切开心包膜，检查有无变性、心包积液、渗出、淤血、出血、坏死等症状。在与左纵沟平行的心后缘房室分界处纵剖心，检查心内膜、心肌、血液凝固状态、二尖瓣及有无虎斑心、菜花样赘生物、寄生虫等。

(2) 肺。视检肺形状、大小、色泽，触检弹性，检查肺实质有无坏死、萎陷、气肿、水肿、淤血、脓肿、实变、结节、纤维素性渗出物等，剖开一侧支气管淋巴结，检查有无出血、淤血、肿胀、坏死等。必要时剖检气管、支气管。

(3) 肝。视检肝形状、大小、色泽，触检弹性，观察有无淤血、肿胀、变性、黄染、坏死、硬化、肿物、结节、纤维素性渗出物、寄生虫等病变。剖开肝门淋巴结，检查有无出血、淤血、肿胀、坏死等。必要时剖检胆管。

(4) 脾。视检形状、大小、色泽，触检弹性，检查有无肿胀、淤血、坏死灶、边缘出血性梗死、被膜隆起及粘连等。必要时剖检脾实质。

(5) 胃和肠。视检胃肠浆膜，观察大小、色泽、质地，检查有无淤血、出血、坏死、胶冻样渗出物和粘连。对肠系膜淋巴结做长度不少于 20cm 的弧形切口，检查有无淤血、出血、坏死、溃疡等病变。必要时剖检胃肠，检查黏膜有无淤血、出血、水肿、坏死、溃疡。

3. 胴体检查

（1）整体检查。检查皮肤、皮下组织、脂肪、肌肉、淋巴结、骨骼以及胸腔、腹腔浆膜有无淤血、出血、疹块、黄染、脓肿和其他异常等。

（2）淋巴结检查。剖开腹部底壁皮下、后肢内侧、腹股沟皮下环附近的两侧腹股沟浅淋巴结，检查有无淤血、水肿、出血、坏死、增生等病变。必要时剖检腹股沟深淋巴结、髂下淋巴结及髂内淋巴结（图 2-10、图 2-11）。

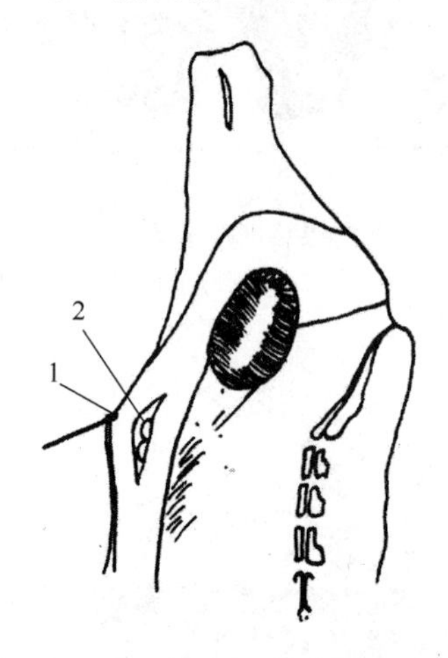

图 2-10　猪腹股沟浅淋巴结检疫术式

1. 检疫钩钩住的部位　2. 剖检切口与切口中的淋巴结

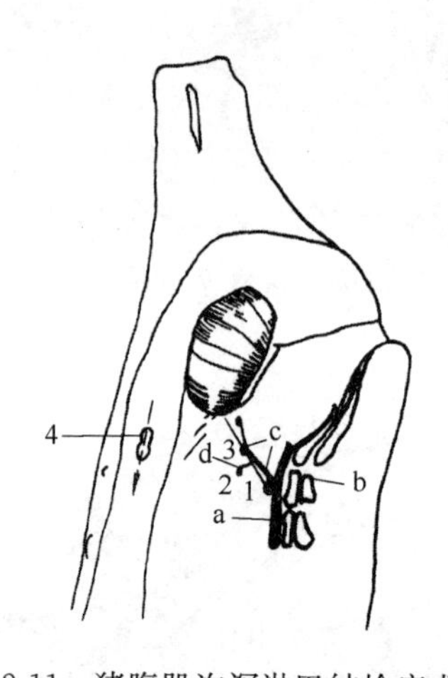

图 2-11　猪腹股沟深淋巴结检疫术式

1. 髂内淋巴结　2. 髂外淋巴结　3. 腹股沟深淋巴结　4. 腹股沟浅淋巴结
a. 腹主动脉　b. 髂内动脉　c. 髂外动脉　d. 旋髂深动脉

（3）腰肌检查。沿荐椎与腰椎结合部两侧肌纤维方向切开 10cm 左右切口，检查有无猪囊尾蚴。

（4）肾检查。检查时，应先剥离两侧肾包膜，用钩钩住肾盂部，再用检疫刀沿肾中间纵向轻轻划一刀，然后以刀背将肾包膜向外挑开，视检肾形状、大小、色泽，触检质地，观察有无贫血、出血、淤血、肿胀等病变。必要时纵向剖检肾，检查切面皮质部有无颜色变化、出血及隆起等。

4. 旋毛虫检查　取左右膈肌脚各 30g 左右，与胴体编号一致，撕去肌膜，感官检查后镜检（图 2-12、图 2-13）。

图 2-12　旋毛虫

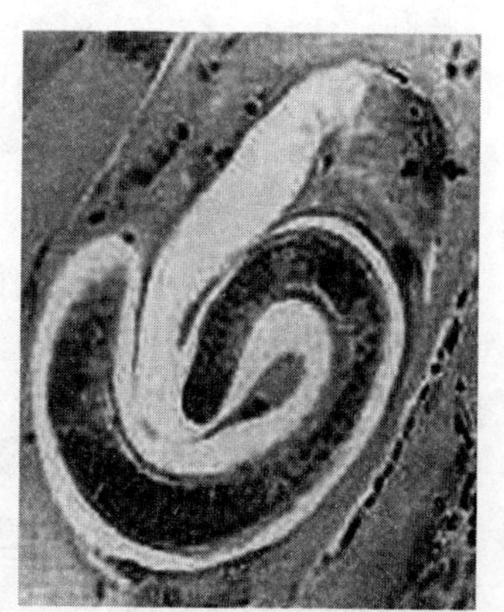

图 2-13　旋毛虫包囊肌肉切片

5. 复检　为了最大限度地控制病畜肉出场（厂），屠体经上述初步检验后，还须再进行一次复检。复检的任务是查验所有各检验点的检验结果，对胴体的卫生质量做出综合判定，确定所检出的各种病害肉无害化处理的方法，并对检验结果进行登记。这项工作通常与胴体的分级、盖检印结合起来进行。

上述各环节的检验中，对感官检查不能确诊的头、内脏、胴体必须打上预定的标记，以便化验人员采取相应的病料，进一步进行实验室检验。

宰后检验员除对上述检验点实施检验外，还应对“三腺”的摘除情况进行检查。“三腺”是指甲状腺、肾上腺和病变淋巴结，甲状腺、肾上腺是内分泌器官，淋巴结是免疫器官，所以“三腺”中含有内分泌激素和病原，人们一旦误食会引起食物中毒。猪的甲状腺位于喉部甲状软骨的后方，气管的两侧，深红色，一般分左右两叶和中间的峡部，两叶连在一起，长4.0～4.5cm，宽2.0～2.5cm，厚1.0～1.5cm。猪的肾上腺是成对的红褐色腺体，位于肾的前内侧，长而窄，表面有沟。病变淋巴结是指受致病因子作用而产生病理变化的淋巴结。

（二）牛、羊宰后检验的程序及要点

牛、羊宰后检验的程序一般分为头蹄部检验、内脏检验、胴体检验三个基本环节及摘除“三腺”和复检。

1. 头蹄部检验

（1）牛头蹄部的检验。首先视检鼻唇镜、齿龈及舌面有无水疱、溃疡、烂斑等，然后顺着舌骨枝内侧纵向剖检咽后内侧淋巴结和舌根侧方的颌下淋巴结，同时观察咽喉黏膜和扁桃体有无病变。蹄部检查蹄冠、蹄叉皮肤有无水疱、溃疡、烂斑、结痂等。注意有无口蹄疫、牛传染性鼻气管炎、结核病、炭疽等。

（2）羊头蹄部的检验。头部主要检查鼻镜、齿龈、口腔黏膜、舌及舌面有无水疱、溃疡、烂斑等，必要时剖开颌下淋巴结，检查形状、色泽及有无肿胀、淤血、出血、坏死灶等。蹄部检查蹄冠、蹄叉皮肤有无水疱、溃疡、烂斑、结痂等。注意有无口蹄疫、绵羊痘和山羊痘、炭疽等。

2. 内脏检验

取出内脏前，观察胸腔、腹腔有无积液、纤维素性渗出物以及是否粘连。检查心、肺、肝、胃肠、脾、肾，剖检肠系膜淋巴结、支气管淋巴结、肝门淋巴结，检查病变和其他异常。

（1）心检查。检查心的形状、大小、色泽及有无淤血、出血等。必要时剖开心包，观察心包膜、心包液和心肌有无异常。

（2）肺检查。检查两侧肺叶实质、色泽、形状、大小及有无淤血、出血、水肿、化脓实变、结节、粘连、寄生虫等。剖检一侧支气管淋巴结，检查切面有无淤血、出血、水肿等。必要时剖开气管、结节部位。检查有无结核病、牛传染性胸膜肺炎、棘球蚴等。

（3）肝检查。检查肝大小、色泽，触检其弹性和硬度，剖检肝门淋巴结，检查有无出血、淤血、肿大、坏死灶等。必要时剖开肝实质、胆囊和胆管，检查有无硬化、萎缩、日本血吸虫病、肝片吸虫病、棘球蚴等。

（4）肾检查。检查其弹性和硬度及有无出血、淤血等。必要时剖开肾实质，检查皮质、髓质等有无出血、肿大等。

（5）脾检查。检查脾的弹性、颜色大小等。必要时剖检脾实质，检查炭疽、结核病等。

（6）胃、肠的检查。视检肠浆膜，剖开肠系膜淋巴结，检查形状、色泽及有无肿胀、淤血、出血、坏死等。必要时剖开胃肠，检查内容物、黏膜及有无出血、结节、寄生虫、胶样浸润、糜烂、溃疡等，检查瘤胃肉柱表面有无水疱、糜烂或溃疡等，注意口蹄疫、日本血吸虫病、羊痘、结核病等。

（7）子宫和睾丸检查。检查母牛子宫浆膜有无出血、黏膜有无黄白色或干酪样的小结节。对公牛要检查睾丸是否肿大，睾丸、附睾有无化脓、坏死灶等，以检出布鲁菌病。

3. 胴体检验

（1）整体检查。检查皮下组织、脂肪、肌肉、淋巴结以及胸腔、腹腔浆膜有无淤血、出血、疹块、脓肿和其他异常等。

（2）淋巴结检查。剖检一侧颈浅淋巴结、髂下淋巴结，检查切面形状、色泽及有无肿胀、淤血、出血、坏死灶等。必要时剖检腹股沟深淋巴结。

4. 摘除三腺 摘除甲状腺、肾上腺和有病变的淋巴结。

5. 复检 对检查情况进行复查，综合判定结果。牛、羊这项工作通常与胴体的分级、盖检印结合起来进行。

牛、羊的宰后检验程序及检验点设置见图 2-14。

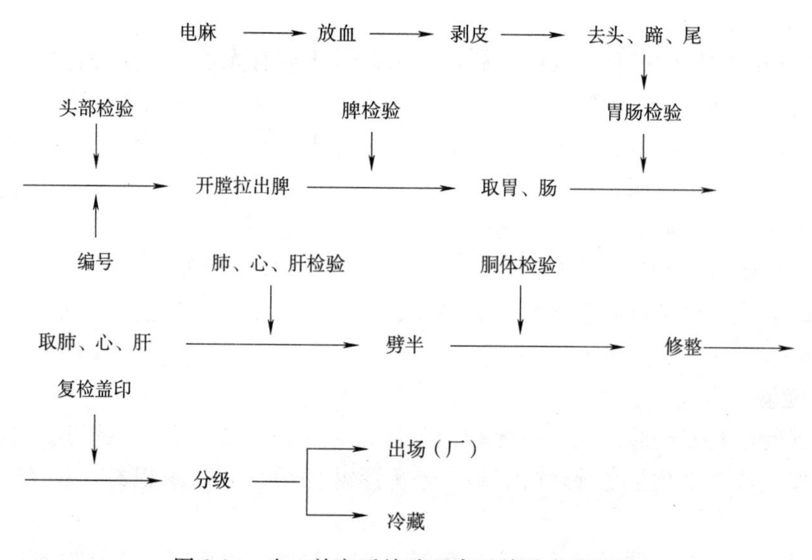

图 2-14 牛、羊宰后检验程序及检验点的设置

（三）禽宰后检验的程序及要点

1. 屠体检查 检查体表色泽、气味、光洁度、完整性及有无水肿、痘疮、化脓、外伤、溃疡、坏死灶、肿物等；检查冠和髯有无出血、水肿、结痂、溃疡及形态有无异常等；检查眼睑有无出血、水肿、结痂，眼球是否下陷等；检查爪有无出血、淤血、增生、肿物、溃疡及结痂等；检查肛门有无紧缩、淤血、出血等。

2. 抽检 日屠宰量在 1 万只以上（含 1 万只）的，按照 1%的比例抽样检查，日屠宰量在 1 万只以下的抽检 60 只。抽检发现异常情况的，应适当扩大抽检比例和数量。

检查皮下有无出血点、炎性渗出物等；检查肌肉颜色是否正常，有无出血、淤血、结节等；检查鼻腔有无淤血、肿胀和异常分泌物等；检查口腔有无淤血、出血、溃疡及炎性渗出物等；检查喉头和气管有无水肿、淤血、出血、糜烂、溃疡和异常分泌物等。

检查气囊囊壁有无增厚混浊、纤维素性渗出物、结节等；检查肺有无颜色异常、结节等；检查心包和心外膜有无炎症变化等，心冠状沟脂肪、心外膜有无出血点、坏死灶、结节等；检查肝形状、大小、色泽及有无出血、坏死灶、结节、肿物等；检查胆囊有无肿大等。

检查腺胃和肌胃浆膜面有无异常；剖开腺胃，检查腺胃黏膜和乳头有无肿大、淤血、出血、坏死灶和溃疡等；切开肌胃，剥离角质膜，检查肌层内表面有无出血、溃疡等；检查肠道浆膜有无异常；剖开肠道，检查小肠黏膜有无淤血、出血等，检查盲肠黏膜有无枣核状坏死灶、溃疡等；检查法氏囊（腔上囊）有无出血、肿大等，剖检有无出血、干酪样坏死等。

检查肾有无肿大、出血、苍白、尿酸盐沉积、结节等；检查脾形状、大小、色泽及有无出血和坏死灶、灰白色或灰黄色结节等。

检查体腔内部清洁程度和完整度，有无赘生物、寄生虫等。检查体腔内壁有无凝血块、粪便和胆汁污染与其他异常等。

3. 复检　宰杀的光禽在自动流水线上检查时，因流速快，宰杀量大，故对初检出的可疑禽体，一律连同脏器送复检台。最后再逐只剖开体腔，进行复检。重点检查口腔、咽喉、气管、坐骨神经、气囊、法氏囊、腺胃和肌胃等。复检后应综合分析，做出最后诊断。

（四）兔宰后检验的程序及要点

1. 内脏检验　以肉眼检查为主。为便于固定和翻转内脏，避免检验人员直接接触，可用长犬齿镊和小型剪刀进行工作。

检查先从肺部开始，注意肺及气管有无炎症、水肿、出血、化脓或小结节，但无须剖检支气管、淋巴结。肺检验后，检查心，看心外膜有无出血点、心肌有无变性等。然后检查肝，注意其硬度、色泽、大小、肝组织有无白色或淡黄色的小结节。肝导管及胆囊有无发炎及肿大，必要时剪割肝、胆管，用剪刀背压出其内容物，以便发现肝片吸虫及球虫卵囊（患肝球虫病的肝管内容物用挤压法挤出后置于低倍显微镜下观察，可以检出卵囊）。当家兔患有多种传染病和寄生虫病时，肝大多发生病变，所以，为保证产品质量，对肝必须加强复检，有专人负责处理。

心、肝、肺的检查，主要是检查球虫、线虫、血吸虫、钩虫及结核病等病变。

胃、肠的检查，主要是检查其浆膜上有无炎症、出血、脓肿等病变。检查脾，视其大小、色泽、硬度，注意有无出血、充血、肿大和小结节等病变，同时还须增加肾检查。

2. 胴体检验　家兔的胴体检验，放在整个检验的最后一个环节，为保证兔肉的产品质量，在胴体检验过程中，必须做到细心观察，逐个检验。一般分为初检和复检。

（1）初检。主要检查胴体的体表和胸、腹腔炎症，对淋巴结、肾主要检验有无肿瘤、黄疸、出血和脓疱等。

（2）复检。主要对初检后的胴体进行复查工作，这一环节是卫生检验的最后一关。在操作过程中，要特别注意检验工作的消毒，严防污染。

胴体检查时，用检验钩进行固定，打开腹腔，检查胸、腹有无炎症、出血及化脓等病变，并注意有无寄生虫。同时检查肾有无充血、出血、炎症、变性、脓肿及结节等病变（正常的肾呈棕红色）。检查前肢和后肢内侧有无创伤、脓肿，然后将肉尸转向背面，观察各部位有无出血、炎症、创伤及脓肿。同时也必须注意观察肌肉颜色，正常的肌肉为淡粉红色，深红色或暗红色则属放血不完全或者是老龄兔。

检验后，应按食用、不适合食用、高温处理等分别放置，在检验过程中，除胴体上小的伤斑应进行必要的修整外，一般不应划破肌肉，以保持完整和美观。

实训一 猪的宰后检验技术

【实训目标】 了解猪的屠宰加工企业中检验点的设置；初步掌握猪宰后检验的程序、方法、操作技术以及常见病变的鉴别和处理。

【实训材料】 猪，常用检疫工具（检验刀、检验钩和挫棒），常用实验室设备（显微镜、载玻片、染色液等），工作帽，工作服，胶靴，手套等。

【内容及方法】

（一）头部检验

1. 颌下淋巴结检验 将宰杀放血后的猪体，倒悬在架空轨道上，腹面朝向检验者或仰卧在检验台上待检。

剖检颌下淋巴结时，一般由两人操作，助手以右手握住猪的右前蹄，左手持检验钩，钩住颈部放血口右侧壁中间部分，向右拉；检验者左手持检验钩，钩住放血口左侧壁中间部分，向左侧拉开切口，右手持检验刀从放血口向深部并向下方纵切一刀，使放血口扩大至喉头软骨和下颌前端。然后再以喉头为中心，朝向下颌骨的内侧，左右下颌角各做一平行切口，即可在下颌骨内侧、颌下腺下方（胴体倒挂时）找出该淋巴结进行剖检，同时摘除甲状腺。如在流水生产线上进行操作，则由一人操作，左手持检验钩钩住放血口，右手持检验刀按上述方法切开放血口下颌角内侧，找到淋巴结即可。但要求技术熟练，动作准确、迅速。

2. 检验咬肌 首先观察鼻盘、唇部有无水泡，必要时检验口腔、舌面、喉头黏膜，注意有无水疱、糜烂及其他病变，以检出口蹄疫、猪传染性水疱病等。然后用检验钩钩住头部一定部位，检验者左手固定猪头，右手持检验刀从左右下颌角外侧沿与咬肌纤维垂直方向平行切开两侧咬肌，观察有无囊尾蚴寄生。

（二）体表检验

烫毛后开膛前进行体表检验。主要观察全身皮肤的完整性及其色泽的改变，特别注意耳根、四肢内外侧、胸腹部、背部及臀部等处，观察有无点状、斑状出血性变化或弥漫性发红；有无疹块、痘疮、黄染等；有无鞭伤、刀伤等异常情况。同时注意耳尖、蹄冠、蹄踵和指间有无水疱或水疱破溃后留下的烂斑和溃疡等。在检查中还应特别注意猪的一、二、三类传染病、寄生虫病以及地方规定的危害性较大的和新发现的传染病等显示于体表皮肤的病理变化。

（三）内脏检验

1. 胃、肠、脾检验 受检脏器必须与胴体同步编号。先检查胃、肠的外形和色泽，看其浆膜有无粘连、出血、水肿、坏死及溃疡等变化，再观察肠系膜上有无细颈囊尾蚴寄生；然后观察脾的外形、大小、色泽和性状，触检其硬度，观察其边缘有无楔形梗死。必要时再剖检脾、胃、肠，观察脾实质性状，沿胃大弯和与肠管平行方向切开胃、肠，检查胃肠浆膜和胃肠壁有无出血、水肿、纤维素性渗出、坏死、溃疡和结节形成。再将胃放在检验者左前方，大肠放在正前方，用手将小肠部分提起，使肠系膜铺开，可见一串珠状隆起，先观察其外表有无肿胀、出血，周围组织有无胶样浸润；检验者用刀在肠系膜上做一条与小肠平行的切口，切开串珠状隆起，即可在脂肪中剖检肠系膜淋巴结，并注意猪肠型炭疽。

2. 肺、心、肝检验

（1）肺检验。先进行外观和肺实质检查，用长柄钩将肺悬挂，观察肺的色泽、形状、大小，触检其弹性及有无结节等变化，或将肺平放在检验台上，使肋面朝上，肺纵沟对着检验员进行检验。然后进行剖检，切开咽喉、气管和支气管，观察喉头、气管和支气管黏膜有无变化，再观察肺实质有无异常变化，有无炎症、结核结节和寄生虫等变化。最后剖检支气管淋巴结，左手持检验钩钩住主动脉弓，向左牵引，右手持检验刀切开主动脉弓与气管之间的脂肪至支气管分叉处，观察左侧支气管淋巴结，并剖检；再用检验钩钩住右肺尖叶，向左下方牵引，使肺腹面朝向检验者，用检验刀在右肺尖叶基部和气管之间紧贴气管切开至支气管分叉处，观察右侧支气管淋巴结，并剖检。剖检内容同颌下淋巴结。

（2）心检验。先观察外形，检查心包及心包液有无变化，注意心的形状、大小及表面情况（如冠状沟脂肪的量和性状），心外膜有无炎性渗出物、纤维化，有无创伤，心肌内有无囊尾蚴寄生。然后检验者用检验钩钩住心脏左纵沟，用检验刀在与左纵沟平行的心脏后缘纵剖心，观察心肌、心内膜、心瓣膜及血液凝固状态，特别应注意心瓣膜上有无增生性变化及心肌内有无囊尾蚴寄生。

（3）肝检验。先进行外观检验，重点注意观察肝的大小、形状、硬度、颜色及肝门淋巴结的性状、胆管内有无寄生虫包囊和结节等；然后进行肝的剖检，检验者用检验钩牵起肝门处脂肪，用检验刀切开脂肪，找到肝门淋巴结进行检查；然后观察肝切面的血液量、颜色、有无隆突、小叶的性状，有无病灶及其表现、有无寄生虫，并剖检胆管及胆囊观察有无异常变化。

（四）胴体检验

1. 一般检查　主要是观察胴体色泽、浅在血管中血液潴留情况、肌肉切口湿润程度以判定放血程度，分别观察皮肤、皮下结缔组织、脂肪、肌肉、骨骼及其断面、胸膜和腹膜有无变化。

2. 主要淋巴结的剖检　重点剖检腹股沟皮下环附近两侧的腹股沟浅淋巴结，必要时剖检腹股沟深淋巴结、髂下淋巴结及髂内淋巴结。

（1）腹股沟浅淋巴结（乳房淋巴结）。在悬挂的胴体上，检验者以检验钩钩住最后的乳头稍上方的皮下组织，向外侧拉开，用检验刀从脂肪层正中部纵切，即可找到被切开的该淋巴结，观察其形状，如未切开则需补刀切开后进行检查。

（2）髂内淋巴结和腹股沟深淋巴结。在悬挂的胴体上，检验这两组淋巴结时，先在最后腰椎处设一水平线AB，再从第五、六腰椎结合处斜上方作一直线CD与AB线相交呈45°左右夹角。检验者将胴体固定后，沿CD线切开脂肪层，在切线附近可以找到髂外动脉，在腹主动脉与髂外动脉的夹角中，旋髂深动脉起始部的前方，找到髂内淋巴结进行剖检。在髂外动脉径路上，髂外动脉与旋髂深动脉的夹角中，找到腹股沟深淋巴结（有时和髂内淋巴结连在一起）进行剖检。

（3）髂下淋巴结（股前淋巴结、膝上淋巴结）。检验者以检验钩在最后的乳头处钩住整个腹壁组织，向左上方牵拉露出腹腔并固定胴体，可见到耻骨断面与股部白色肥膘层将股薄肌及股内侧肌围成一个半椭圆形红色肌肉区，用检验刀在此顶点处下刀，沿AB线作一条很深的切口。刀刃应紧靠着股部圆形肌肉群运行，将肌肉和肥膘间结缔组织分离。注意既不要切破肌肉，也不使脂肪组织留在肌肉上。当切口到达腰椎附近髋结节之下时，在股阔筋膜张肌的前缘，找到该淋巴结并进行剖检。

3. 深腰肌检验 以检验钩固定胴体，在深腰肌部位，顺肌纤维方向作3～5个平行的切口，仔细检查每个切面有无囊尾蚴寄生。

4. 肾检验 一般多附着于胴体上检验。先用检验钩钩住肾盂部，右手持检验刀沿肾边缘处，顺肾纵轴轻轻地切开肾包膜，切口长约3.5cm，然后将检验钩一边向左下方牵引，一边向外转动，与此同时，以刀尖背面向右上方挑起肾包膜，两手同时配合，将肾包膜剥离，迅速视检其表面，观察有无出血点、坏死灶和结节形成，必要时切开肾检验，观察其颜色等情况。在肾检验的同时摘除肾上腺。

（五）旋毛虫检验

取两侧膈肌脚，撕去表面肌膜后肉眼观察、剪样、压片、镜检。

（六）复检

根据以上检验结果提出处理意见。

【实训报告】 根据实训内容书写屠宰检疫实训报告。

实训二 家禽的屠宰检验技术

【实训目标】 了解家禽在屠宰加工企业中检验岗位的设置；初步掌握家禽宰后检验的程序、方法、操作技术以及常见病变的鉴别和处理。

【实训材料】 鸡、鸡笼、刀、剪子、镊子、搪瓷盘、盆、污物桶等。

【内容及方法】

（一）宰前检疫

采取以群体检查为主，个体检查为辅的综合方法，将6～10只鸡放在笼内，从“静态、动态、饮食状态”三个方面观察，先从群体里剔出病鸡或疑似病鸡，然后对这些病鸡或疑似病鸡进行较详细的个体检查，并将病、健鸡区分开。

（二）宰后检验

将鸡宰杀放血、烫毛、脱毛、清洗、冷却、待检。宰后检验以感官检验为主，依次进行体表检查、体腔检查和内脏检查。

1. 体表检查 检查放血程度、皮肤是否完整及清洁卫生，检查眼、口腔、鼻腔和肛门有无病变或异常，检查体躯和四肢关节有无病变。

2. 体腔检查 将白条鸡仰卧放在搪瓷盘中，由胸骨柄到肛门，沿腹中线切开腹壁，并绕肛门一周，在胸前口颈基部切开皮肤，剥离嗉囊，然后自腹壁开口，取出胃、肠、脾、嗉囊和心、肝等脏器，放在搪瓷盘中待检。

3. 胸腹壁检查 尤其是检查气囊有无病变，注意卵巢有无病变，肺、肾是否正常，有无断肠、粪污和胆污。用手术刀柄钝性剥离肾，暴露腰荐神经丛，检查有无病变，也可自大腿内侧肌肉缝剥离出坐骨神经检查。注意神经干的粗细和色泽。

4. 内脏检查 依次检查肝、脾、胃、肠、心，注意其大小、形态、色泽、弹性，有无出血、坏死、结节和肿瘤等。特别注意小肠、盲肠、腺胃和肌胃，必要时剪开肠管检查肠黏膜；剖开腺胃和肌胃，剥去肌胃角质膜，检查有无出血和溃疡。

5. 复检　宰杀的光禽在自动流水线上检查时，因流速快，宰杀量大，故对初检出的可疑禽尸，一律连同脏器送复检台。最后再逐只剖开体腔，进行复检。重点检查口腔、咽喉、气管、坐骨神经丛、气囊、腔上囊、腺胃和肌胃等。复检后应综合分析，做出最后诊断。

【实训报告】　记录禽的屠宰检验程序和要点，分析宰后检验结果并给出处理意见。

实训三　家兔的屠宰检验技术

【实训目标】　了解家兔在屠宰加工企业中检验岗位的设置；初步掌握家兔宰后检验的程序、方法、操作技术以及常见病变的鉴别和处理。

【实训材料】　兔、兔笼、检验刀、检验钩和挫棒、剪子、镊子、搪瓷盘、盆、污物桶、工作帽、工作服、胶靴、手套等。

【内容及方法】

(一) 宰前检疫

兔宰前检疫一般是在铺有漏粪板的保养圈内进行。健康家兔脉搏 80～90 次/min，体温 38～39℃，呼吸 20～40 次/min，眼睛圆而明亮，眼角干燥，精力充沛；白色兔耳色粉红，用手捏之，略高于体温者为正常；粪呈豌豆大小的圆粒，整齐。对活兔作逐圈检查，如发现有被毛粗乱、眼睛无神且有分泌物、呼吸困难、不喜活动、行走踉跄、粪便稀薄且有臭味者应剔除进一步检验和处理。

(二) 宰后检验

兔的宰后检验主要分为内脏检验和胴体检验。

1. 内脏检验　以肉眼检查为主。为便于固定和翻转内脏，避免检验人员直接接触，可用长犬齿镊和小型剪刀进行工作。

检查先从肺部开始，注意肺及气管有无炎症、水肿、出血、化脓或小结节，但无须剖检支气管、淋巴结。肺检验后，检查心，看心外膜有无出血点、心肌有无变性等。然后检查肝，注意其硬度、色泽、大小、肝组织有无白色或淡黄色的小结节。肝胆、管及胆囊有无发炎及肿大，必要时剪割肝、胆管，用剪刀背压出其内容物，以便发现肝片吸虫及球虫卵囊(患肝球虫病的肝管内容物用挤压法挤出后置于低倍显微镜下观察，可以检出卵囊)。当家兔患有多种传染病和寄生虫病时，肝大多发生病变，所以，为保证产品质量，对肝必须加强复检，有专人负责处理。

心、肝、肺的检查，主要是检查球虫、线虫、血吸虫、钩子虫及结核病等的病变。

胃、肠的检查，主要是检查其浆膜上有无炎症、出血、脓肿等病变。检查脾，视其大小、色泽、硬度，注意有无出血、充血、肿大和小结节等病变，同时还须增加肾检查。

2. 胴体检验　一般分为初检和复检。

(1) 初检。主要检查胴体的体表和胸、腹腔炎症，对淋巴结、肾主要检验有无肿瘤、黄疸、出血和脓疱等。

(2) 复检。主要对初检后的胴体进行复查工作。在操作过程中，要特别注意检验工作的消毒，严防污染。

胴体检查时，用检验钩进行固定，打开腹腔，检查胸、腹有无炎症、出血及化脓等病变，并注意有无寄生虫。同时检查肾有无充血、出血、炎症、变性、脓肿及结节等病变（正常的肾呈棕红色）。检查前肢和后肢内侧有无创伤、脓肿，然后将胴体转向背面，观察各部位有无出血、炎症、创伤及脓肿。同时也必须注意观察肌肉颜色，正常的肌肉为淡粉红色，深红色或暗红色则属放血不完全或者是老龄兔。

检验后，应按食用、不适合食用、高温处理等分别放置，在检验过程中，除胴体上小的伤斑应进行必要的修整外，一般不应划破肌肉，以保持完整和美观。

【实训报告】 记录兔的屠宰检验程序和要点，分析宰后检验结果并给出处理意见。

任务六 屠宰动物常见疫病的检验要点

【任务描述】

屠宰动物常见传染病和寄生虫病的宰前宰后检验鉴定要点与生物安全处理方法。

【与其他任务的关系】

屠宰动物常见动物疫病的宰前宰后鉴定，弥补活体检疫的遗漏，并减轻流通领域的检疫压力，保证人民吃上放心的动物性食品。

一、狂犬病

狂犬病是由狂犬病病毒引起的一种人畜共患的急性、接触性、高度致死性传染病。特征是精神兴奋和意识障碍，继而出现局部或全身麻痹而死亡。人和各种畜禽对本病都有易感性，尤以食肉动物（犬科和猫科）最易感，牛、马、猪均有发生。

（一）宰前鉴定

1. 犬 整个病程为6～8d，少数病例可延长到10d。

(1) 前驱期（沉郁期）。病程为1～2d。病犬精神沉郁，隐蔽在暗处，食欲不振，喉头轻度麻痹，吞咽时颈部伸展，瞳孔散大，唾液分泌逐渐增多，不听召唤，若强迫牵引则咬畜主。

(2) 兴奋期（狂暴期）。病程2～4d。喜吃异物，反射机能亢进，常攻击人畜或咬伤自己。狂暴发作往往和沉郁交替出现。病犬疲劳卧地不动，但不久又立起，表现一种特殊的斜视惶恐表情。随病势发展，陷于意识障碍，反射紊乱，狂咬；显著消瘦，吠声嘶哑，眼球凹陷，散瞳或缩瞳。

(3) 麻痹期。病程1～2d。表现为下颌下垂，舌脱出口外，流涎显著，后躯及四肢麻痹，卧地不起，最后因呼吸中枢麻痹或衰竭而死。

2. 猪 病初食欲减退、异食，局部皮肤发痒，喜卧；继而兴奋不安，大量流涎，横冲直撞，用鼻拱地，产生盲目攻击行为，磨牙，尖叫，有时卧地不动，但稍有声音刺激则一跃而起呈惊恐状；转入沉郁状态后，呆立，叫声嘶哑，最后衰竭而死。

3. 牛 以麻痹症多见，一般病程5～7d。体温反应不明显。病初精神沉郁，反刍、食欲减退、胃肠蠕动减弱，流涎，吞咽障碍。中期出现站立不稳，磨牙，大量流涎，不能吞咽，间歇性兴奋，冲撞，攻击人畜等。继而逐渐出现麻痹症状，如吞咽麻痹、流涎、叫声嘶哑等，卧地不起，食欲废绝，最后因呼吸中枢麻痹而衰竭死亡。

4. 羊 病初呼吸加快，神态紧张，咩叫，眼睛充血，磨牙，大量流涎。继而后躯麻痹，走路不稳，攻击人，出现异食现象。

（二）宰后鉴定

1. 宰后病变 宰后常无特殊性眼观病理变化。尸体消瘦，口腔黏膜充血或糜烂，胃内空虚或含少量异物（木片、石子等），胃黏膜充血，脑水肿，脑膜和脑实质的小血管充血，并常见点状出血。

2. 宰后实验室鉴定

（1）脑组织病理切片检查。取大脑海马角、小脑或延脑作压印片，用Seller染色法染色，可见非化脓性脑炎变化，血管周围淋巴细胞浸润。在神经细胞质内，可见内基氏小体呈樱桃红色，圆形或椭圆形，边缘整齐。

（2）荧光抗体试验。可疑动物脑组织或唾液腺制成触片或冰冻切片，用荧光抗体染色，细胞质内出现黄绿色荧光颗粒者为阳性。

（三）生物安全处理

对病畜采取不放血方式扑杀，不得食用。

对扑杀的动物尸体、排泄物按照《病死及病害动物无害化处理技术规范》（农医发〔2017〕25号）进行无害化处理。对粪便、垫料污染物等进行焚毁；栏舍、用具、污染场所进行彻底消毒。

疫区或受威胁区对家畜、家犬要有计划地进行全面预防接种。

二、炭疽

炭疽是由炭疽杆菌引起的人畜共患的急性、热性、败血性传染病。以突发高热，可视黏膜发绀，天然孔出血，皮下及浆膜下结缔组织有浆液性、出血性浸润，脾急性肿大，血液凝固不良呈煤焦油样，以及尸僵不全等为临诊特征。

人感染炭疽主要是通过接触患病动物、食用含病原的肉制品、接触带芽孢的动物产品（如毛、皮张、骨粉等）及实验室污染等引起；感染后多表现为皮肤炭疽、肺炭疽及肠炭疽，偶有伴发败血症。

（一）宰前鉴定

1. 最急性型 常见于绵羊和山羊，高热，突然倒地，全身痉挛，昏迷，呼吸困难，可视黏膜发绀，从口、鼻等天然孔流出血性泡沫，阴道、肛门流出不凝固的血液，黏稠如煤焦油样，常于数分钟内死亡。

2. 急性型 多见于牛、马，体温升高，常达41℃以上，兴奋不安，很快转为极度沉郁。食欲减退或废绝，反刍、泌乳减少或停止，初便秘后腹泻，粪尿中带血，腹痛，尿液暗红，可视黏膜发绀、有出血点，天然孔出血，血液凝固不全，最后窒息死亡。

3. 亚急性型 多见于牛、马，病程稍长，除急性热性病征外，常在颈下、胸前、肩胛、腹下、乳房和外阴处皮下发生界限清楚的局灶性炎性水肿，初硬固有热痛，后变冷继而溃烂，不断流出黄色液体，长期不愈形成炭疽痈，有时形成坏死。

4. 慢性型 主要发生于猪。临诊症状不明显，咽炭疽出现食欲不振，咽部肿胀，吞咽、呼吸困难，流涎，咳嗽，声音嘶哑；肠炭疽多伴有呕吐、腹痛、腹泻或便秘等症状，有时黄疸。

（二）宰后鉴定

1. 宰后病变 急性败血型炭疽一般不会进入正常屠宰过程，所以在屠宰动物中，多见慢性局限性炭疽，以猪的咽炭疽和肠炭疽最多见。

（1）咽炭疽。最为常见。多见一侧或双侧颌下淋巴结肿大、出血，质地硬而脆，切面呈樱桃红色、砖红色，有时可见大小不等的暗红色或褐红色出血斑点。淋巴结周围组织呈不同程度出血性胶样浸润。扁桃体充血、出血、水肿或坏死，有的表面覆盖黄灰色痂皮和针尖大的黑色、灰黄色坏死点。

（2）肠炭疽。病变主要发生于十二指肠和空肠。肠系膜淋巴结肿大、出血，切面呈暗红色、樱桃红色或砖红色，质地硬脆，周围组织呈出血性胶样浸润。肠壁上出现坏死溃疡的炭疽痈肿，与病变肠管、肠系膜淋巴结相连的淋巴管，也因出血性炎症而呈明显的红线状。脾软而肿大，肾充血、出血。

2. 宰后实验室鉴定

（1）染色镜检。涂片后用碱性美蓝染色镜检，若见有荚膜的竹节状粗大杆菌，即可初步确定为炭疽杆菌。

（2）分离培养检查。用普通营养琼脂平板培养形成扁平、灰白色、毛玻璃样、粗糙、表面干燥、边缘不整齐的火焰状大菌落。用低倍显微镜观察菌落边缘，呈卷发状。

（3）环状沉淀试验。将病料浸出液与炭疽沉淀素在沉淀反应管中重叠，两液接触面出现清晰、致密如线的白色沉淀环者为阳性。

（三）生物安全处理

屠宰检疫发现炭疽时，限制移动，并按《中华人民共和国动物防疫法》《重大动物疫情应急条例》《病死及病害动物无害化处理技术规范》（农医发〔2017〕25 号）和《畜禽屠宰卫生检疫规范》（NY 467—2001）等有关规定处理。严禁剖检炭疽病畜或疑似炭疽病畜。

宰前检疫发现炭疽，病畜须立即扑杀，尸体焚毁；同群动物用密闭运输工具运到指定地点，用不放血方式全部扑杀，尸体焚毁，禁止掩埋炭疽病畜及尸体。

宰后检疫发现炭疽，病畜的整个屠体、胴体和内脏及其他副产品须作焚毁处理；同批产品或副产品焚毁，禁止掩埋。

与炭疽患畜或病畜肉接触过的人员，必须接受卫生防护。

三、李斯特菌病

李斯特菌病是由李斯特菌引起人和动物的一种重要的人兽共患的散发性或食源性爆发性传染病。主要表现为脑膜脑炎、败血症、心内膜炎和单核细胞增多症及妊娠动物流产。当发现有神经症状而宰后无明显病变时应怀疑本病。本病发病率低，病死率高。各种年龄、不同种类的畜禽和野生动物以及人类均可感染发病，以幼龄和妊娠动物较易感。

（一）宰前鉴定

1. 反刍动物　病初体温升高1～2℃，舌麻痹，采食、咀嚼、吞咽困难。有些动物头颈呈一侧性麻痹，弯向对侧，常朝向病侧旋转或做圆圈运动，遇障碍物以头抵靠而不动。有的呈现角弓反张，昏迷卧于一侧，直至死亡。成年动物临床症状不明显，妊娠动物常发生流产。

2. 猪　病初意识障碍，做圆圈运动，或无目的地行走，或不自主地后退。肌肉震颤、强硬，颈部和颊部尤为明显。有的表现阵发性痉挛，侧卧时四肢呈游泳状。有的后肢麻痹，拖地而行。哺乳仔猪多发生败血症，体温显著上升，精神高度沉郁，厌食，口渴；有的表现全身衰弱、僵硬、咳嗽、腹泻、呼吸困难，耳部和腹部皮肤发绀，有的有神经症状，病程1～3d，病死率高。妊娠母猪常发生流产。

3. 家禽　主要为败血症，表现精神沉郁、羽毛粗乱、停食、腹泻，短时间内死亡。病程较长的可能表现痉挛、斜颈等神经症状。

（二）宰后鉴定

1. 宰后病变

（1）不同动物的病理变化有差异。发生败血症的患病动物，有败血症变化，肝和心肌有坏死。流产动物可见子宫内膜充血以至广泛坏死，胎盘子叶常见有出血和坏死。

（2）猪可见皮肤苍白，腹下和股内侧有弥漫性出血斑、出血点；淋巴结出血、肿胀；肝脾肿大，表面有纤维素性渗出物附着，肺轻度水肿；肾水肿，肾皮质和膀胱黏膜有少量出血点；喉头有黏液性渗出物。有神经症状的病猪，脑组织可能有充血、炎症或水肿的变化，肝可能有小炎性灶和小坏死灶。

（3）家禽心肌和肝有小坏死灶或广泛坏死。

2. 宰后实验室鉴定　组织学检查脑桥、延脑和脊髓有血管套和细微化脓性坏死的脑膜脑炎变化，并进行细菌学检查确诊。利用荧光抗体技术可快速而特异地诊断本病。

（三）生物安全处理

仅有症状不能确诊时，头部或病变部分工业用或销毁，胴体高温处理。

确诊为李斯特菌病时，病畜、胴体、内脏及其他副产品销毁处理。

四、猪瘟

猪瘟是由猪瘟病毒引起的一种急性、热性、高度接触性的传染病。其特征为传播快，病死率高，高热稽留，小血管变性而引起的全身广泛出血、实质器官出血、坏死和梗死等。

（一）宰前鉴定

1. 急性型　体温升高，高热稽留。食欲减退、进而食欲废绝，有时呕吐。精神委顿，倦怠，两眼无神，眼有多量黏性、脓性分泌物。畏寒，喜卧，嗜睡，扎堆。先便秘后腹泻。鼻、唇、耳、下颌、四肢、腹下、外阴等处皮肤出血。腹股沟淋巴结肿大。公猪包皮积尿。发病全程都可能出现抽搐。

2. 亚急性型（温和型或非典型）　呈散发流行，临床症状不典型。呈现低热和较低的致病性，有的耳、鼻、尾和四肢末端等部位皮肤坏死、发育迟缓或停滞，后期站立、步态不稳，部分病猪跗关节肿大。若阳性母猪或母猪于妊娠期感染猪瘟，可导致产死胎、滞留胎、弱仔或木乃伊胎。

3. 慢性型 病猪体温时高时低，消瘦，贫血，轻热，咳嗽，衰弱无力，行动蹒跚，便秘与腹泻交替。皮肤有紫斑或坏死干痂。耐过猪生长缓慢，发育不良，成为僵猪。

4. 持续感染型 感染猪持续带毒。猪只抵抗力下降，就会引起新一轮的感染和流行。症状较轻，且不典型，多为慢性，无发热或仅出现轻微发热。

（二）宰后鉴定

1. 宰后病变

（1）急性型。全身皮肤出血性变化，多呈小片或点状，或表现弥漫性出血；淋巴结肿大、坏死、出血，呈红白相间的“大理石样”；全身黏膜、浆膜、心、喉头、会厌软骨、膀胱、扁桃体和大肠等部位也有不同程度的出血。肾皮质色泽变淡呈土黄色，有点状出血，称“雀斑肾”；肺切面暗红色，间质水肿、出血；脾边缘有楔状出血性梗死，可作为判定猪瘟的依据之一。

（2）亚急性型。淋巴结有轻度水肿、出血。盲肠扁桃体或结肠溃疡。脾微肿，周边梗死。胆囊肿胀、出血。

（3）慢性型。在回肠末端、盲肠和结肠处呈坏死性肠炎；炎症从淋巴滤泡开始，向外发展，形成中央低、突出黏膜表面、呈同心轮层状的纽扣状溃疡。肋骨肋软骨联合处到肋骨近端常见半硬的骨结构形成的明显横切线。

2. 宰后实验室鉴定 采集病猪的扁桃体、脾、肾、淋巴结等病料常规处理后进行分离培养鉴定。也可采用直接免疫荧光抗体试验、兔体交互免疫试验、免疫酶染色试验、猪瘟病毒反转录聚合酶链式反应（RT-PCR）等进行猪瘟病毒和抗原的诊断，以发现带毒猪和自然感染猪。

（三）生物安全处理

屠宰检疫发现猪瘟时，限制移动，并按《中华人民共和国动物防疫法》《重大动物疫情应急条例》《生猪屠宰检疫规程》《病死及病害动物无害化处理技术规范》（农医发〔2017〕25号）和《畜禽屠宰卫生检疫规范》（NY 467—2001）等有关规定处理。

宰前检疫确认为猪瘟，病猪立即扑杀，尸体销毁；同群猪用密闭运输工具运到指定地点，用不放血方法全部扑杀并销毁。对排泄物、被污染或可能被污染的饲料和垫料、污水等均需进行无害化处理；对被污染的物品、交通工具、用具、猪舍、场地进行严格彻底消毒。

宰后检疫确认为猪瘟，立即停止生产，彻底清洗、严格消毒生产场地；病猪的整个屠体、胴体和内脏及其他副产品须进行销毁；同批产品或副产品销毁。

五、猪丹毒

猪丹毒是由红斑丹毒丝菌（俗称猪丹毒杆菌）引起的一种急性热性传染病，该病以败血症症状、皮肤出现疹块及心内膜炎和关节炎为特征。人患本病主要是经皮肤或黏膜损伤感染，称类丹毒。

（一）宰前鉴定

1. 急性败血型 个别病猪不显任何症状而突然死亡，其他猪相继发病。病猪体温升高达42℃以上，稽留热，食欲下降，眼结膜潮红，两眼清亮有神，很少有分泌物，呕吐，便秘或腹泻。1～2d后皮肤出现大小不等的红斑或呈弥漫性的紫红色，以耳、腹部及腿内侧较为多见，指压褪色。先便秘后腹泻，甚至便血。

2. 亚急性疹块型　病初少食，口渴，便秘，有时恶心呕吐。体温升高至41℃以上。典型症状为在肩、颈、胸、腹、背和四肢外侧等部位皮肤出现大小不等的疹块，初期疹块充血，指压褪色；后期淤血，紫蓝色，压之不褪；疹块发生后，体温下降。若病势较重或长期不愈，则有部分或大部分皮肤坏死，逐渐形成皮革样痂皮。

3. 慢性型　常见有多发性关节炎和慢性心内膜炎，也可见慢性坏死性皮炎。心内膜炎型主要表现消瘦，贫血，全身衰弱，喜卧伏，厌走动，心跳加快，心律不齐，杂音明显，呼吸急促。关节炎型主要表现肘、髋、跗、膝、腕关节的炎性肿胀，病腿僵硬、疼痛，出现跛行，甚至不能站立。皮肤坏死型主要表现局部皮肤肿胀、隆起，成片坏死或脱落，变干变硬变黑，似皮革，严重时耳壳、尾巴末梢或蹄壳坏死、脱落。

（二）宰后鉴定

1. 宰后病变

（1）急性败血型。全身皮肤弥漫性充血，常表现为红斑，红斑可融合成片，微隆起于周围皮肤表面。全身淋巴结发红肿大，切面多汁，或有出血，呈浆液性出血性炎症。脾明显肿大，呈樱桃红色，被膜紧张，边缘钝圆，质软，脾髓易于刮下，有“白髓周围红晕”现象。肾淤血肿大，颜色暗红，皮质部可见大小不等点状出血。肺充血，水肿。心肌苍白，心内外膜有出血点。胃肠黏膜充血、肿胀、潮红，有出血点，附有较多的黏液。变色的肝充血，由红棕色转为特殊的鲜红色。胃和十二指肠严重弥漫性出血。

（2）亚急性疹块型。皮肤上出现坏死性疹块，疹块内血管扩张，皮肤和皮下结缔组织水肿浸润，有时有小出血点。

（3）慢性型。慢性心内膜炎型，在心内膜上（多见于二尖瓣）附有灰白色结节状赘生物，似菜花状。慢性关节炎型可见跗关节、腕关节肿胀变形，有多量浆液性纤维素性渗出液，黏稠或带红色，后期滑膜绒毛增生肥厚。

2. 宰后实验室鉴定　取高热期的耳静脉、皮肤疹块边缘部血液或其他病料，涂片染色镜检，可见革兰阳性小杆菌，明胶穿刺试管刷样生长。荧光抗体试验可用作猪丹毒的快速确定检疫。

（三）生物安全处理

宰前检出猪丹毒，急性型病猪立即扑杀，尸体销毁；其他类型的病猪急宰后胴体和内脏化制处理。同群猪需隔离观察，确认无异常的，准予屠宰；隔离期间出现异常的，急性型的全部扑杀后尸体销毁，其他类型的病猪其急宰胴体和内脏进行化制处理。

宰后检出猪丹毒对急性型病猪的屠体、胴体、内脏及所有产品进行销毁处理。其他类型的猪丹毒病猪的胴体和内脏进行化制处理，骨高温处理，皮张化学消毒，鬃毛煮沸消毒。

六、猪肺疫

猪肺疫（猪巴氏杆菌病）是由多杀性巴氏杆菌引起的猪的一种传染病，其特征为咽喉部肿胀，高度呼吸困难；慢性型主要表现为慢性纤维素性胸膜肺炎。

人巴氏杆菌病多由动物咬伤、抓伤等伤口感染，也有职业接触而感染，主要发生呼吸道感染，严重时导致脑膜炎，甚至败血症。

（一）宰前鉴定

1. 最急性型 俗称“锁喉风”，多突然发病，迅速死亡。病程稍长者体温升高到41～42℃，精神沉郁，呼吸极度困难，常呈犬坐式，可视黏膜发绀，心跳急速，食欲废绝，口鼻流出白色泡沫。腹侧、耳根和四肢内侧等多处皮肤出现红斑。咽喉部和颈部坚硬发热、红肿，严重者延至耳根、胸前。病死率常高达100%，自然康复者少见。

2. 急性型 本型最常见。体温升高至40～41℃，咳嗽，呼吸困难，气喘，张口吐舌，常呈犬坐式，触诊胸部有痛感，听诊有啰音和摩擦音。流泪，流鼻涕，有黏液性或脓性结膜炎。耳根和四肢内侧皮肤出现红斑或有小出血点。初便秘，后腹泻。消瘦无力，卧地不起，重者死亡，耐过的多转为慢性。

3. 慢性型 主要表现为慢性肺炎和慢性胃肠炎症状。病猪持续性咳嗽和呼吸困难，常有腹泻，逐渐消瘦，有时关节发生肿胀。

（二）宰后鉴定

1. 宰后病变

（1）最急性型。全身浆膜、黏膜和皮下组织有大量出血点，尤以咽喉部及其周围组织、颈部皮下组织的出血性、浆液性浸润最具特征性。全身淋巴结出血肿大。心内外膜上有出血点。肺急性水肿、充血。脾有出血但不肿大。皮肤有出血斑。胃肠道黏膜有出血性炎症。

（2）急性型。特征性病变是纤维素性胸膜肺炎。全身浆膜、黏膜、实质器官和淋巴结有出血性炎症变化。肺有各期肺炎病变，有出血斑点、水肿、气肿和红色肝变区，肺小叶间有浆液浸润，肺炎部切面常呈大理石纹理，有纤维素样黏附物，严重时胸膜与病肺粘连。胸腔及心包积液，气管、支气管黏膜发炎，有多量泡沫样黏液。支气管淋巴结肿大，切面发红、多汁。胃肠道有卡他性或出血性炎症。

（3）慢性型。高度消瘦、贫血。肺的肝变区扩大，有灰黄色或灰色坏死灶。支气管淋巴结肿大、充血和出血，有时可见化脓性坏死性炎症变化。胸膜增厚、粗糙，与病肺粘连，胸腔含纤维素凝块的混浊液体，肺炎区的胸膜上附有黄白色纤维素性薄膜，心包腔积液。肺门淋巴结高度肿胀出血，并常发生坏死。

2. 宰后实验室鉴定

（1）细菌学检查。采心血、病变淋巴结、肝、脾、肾渗出液或水肿液、骨髓等病料。用涂片染色镜检法，涂片用碱性美蓝或瑞氏染色镜检，可见两极染色的小球杆菌。必要时也可用动物试验和细菌培养试验。

（2）血清学检查。比较快速的方法有玻片凝集反应试验。多杀性巴氏杆菌是呼吸道常在菌，在实际检疫工作中，必须将镜检与临诊检疫结合起来综合判定，才能得出可靠的检疫结论。

（三）生物安全处理

宰前检出猪肺疫，病猪急宰后胴体和内脏进行化制处理。同群猪隔离观察，确认无异常的，准予屠宰；隔离期间出现异常的，病猪急宰后胴体和内脏进行化制处理。

宰后检出猪肺疫，病猪的胴体和内脏进行化制处理，骨高温处理，皮张化学消毒，鬃毛煮沸消毒。

七、猪Ⅱ型链球菌病

猪Ⅱ型链球菌病是由链球菌Ⅱ型引起的一种细菌性人兽共患传染病。主要特征为淋巴结脓肿、脑膜炎、关节炎以及败血症。

猪链球菌Ⅱ型是链球菌属的成员，不仅对猪致病性很强，而且可以感染特定的人群，并致发病和死亡。

（一）宰前鉴定

1. 最急性型　体温高达41～43℃，精神委顿，呼吸急促，卧地不起，常无任何症状而突然死亡。

2. 败血型　体温升高至40～43℃，呈稽留热；精神沉郁，食欲废绝；眼结膜潮红、流泪，有分泌物；呼吸急迫，口、鼻流红色泡沫液体；颈部皮肤最先发红，由前向后发展，最后腹下、四肢下端和耳的皮肤变成紫红色并有出血点；便秘或腹泻，粪带血，最后衰竭、麻痹死亡。

3. 慢性型　主要表现为多发性关节炎。关节肿胀，跛行或瘫痪。

（二）宰后鉴定

1. 宰后病变

（1）败血型。全身各个脏器充血或出血，血液凝固不良。

（2）慢性型。关节炎病例表现关节肿大，关节囊内有黄色胶样液体，重者可见关节软骨坏死，关节周围有多发性化脓灶。

2. 宰后实验室鉴定

（1）涂片镜检。取病猪的胸腹腔、关节腔的渗出液或肝、脾等组织，涂片染色镜检，可见革兰阳性的链球菌短链。

（2）环状沉淀试验。用于检查慢性型病猪、带菌猪或恢复猪，病猪感染后2～3周出现抗体并可保持6～12个月。具体方法同炭疽环状沉淀试验，在两液重叠后15～20min观察反应结果。

（三）生物安全处理

宰前检出猪Ⅱ型链球菌病，病猪急宰后胴体和内脏进行化制处理。同群猪隔离观察，确认无异常的，准予屠宰；隔离期间出现异常的，病猪急宰后胴体和内脏进行化制处理。

宰后检出猪Ⅱ型链球菌病，病猪的胴体和内脏进行化制处理，骨高温处理，皮张化学消毒，鬃毛煮沸消毒。

八、猪囊尾蚴病

猪囊尾蚴病又称为猪囊虫病，是由猪带绦虫（有钩绦虫）的幼虫猪囊尾蚴寄生于肌肉、脑、眼等组织器官所引起的人兽共患寄生虫病。其终末宿主是人，中间宿主是猪、野猪和人，犬和猫偶尔也可感染。人是猪带绦虫唯一的终末宿主。

（一）宰前鉴定

轻度感染的无特殊表现。重症可见眼结膜发红或有小结节样疙瘩，舌根部有半透明的米粒大的水疱囊；病猪走路前肢僵硬，后肢不灵活，左右摇摆，似醉酒状，反应迟钝。当虫体寄生于脑、肌肉、眼、声带等部位时，常出现神经症状、局部肌肉疼痛、视力模糊甚至失明等。感染极严重的，病猪肩胛肌水肿增宽，臀部隆起，身体呈葫芦形（哑铃状或狮子状体型），病猪不愿活动，喘气粗，叫声嘶哑。

（二）宰后鉴定

猪囊尾蚴主要寄生于骨骼肌和心肌，多见于肩胛外侧肌、臀肌、咬肌、深腰肌、股内侧肌、舌肌等部位，有时也见于脑部和眼球，较少见于实质器官。猪囊尾蚴主要检验部位为咬肌、两侧腰肌、心肌和膈肌，其他可检部位为肩胛外侧肌和股内侧肌等。

猪囊尾蚴包囊为米粒大至黄豆大灰白色半透明囊泡，囊壁有一圆形小米粒大的头节，外观似白色的石榴粒样，或呈白色、泡液混浊的钙化包囊。严重感染时，全身肌肉、内脏、脑和脂肪内均能发现。

（三）生物安全处理

宰前检出猪囊尾蚴病，病猪扑杀，尸体销毁。同群猪需隔离观察，确认无异常的，准予屠宰；隔离期间出现异常的，病猪急宰后胴体和内脏进行化制处理。

宰后检出猪囊尾蚴病，胴体和内脏和其他产品须全部销毁。

九、旋毛虫病

旋毛虫病是由旋毛虫的成虫（肠旋毛虫）和幼虫（肌旋毛虫）寄生于人和多种动物所引起的一种人兽共患寄生虫病。多种动物均可感染，临诊特征为发热，肌肉强烈痉挛性急性肌炎。

人感染旋毛虫病多因食用未煮熟的或腌制与烧烤不当的含旋毛虫包囊的动物肉及肉制品。本病对人危害较大，可致人死亡。

（一）宰前鉴定

动物感染后均有一定耐受性，往往无明显症状。成虫寄生于小肠期间，有时可引起肠炎，出现厌食、呕吐、腹泻、腹痛、出汗及低热等症状。幼虫移行至肌肉，病猪出现肌肉疼痛、麻痹、运动障碍、声音嘶哑、发热等症状，局部淋巴结肿大，有的眼睑和四肢水肿；严重感染时，呼吸、咀嚼和吞咽困难，甚至死亡。感染6～8周，大部分症状消失。

（二）宰后鉴定

1. 宰后病变　猪体内的肌旋毛虫常寄生于膈肌、舌肌、喉肌、颈肌、咬肌、肋间肌及腰肌等部位，其中膈肌部位发病率最高，且多聚集于筋头。猪旋毛虫多在宰后检出，可见被侵害的肌肉发生变性、肌纤维肿胀或萎缩、横纹肌横纹消失、肌肉间结缔组织增生、关节囊肿。在肌纤维内有针尖大小白色小点，即疑为旋毛虫幼虫形成的包囊。若包囊未钙化，呈露滴状、半透明，较肌肉的色泽淡。出血性腹泻病猪肠黏膜增厚水肿，有黏液性炎症和出血斑。

旋毛虫个体很小，肉眼很难发现，故我国规定旋毛虫的宰后检验方法是肌肉压片镜检法和集样消化法。肌肉压片法操作方法：①在每头猪的左右横膈膜肌脚各采取一小块肉样，先撕去肌膜，然后用两手顺肌纤维方向拉紧拉平，肉眼观察表面有无针尖大小的灰白色亮点；②顺肌纤维方向剪取麦粒大的小肉粒24粒，进行压片镜检，可见旋毛虫包囊与周围肌纤维间界限明显，包囊内的虫体呈螺旋状，被旋毛虫侵害的肌肉发生变性，肌纤维肿胀，横纹消失，甚至发生蜡样坏死。

2. 宰后实验室鉴定　在宰后检疫中，仍多利用目检法结合显微镜检查法检查，大批量的检疫还可以用集样消化法进行；若进行宰前检疫或旋毛虫感染情况的调查时，目前常用ELISA诊断试剂盒进行鉴定，该方法灵敏、快速、特异性强。

（三）生物安全处理

屠宰检疫发现旋毛虫病，病猪的头、胴体和内脏进行化制处理，骨高温处理，皮张化学消毒，鬃毛煮沸消毒。

十、放线菌病

放线菌病又称大颌病，是由多种致病性放线菌引起的动物和人的一种非接触性、慢性传染病，以头、颈、颌下和舌出现放线菌肿为特征。牛、猪、羊、马、鹿等均可感染发病，以牛最易感，人也可感染。

（一）宰前鉴定

1. 牛　常见上、下颌骨骨髓炎，表现为颌骨肿大，界限明显。肿胀部初期疼痛，后期无痛觉。病牛呼吸、吞咽和咀嚼均感困难，消瘦。病变部皮肤常自行破溃，形成瘘管，流出黄白色硫黄样颗粒的脓汁，长久不愈。头、颈、颌部也常发生硬结，不热不痛。乳房患病时，呈弥散性肿大或有局灶性硬结，乳汁黏稠，混有脓汁。

2. 其他动物　猪常发生乳房、耳壳、扁桃体和颌骨的肿胀。绵羊和山羊主要发生在口唇、头部和身体前半部的皮肤，皮肤增厚可发生多数小脓肿。马常发生精索的增生肿胀，有时也可于颌骨，颈部或鬐甲部发生放线菌肿。鹿主要发生于颈部、颌下皮肤及软组织，脓肿破溃后流出黏稠白色或黄白色脓液。

（二）宰后鉴定

1. 宰后病变　主要是受害器官和组织形成结节样增生物或最终成为脓肿。可见下颌骨肿大，骨质疏松，似蜂窝状，其中形成瘘管，并流出带颗粒的灰黄色脓液，病变部淋巴结肿大。舌背横沟出现小结节，乳房局部或全部变成坚硬的肿块，形成瘘管或坏死。全身病变者不多。

2. 宰后实验室鉴定　放线菌病的临床症状和病理变化比较特殊，不易与其他传染病混淆，故易诊断。必要时可取脓汁少许，用水稀释，找出硫黄样颗粒，在水内洗净，置载玻片上加一滴15%氢氧化钾溶液，覆以盖玻片挤压压片，在显微镜下检查。具体辨认何种细菌，可用革兰染色法染色后判定。

（三）生物安全处理

病畜整个胴体、内脏及其他副产品化制处理。

十一、肝片吸虫病

肝片吸虫病（肝蛭病）是由肝片吸虫寄生于牛、羊等反刍动物的肝胆管中引起的一种寄生虫病。其特征为可视黏膜贫血、黄染，消瘦，眼睑、下颌、胸前和腹下水肿。

（一）宰前鉴定

1. 急性型　病初体温升高，精神沉郁，食欲减退，有时腹泻，衰弱易疲劳，迅速发生贫血。肝区扩大，压痛敏感。结膜由潮红黄染转为苍白黄染。消瘦，腹水。严重者在几天内（5～10d）死亡，或转为慢性。

2. 慢性型　逐渐消瘦、贫血和低白蛋白血症，黏膜苍白，精神沉郁，运动无力，被毛粗乱易脱落。眼睑、下颌及胸下水肿，间歇性瘤胃臌气和前胃弛缓，腹泻，或腹泻与便秘交替。母牛不孕或流产。奶牛乳汁稀薄，产乳量下降。妊娠羊易流产。

（二）宰后鉴定

急性感染时，肝肿胀，被膜下有出血点和不规整的出血条纹。慢性病例肝实质萎缩、变性，肝硬化。肝门淋巴结肿大，胆管肥厚，扩张呈白色或灰黄色粗细不均的索状。

胆管壁增厚变硬，内有污褐色或污绿色黏稠的液体，其中含有虫体。

肝片吸虫是大型吸虫，大小为（20～35）mm×（5～13）mm。虫体扁平，自胆管取出时呈棕红色。

（三）生物安全处理

宰前检出肝片吸虫病，病牛、羊急宰，割除内脏器官销毁，其余部分进行化制处理。

宰后检出肝片吸虫病，病牛、羊的胴体和内脏进行化制处理，骨、角、蹄高温处理，皮、毛、绒进行化学消毒。

十二、新城疫

新城疫又称亚洲鸡瘟或伪鸡瘟，是由新城疫病毒强毒引起的鸡和多种禽类的一种急性、热性和高度接触性禽类烈性传染病。易感禽常呈败血症经过，主要特征是高热、呼吸困难、腹泻、神经机能紊乱，黏膜和浆膜出血等。

（一）宰前鉴定

禽类症状严重程度主要取决于感染毒株的毒力、感染途径、免疫状态、品种、日龄、其他病原混合感染情况及环境因素等。

1. 鸡　不同品种、年龄、性别的鸡都易感，但幼雏和中雏易感性最高。常见呼吸道、消化道、神经系统症状。体温升高，精神极度沉郁，食欲下降，咳嗽、呼吸困难、发出“咯咯”喘鸣声或尖锐的叫声；鸡冠和肉髯呈暗红色或紫色，眼半闭或全闭，似昏睡状；产蛋减少或停止；继而腹泻，粪便稀薄，呈黄绿色或黄白色。后期可出现各种神经症状，多表现为扭颈、翅膀麻痹、站立不稳等。

2. 鸭　不同品种的鸭均可感染，幼龄鸭更敏感，严重的出现头颈扭曲、瘫痪等神经症状。

3. 鹅　精神不振、食欲减退并有腹泻，排出带血色或绿色粪便。在病程的后期可出现神经症状。

4. 其他禽　鸽的临床症状是腹泻和神经症状，还可诱发呼吸道症状。幼龄鹌鹑表现神经症状，病死率高，成年鹌鹑多为隐性感染。火鸡、珠鸡和鸵鸟一般与鸡症状相同，但成年火鸡临床症状不明显或无临床症状。

（二）宰后鉴定

1. 宰后病变

（1）鸡。特征性病变为败血性变化。全身黏膜、浆膜和内脏出血，淋巴组织肿胀、出血和坏死，出血以呼吸道和消化道最为严重。嗉囊充满酸臭、稀薄液体和气体。腺胃黏膜水肿，腺胃乳头或乳头间有鲜明的出血点，或有溃疡和坏死；肌胃角质层有条纹状或点状出血。肠黏膜出血，有的可见纤维素性坏死性病变，有的形成假膜，假膜脱落后即成溃疡。盲肠扁桃体肿大、出血、坏死；泄殖腔弥漫性出血。喉头黏膜出血。鼻腔、喉、气管黏膜出血或坏死，周围组织水肿。肺有时可见淤血和水肿；心冠脂肪、心外膜有针尖状出血点。脑膜充血或出血。

（2）鸭和鹅。食管有散在的白色或淡黄色的坏死灶，腺胃和肌胃黏膜有坏死和出血，肠道有广泛坏死灶并伴有出血。脾和胰腺有多发性坏死灶，胰腺有时可见出血点。大多数病鸭和病鹅的法氏囊和胸腺萎缩。

2. 宰后实验室鉴定

（1）病毒分离鉴定。采集发病禽气管拭子和泄殖腔拭子（或粪便）；对死亡禽，以脑为主，也可采集脾、肺、气囊等组织作病料。病料处理及鸡胚接种后，收取24h后的死胚及96h仍存活鸡胚的尿囊液，检测尿囊液的血凝活性。阳性反应说明可能有新城疫病毒，再用已知抗新城疫血清做血凝抑制（HI）试验，进行确诊。

（2）血清学诊断。采集急性期（10d内）及康复期双份血清，进行HI试验，证明抗体滴度增高即可确诊。

此外，目前用于新城疫检测的方法还有琼脂扩散试验、中和试验、酶联免疫吸附试验、免疫荧光抗体技术等。

（三）生物安全处理

屠宰检疫发现新城疫，限制移动，并按《中华人民共和国动物防疫法》《重大动物疫情应急条例》《家禽屠宰检疫规程》《病死及病害动物无害化处理技术规范》（农医发〔2017〕25号）和《畜禽屠宰卫生检疫规范》（NY 467—2001）等有关规定处理。

宰前检疫确认为新城疫，病鸡立即扑杀，尸体销毁；同群鸡用密闭运输工具运到指定地点，用不放血方法扑杀并销毁。

宰后检疫确认为新城疫，病鸡的胴体和内脏及其他副产品须进行销毁；同批产品或副产品销毁。

十三、马立克病

马立克病是由马立克病病毒所致的传染性肿瘤性疾病，是最常见的一种鸡淋巴组织增生性传染病。其特征为外周神经、内脏、眼睛、皮肤等组织器官形成肿瘤结节。

（一）宰前鉴定

1. 神经型　一侧或两侧腿发生不全或完全麻痹，站立不稳，跛行，呈“劈叉”姿势，为典型症状。低头或斜颈，嗉囊膨大，翅膀下垂。有的腹泻，消瘦，食欲减退。

2. 内脏型　精神委顿，食欲减退，羽毛松乱，体重减轻，鸡冠苍白、皱缩，黄白色或黄绿色下痢，迅速消瘦，病鸡脱水、昏迷，最后死亡。

3. 眼型　瞳孔缩小，边缘不整齐，严重时仅有针尖大小；虹膜褪色，呈“鱼眼状”。轻者表现对光线强度的反应迟钝，重者对光线失去调节能力，最终失明。

4. 皮肤型　颈、躯干和腿部的皮肤增厚，毛囊肿大或皮肤出现结节，以大腿外侧、翅膀、腹部尤为明显，严重时全身皮肤受害。

（二）宰后鉴定

1. 宰后病变

（1）神经型。受损害神经（常见于腰荐神经、坐骨神经）的横纹消失，变成灰色或黄色，或增粗、水肿，比正常的大2～3倍，多侵害一侧神经，有时双侧神经均受侵害。

（2）内脏型。内脏多种器官出现广泛的结节性或弥漫性肿瘤，数量不一，大小不等，略突出于脏器表面，灰白色，切面呈脂肪样。肝、脾、肾及卵巢等器官明显增大，色泽变淡。

（3）眼型。与宰前变化一致。

（4）皮肤型。毛囊肿大，大小不等，融合在一起，形成淡白色结节，在拔出羽毛后尤为明显。

2. 宰后实验室鉴定 采病鸡羽髓丰富的羽毛10余根，剪取羽髓端置入小瓶送检。用琼脂扩散试验，检测抗原阳性，即可确检。

（三）生物安全处理

宰前检疫发现马立克病，病鸡急宰，尸体化制处理。

宰后检疫发现马立克病，胴体和内脏进行化制处理。

十四、禽霍乱

禽霍乱又称禽出血性败血症，是由多杀性巴氏杆菌引起的一种急性、热性、败血性传染病。其特征为广泛出血性炎症，呼吸困难，腹泻，发病率和死亡率都很高。

（一）宰前鉴定

1. 鸡霍乱

（1）最急性型。以产蛋率高的鸡最常见。突然倒地挣扎，拍翅抽搐，迅速死亡，病程短则几分钟，长则数小时。

（2）急性型。此型最常见。高热，精神沉郁，废食，羽毛蓬松，翅下垂，昏睡，口渴增加；呼吸困难，口鼻分泌物增多，冠髯青紫；常有腹泻，排出黄色、灰白色或绿色的稀粪；病程1～3d，死亡率高。

（3）慢性型。见于流行后期，以慢性肺炎、慢性呼吸道炎症和慢性胃肠炎较多见。

2. 鸭霍乱 以急性为主，与病鸡症状相似，但常摇头，多发性关节炎明显，跗、腕及肩关节发热、肿胀，伏地不动，不愿下水，强行驱赶时跛行数步再次伏卧。病程1～3d。

3. 鹅霍乱 成年鹅的症状与鸭相似。仔鹅以急性为主，精神委顿，食欲废绝，下痢，喉头分泌物多，眼结膜有出血点，病程1～2d即归于死亡。

4. 鸽霍乱 来势猛，病情重，死亡快。病鸽不食，精神沉郁，闭目缩颈，羽毛松乱，伏卧一角。饮欲增加，嗉囊充满黏液，下痢，排绿色稀便。病程1～2d。

（二）宰后鉴定

1. 宰后病变

（1）最急性型。无特殊病变，有时仅见心外膜有少量出血点。

（2）急性型。病禽的全身浆膜、皮下组织、腹部脂肪和腹膜常见小点状出血，心外膜、心冠脂肪处出血明显，心包变厚，心包内积有多量不透明淡黄色液体，有的为含絮状纤维素液体。肺有充血或出血。肝稍肿大，变脆，呈黄棕色，表面散布大量针尖状黄白色或灰白色坏死点。脾稍肿大，质地柔软。十二指肠呈卡他性和出血性炎症，肠内容物含有血液。肌胃有小点出血。

（3）慢性型。内脏器官特征病变是纤维素性坏死性肺炎、胸膜炎和心包炎变化。肉髯水肿坏死，鼻腔和鼻窦内有多量黏性分泌物。关节肿大变形，有炎性渗出物或干酪样坏死。母禽卵泡出血明显，且变形、质软易破。

2. 宰后实验室鉴定　无菌采集肝、脾、肺等病料送检，作病原学检查。

（1）显微镜检查。每种病料制片不少于两张，干燥固定后，一张革兰染色，一张瑞氏染色，显微镜检查发现巴氏杆菌即可确检。巴氏杆菌革兰染色阴性，瑞氏染色两极浓染（着色）明显，呈蓝色。

（2）分离培养。同时接种鲜血琼脂和麦康凯琼脂37℃培养24h，观察细菌生长情况，据菌落溶血性、45°折光下的荧光性，并染色镜检。

（3）动物试验。病料悬液接种小鸡、鸽子，待发病死亡后立即剖检，采病料，涂片染色镜检，见大量两极浓染的细菌即可确检。

（三）生物安全处理

胴体、内脏与血液作为工业用或销毁。羽毛消毒后出场。

任务七　屠宰动物常见病变的检验要点

【任务描述】

屠宰动物组织常见病变（出血性病变、水肿、败血症、脓肿等），各器官常见病变以及肿瘤的检验。

【与其他任务的关系】

组织和器官的病理变化是疫病检验的重要依据，在实际检验中通常依据病变快速进行初判，并对病变组织做出生物安全处理决定。

在宰后检验中，除了根据畜体病变所提示的疾病，按相关规定进行卫生处理外，还要对畜禽的一般性病理变化进行卫生处理。本任务将对几种常见的组织器官的一般性病理变化的鉴定进行介绍。

一、组织病变的检验

（一）出血性病变

疾病、外伤和加工过程等都可能造成屠畜出血。在检验过程中，要弄清出血是病原性还是非病原性的，主要依据出血的颜色、性质和部位进行初步判断，并注意是否伴发水肿、炎症、组织坏死、化脓等病变。此外，还要注意出血部位邻近的淋巴结变化和未发生出血的组织器官的状态。

1. 病原性出血　因传染病、中毒和过敏导致。多发生在皮肤、皮下组织、浆膜、黏膜和淋巴结以及肌肉等处，常表现为渗出性出血。出血呈散在点状、斑块状或弥散性，且有病原引起的相应组织、器官的病理变化。病原性出血的时间，可根据鲜红→暗红→紫红→微绿→浅黄的颜色变化顺序来判断出血时间。某些传染病、中毒或超敏反应会导致家畜发生出血性素质，这是以家畜皮肤、皮下组织、黏膜下层和内脏器官出血为特征的一类临床综合征，如马血斑病，牛出血性败血病、草木樨中毒、猪瘟、猪丹毒等。

2. 机械性出血　因机械外力作用造成。多发生于体腔、肌肉、皮下和肾旁，常呈局限性的血管破裂性出血，流出的血液蓄积在组织间隙，有时形成血肿。此种出血往往是因屠畜受到猛烈撞击、驱打、骨折、外伤。如在关节、耻骨联合部肌肉、大腿部、腰部肌肉和膈肌处有细小点状出血，常常是由急速驱赶和吊宰肥猪时引起肌纤维撕裂所致。由外伤、骨折及肌纤维撕裂引起的新鲜出血，若淋巴结没有炎症变化，则切除出血部位和水肿的组织作为工业用或销毁，胴体不受限制出场。

3. 电麻性出血 因电麻不当造成，如电麻时电压过高、持续时间过长。出血多表现为多量新鲜的放射状出血，以肺出血最为显著，尤其是在一般常出现在膈叶背缘的肺胸膜下，呈散在性，有时密集成片，如喷血状，呈鲜红色，边缘不整；其次是头颈部淋巴结、唾液腺、脾被膜、肾、心外膜、椎骨和颈部结缔组织。淋巴结的出血以边缘出血多见，但淋巴结不肿大。肝也可能出血，只是在肝的暗色背景下不容易被发现而已。

4. 窒息性出血 由缺氧所引起，采用 CO_2 气体致昏易发生。主要见于颈部皮下、胸腺和支气管黏膜。表现静脉怒张，血液呈黑红色，有数量不等的暗红色瘀点和瘀斑。

5. 呛血 采用切颈法（气管、食管、血管齐断）屠宰动物时，动物死前可将血液吸入气管，引起肺呛血。多见于肺膈叶的背缘，向下逐渐减少。呛血区外观呈鲜红色，范围不规则，由弥散性放射状小红点组成，触之有弹性。切开肺呛血区，有血液流出，呈弥漫性鲜红色，其深部较暗。支气管和细支气管内有游离的凝血块。

电麻引起的出血和呛血，如变化轻微，胴体和内脏不受限制出场；如变化严重，将出血部分和呛血肺废弃，其余部分不受限制出场。

当出血、水肿变化较广泛，淋巴结有炎症时，对胴体、内脏必须进行细菌学检查，其中包括沙门菌的检查，若检查结果为阴性，切除病变部分后尽快出场；阳性者，经有效高温处理后出场。若是由病理性原因引起的出血，应结合具体疾病处理。

（二）组织水肿

水肿是指过多的液体在组织间隙或体腔内蓄积，包括全身性水肿和局限性水肿两种类型。在胴体任何部位发现有水肿，其边缘呈胶样浸润时，必须首先排除炭疽、恶性水肿，然后判定水肿的性质，即判定水肿是炎性水肿还是非炎性水肿。

对于单纯性创伤性水肿，应割去病变组织作工业用或销毁，其他部分不受限制的利用。当发现皮下水肿，肾周围、网膜、肠系膜及心内外膜等的脂肪组织发生淡黄色或黄红色胶样萎缩时，要检查肌肉有无病变并作细菌学检查。结果若为阴性，切除病变部分，迅速发出利用；阳性者，经高温处理后出场；同时伴有淋巴结肿大、水肿、放血不良、肌肉松软等，呈恶病质状态者，整个胴体全部化制或销毁。后肢和腹部发生水肿时，应仔细检查心、肝、肾等器官，如有病变，则需进行沙门菌检查，若结果呈阴性，则切除病变器官，胴体迅速发出利用，阳性的经高温处理后出场。

（三）败血症

败血症是在动物机体的抵抗力降低时，病原微生物通过创伤或感染灶侵入血液，生长繁殖，产生毒素，引起全身中毒和毒害的病理过程。败血症可能是某些炎症发展的一种结局，也可能是某些传染病的败血型表现。许多病原微生物（如链球菌、炭疽、化脓杆菌等）都可引起败血症，无特定病原。败血症一般无特殊病理变化，常表现为各实质器官变性、坏死及炎症变化；胴体往往放血不良，皮肤、黏膜、浆膜和各种脏器充血、出血、水肿；脾和全身淋巴结充血、炎性细胞浸润及网状内皮细胞增生，从而导致体积增大。由化脓性细菌感染引起的败血症，常在器官、组织内发现脓肿或多发性、转移性化脓灶，即脓毒败血症。

若败血症由传染病引起，依据传染病的性质处理。非传染病引起的，若病变轻微，肌肉未见变化的，可高温处理后出场；如果病变严重，肌肉、脂肪有明显病变的，化制或销毁。脓毒败血症的胴体、内脏全部作工业用或销毁。

（四）蜂窝织炎

蜂窝织炎是指在皮下或肌间疏松结缔组织发生的一种弥漫性化脓性炎症。常发于皮下、黏膜下、筋膜下、软骨周围、腹膜下及食道和气管周围的疏松结缔组织，严重时，能引起脓毒败血症。检验时可根据淋巴结、心、肝、肾等器官的充血、出血和变性变化，以及胴体放血程度、肌肉变化等进行判断（图 2-15）。

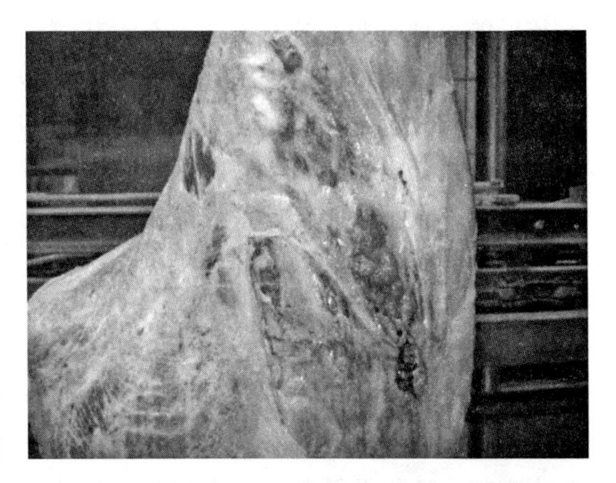

图 2-15　牛后腿蜂窝组织炎

检验时若发现是局限性病灶，全身肌肉正常，则需进行细菌学检查，结果阴性的，切除病变部分化制，其余部分迅速发出利用；阳性的，经高温处理后出场。若病变已发展为全身性，淋巴结、肝、肾变性，胴体放血不良，则胴体、内脏全部化制或销毁。

（五）脂肪组织坏死

脂肪组织坏死是指屠畜体内某些部位的脂肪组织细胞发生坏死和崩解，局部形态结构有明显的改变。可按原因分为三种类型。

1. 胰性脂肪坏死　主要见于猪。是由于胰腺发炎、导管阻塞、寄生虫寄生在胰腺或胰腺遭受机械性损伤，胰脂肪酶游离出来分解胰腺间质及其附近肠系膜的脂肪组织，有时波及网膜和肾周围的脂肪组织。病灶外观呈细小而致密的无光泽的浊白色颗粒状，有时呈不规则的油灰状，质地变硬，失去正常的弹性和油腻感。

2. 营养性脂肪坏死　最常见于牛和绵羊，偶发于猪。其发生一般与慢性消耗性疾病（结核病、副结核病等）有关，也见于肥胖牲畜的急性饥饿、消化障碍（肠炎、创伤性胃炎、肠胃阻塞）或其他疾病（肺炎、子宫炎），以肠系膜、网膜和肾周围脂肪最常见。不论何种原因引起，变化的本质是体脂利用不全，即脂肪分解的速度超过了脂肪酸转变的速度导致部分脂肪酸沉积在脂肪组织中。病变可发生于全身各部位的脂肪，但以肠系膜、网膜和肾周围的脂肪最常见。病变脂肪暗淡无光，呈白垩色，质地明显变硬。病变初期，脂肪组织内有许多散在的淡黄色坏死点，如撒上的粉笔灰，以后这些坏死点逐渐扩大、融合，形成坚实的坏死团块或结节。

3. 外伤性脂肪坏死　常见于猪的背部皮下脂肪组织，由机械性损伤使组织释放出脂肪酶将局部脂肪分解所引起，常见于背部脂肪。病变脂肪呈白垩质样团块，坚实无光，有时呈油灰状。这种变化的脂肪对周围组织有刺激作用，常引起周围组织发炎，有时积聚了炎性渗出物，会误认为脓肿或创伤性感染。切开病变部位，可见有黄色或白色的油灰状渗出物，或者渗出物很少，主要是慢性炎症引起的结缔组织增生。如有外伤存在，渗出物可从坏死的局部流出体外。

对于脂肪坏死轻微的，无损商品外观，不受限制出场；如果脂肪坏死病变明显，可将病变部分切除化制，胴体不受限制出场。

（六）脓肿

脓肿是由于组织炎性坏死、液化和化脓，使局部形成充满脓汁的包囊和囊腔。脓肿是宰后常见的一种病变，容易识别。不论在哪个组织器官发现脓肿，首先应该考虑是否发生脓毒败血症。对无包囊，而周围炎性反应明显的新脓肿，一旦查明是转移性的，即判定是脓毒败血症。肺、脾、肾的脓肿多为转移性脓肿，其原发病灶可能存在于头面部、四肢、子宫、乳房等部位（图 2-16）。

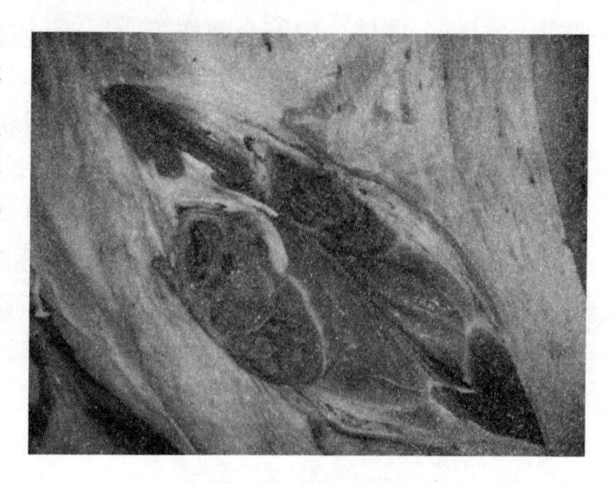

图 2-16　牛脓肿病灶

肝脓肿多见于牛，主要发生于肝实质，膈面多见，其大小不一。脓肿可能是单个存在的，有时也可能数目很多，致使肝只存留些实质的残余，且肿得很大。脓肿大小由豌豆大到排球大。多数情况下，脓肿的脓液是浓稠的，无气味。但是由于网胃创伤引起的脓肿的脓液，往往带有强烈的难闻气味，此时脓肿通常有较厚的结缔组织包囊。肝脓肿的起源多种多样，可发生于一般的脓毒血症、肠道微生物的侵入、犊牛脐炎、各种蠕虫的死亡等。通常肝脓肿的发生还可能与原发性或继发性副伤寒沙门菌的感染有关。调查表明，肝脓肿往往发生于酒糟和油渣、糖渣饲喂的牛。

颌下区域脓肿多见于猪、牛，多由创伤感染引起，检查时注意与颌下淋巴结核及继发链球菌等感染相鉴别。

对于局部有包囊的脓肿，在不割破脓包情况下，切除脓肿区及其相邻组织，其余部分不受限制利用。如果脓肿不可能切除或数量多，将整个器官化制。多发性新鲜脓肿或脓肿具有不良气味的，整个器官或胴体化制。被脓液污染或吸附有脓液难闻气味的胴体部分，割除化制。

（七）擦伤和瘀伤

1. 擦伤　擦伤伴有某种程度的局部性炎症变化，多见于屠畜的舌、颊和体表。病变一般位于体表，处理时切除患部组织后，胴体、内脏不受限制出场。如擦伤继发感染，引起全身性病变，表明有败血症可疑时，应将屠体化制或销毁。

2. 瘀伤　瘀伤是由皮下或肌内注射、骨折、创伤等引起，一般位置较深，常见于颈部及臀部肌肉，创伤性瘀伤伴有弥漫性出血，骨折引起的呈广泛性瘀伤。一般而言，瘀伤不引起全身病变，切除局部瘀伤即可，如伴有全身性病变，表明继发感染已进入全身化。有毒血症或败血症之疑者，应将屠体化制或销毁。

二、皮肤及器官病变的检验

（一）皮肤病变

1. 出血　猪瘟、猪繁殖与呼吸综合征、猪肺疫、猪丹毒、链球菌病等传染病都会引起猪体皮肤不同程度的出血。蚊、蝇等吸血昆虫叮咬，猪互相撕咬，放血技术不佳，划伤，擦伤，鞭打，棒击，冻伤，白皮猪长时间强日光照射等因素均可能导致皮肤出血，这类出血屠畜淋巴结、内脏器官一般无明显病变，个别出血严重者的淋巴结会出现肿大出血。蚊蝇叮咬导致的出血点明显突出，多见于夏季、皮肤较薄处。擦伤造成的皮肤出血呈不规则片状，在背部或两侧皮肤、划伤或鞭伤引起的皮肤出血主要在背、臀部呈纵横交错的紫红色条痕或斑块。烈日暴晒引起的皮肤出血，呈大面积均匀红色。电麻所致的皮肤出血表现为新鲜不规则的点状或斑点出血，有时呈放射状，与患传染病时皮肤的规则出血点或斑不同。

2. 弥漫性红染　放血时，心尚未停止跳动即进行泡烫，常表现为皮肤和皮下脂肪大面积弥漫性红染，常见于急宰、冷宰猪。此外，处于应激状态的猪迅速屠宰加工后也易出现这种变化。

3. 水疱　口蹄疫患畜口唇、吻突、蹄冠、蹄底、蹄踵会出现水疱，水疱破溃后形成红色烂斑，可结合剖检和实验室检验进行诊断。若发现口蹄疫要及时上报，按传染病有关规定处理。猪痘主要发于耳、吻突、眼睑、腹部、四肢内侧，甚至全身皮肤上均出现圆形痘疹，发生过程为红斑→水疱→脓疱→结痂。痘疮周围呈浅红色晕，有的融合成片。

4. 皮肤坏死　坏死杆菌病的特征是体侧、肩部、臀部等肌肉丰满处体表皮肤和皮下组织坏死、溃烂，有的可继发化脓性坏死性口炎、肠炎。

5. 梅花斑　一种中央暗红色、周围有红晕的斑块，见于猪臀部皮肤，常两侧对称出现，可能由过敏性反应所致，要与猪丹毒的红斑相区别。

6. 荨麻疹　又称风块疹，不常见，它是一种由不良内外因素刺激而发生的过敏性皮肤病（猪常见于感光过敏），其特点是皮肤上突然出现许多圆形或鞭状丘疹块。发病初期于胸下部和胸部两侧出现扁豆大小的淡红色疹块，有的遍布全身。随后疹块扩大且突出于表面，中心苍白，周边发红，呈圆形或不规则形，有时为四边形，易与猪丹毒相混淆。

7. 棘皮症　与维生素 A、含硫氨基酸缺乏等因素有关。皮肤表面弥散大量小突起，病变分布较广，有时波及全身。

8. 皮肤脱屑症　皮肤粗糙，颇似撒上一层麸皮，常因烟酸缺乏、螨或真菌侵袭所致。

9. 黑色素细胞痣　黑色小米粒至扁豆大的疣状增生物，突出或不突出于皮肤表面，是由黑色素细胞疣状增殖所致。

10. 癣　耳、颈、胸、腹部等处皮肤局限性丘疹样圆形斑点，斑点大小不等，呈粉红色、浅褐色，逐渐扩展成环状，表面覆盖一层细小鳞屑或浅褐色痂片，刮取覆盖物，皮肤平整、出血，有的会产生湿疹样或苔藓样变，有的会结成污黑痂，多呈圆形，大小不等，患处皮肤粗糙，少毛或无毛，由毛癣菌和小孢子菌等寄生所引起，可通过虫体或虫卵检查与疥螨病进行区分。

在屠宰检疫中，皮肤病变仅仅是屠畜病症的一个重要方面，检疫人员要结合胴体、内脏、淋巴结以及实验室检验，根据各组织器官病变综合分析，进行鉴定做出判断处理。对于患传染病屠畜要依据《病害动物和病害动物产品生物安全处理规程》进行处理，其余轻微病变胴体不受限制出场，病变严重的将病变部分割除化制，其余部分不受限制出场。

（二）肺病变

许多疾病均能造成肺病变，除多种传染病和寄生虫病可在肺上引起特定的病变外，在肺上还可见到各种形式的病变，如肺呛血、肺呛水以及各种肺炎等。

1. 肺电麻出血 电麻不当所致屠体出血以肺最为显著，一般常出现在膈叶背缘的肺胸膜下，呈散在性，有时密集成片，如喷血状、鲜红色、边缘不整。

2. 肺呛水 屠宰时，将呼吸尚未停止的猪放入烫池，烫池水被猪吸入肺内引起。呛水区多见于肺的尖叶和心叶，有时波及膈叶。其特征是肺极度膨胀，外观呈浅灰色或淡黄色，肺胸膜紧张而有弹性，剖开后切面有温热、混浊的液体溢出。支气管淋巴结无变化。

3. 肺呛血 屠宰时三管（食管、气管、血管）齐断法，血和胃内容物流入肺内引起。多局限肺膈叶背缘。呛血区外观呈鲜红色，范围不规则，由弥散性放射状小红点组成，触之有弹性。切开肺呛血区，有血液流出，呈弥漫性鲜红色，其深部较暗。支气管和细支气管内有游离的凝血块。

4. 肺气肿 由于气体进入肺间质造成，见于高热疾病及黑斑病番薯中毒。患有肺气肿的病畜肺病灶分布不均，且病变部位显现出白色整体高出肺平面，若通过手部进行按压可暂时呈现平整状态。黑斑病番薯中毒常伴有皮下气肿。

5. 支气管肺炎 其病变多发生于肺的尖叶、心叶和膈叶的前下部。发炎的肺组织坚实，病灶部表面因充血而呈暗红色，散在或密集发生有多量粟米大、米粒大或黄豆大的灰黄色病灶。切面也呈暗红色，在小叶范围内密布灰黄色粟米大、米粒大或黄豆大的岛屿状炎性病灶。

6. 纤维素性肺炎 病变特征为肺内有红色肝变期、灰色肝病期的肝变病灶（如猪肺疫），肺胸膜和肋胸膜表面有纤维附着并粘连。

7. 肺坏疽 多由肺内进入异物引起。表现为肺组织肿大，触摸坚硬，切开病变部可见污灰色、灰绿色甚至黑色的膏状和粥状坏疽物，有恶臭味。有时病变部因腐败、液化而形成空洞，流出污灰色恶臭液体。

8. 化脓性肺炎 病变特点是在支气管肺炎的基础上出现大小不等的脓肿。

9. 结核肺 猪患结核病时，临床可见肺部表面灰黑色斑块，切开肺实质有化脓或干酪样小结节（图 2-17）。

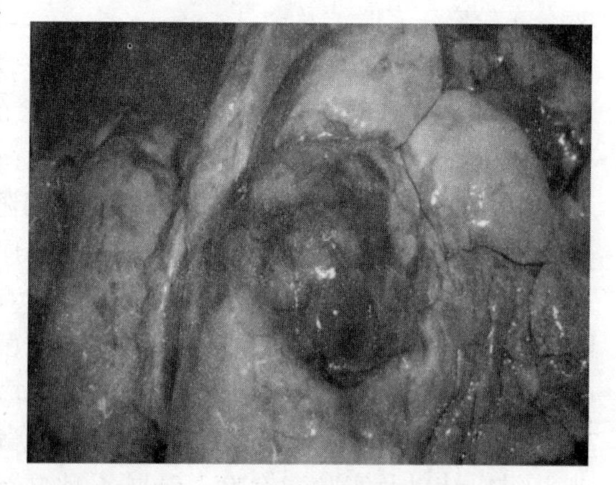

图 2-17 猪肺脓肿融合、肺肉变

由屠宰加工不当造成的电麻出血肺可食用，不受限制出场。呛水肺、呛血肺，轻微的无碍于食用，可将病变部分修割后出场，严重的不可食用，高温或化制处理。其他病变肺，不可食用，禁止出场，化制或销毁处理。

（三）心脏病变

1. 心内、外膜出血 常见于各种急性传染病和某些中毒病。电麻引起的心出血，常见心外膜有散在、新鲜出血小点。

2. 心肌炎 心肌呈灰黄色或灰白色似煮肉状，质地松软，心扩张。局灶性心肌炎在心内膜和心外膜下可见灰黄色或灰白色斑块或条纹。化脓性心肌炎在心肌内有散在的大小不等的化脓灶。

3. 心内膜炎 疣状心内膜炎最常见，以心瓣膜发生疣状血栓为特征，有时外观呈菜花样（如慢性猪丹毒）；溃疡性心内膜炎次之，其特征是在病变部瓣膜上出现溃疡。

4. 心包炎　以牛创伤性心包炎最为常见，表现为心包囊极度扩张，其中沉积有淡黄色纤维蛋白或脓性渗出物，因腐败菌感染而具有恶臭。慢性病例，心包极度增厚，与周围器官发生粘连，形成“绒毛心”。而非创伤性心包炎，常为单一发生或并发于其他疾病，如结核性心包炎、猪肺疫、猪瘟常发生浆液性、纤维素性心包炎。

5. 心冠脂肪胶样萎缩　表现为冠状沟脂肪呈淡土粉色，半透明胶状。常由长期营养不良，慢性胃肠炎或寄生虫性贫血引起。

除以上变化外，心脏还可能发生脂肪浸润（肥胖病）、心肌肥大、肿瘤等病变。

轻度心肌肥大、脂肪浸润、慢性心肌炎且不伴有其他器官的变化，心可食用，不受限制出场；重度的不可食用，化制处理。心内膜炎、非创伤性心包炎、急性心肌炎以及心肌松弛和色泽改变时，心不可食用，化制或销毁处理。创伤性心包炎时，心化制；对肉进行沙门菌检验，阴性的，胴体不受限制出场；阳性的，胴体高温处理。

（四）肝病变

除疫病的特定病变外，肝的主要病理变化有：

1. 肝脂肪变性　常由传染、中毒等因素引起，多见于败血性疾病。表现肝肿大，被膜紧张，边缘钝圆，呈不同程度的浅黄色或土黄色，质地松软而脆，切面有油腻感，称为“脂肪肝”。病程长时，肝体积缩小。如肝脂肪变性合并黄疸时，色泽呈柠檬黄色或藏红花色，若肝脂肪变性同时又有淤血时，肝切面由暗红色的瘀血部和黄褐色的脂变部交织掺杂形成类似槟榔切面的花纹，称为“槟榔肝”。

2. 饥饿肝　由饥饿、长途运输、惊恐奔跑、挣扎和疼痛等因素引起，不伴有胴体和其他脏器异常变化。特征是肝呈黄褐色或土黄色，但体积不肿大，结构质地无变化。

3. 肝瘀血　轻度淤血，肝实质正常。淤血严重的，体积增大，被膜紧张，边缘钝圆，呈蓝紫色，切开时有暗红色血液流出。

4. 肝脓肿和坏死　牛多是感染坏死杆菌的缘故，见肝表面和实质散在拇指大或更大一些的凝固性坏死灶，呈灰色或灰黄色，质地脆弱，切面景象模糊，周围常有红晕。猪多由硒和维生素 E 缺乏引起，表现为肝颜色紫黑，肿大质地较硬，切面外翻多汁，肝小叶模糊。慢性病变肝表面有米粒大小突起或凸凹不平，肝的褐色正常小叶和红色出血性坏死小叶及苍白或淡黄缺血性凝固性小叶混杂存在，形成斑驳颜色，犹如孔雀斑纹。

5. 肝硬变　见于传染病、寄生虫病或非传染性肝炎。其特点是肝内结缔组织增生，使肝变硬和变形。萎缩性肝硬变时，肝体积缩小，被膜增厚，质地变硬，色灰红或暗黄，肝表面呈颗粒状或结节状，称为“石板肝”。肥大性肝硬变时，肝体积增大 2～3 倍，质地坚实、表面平滑或略呈颗粒状，称为“大肝”。

6. 寄生虫性病肝　如有棘球蚴和细颈囊尾蚴寄生时，肝表面散发绿豆大至黄豆大黄白色结节，或散在黄豆大至鸡蛋大的圆形半透明的棘球蚴和细颈囊尾蚴囊泡嵌入肝组织，有的形成花纹斑以及肝包膜炎，多见于反刍动物。肝如有蛔虫移行时，可形成乳白色斑纹，即“乳斑肝”，以牛、羊、猪多见。

对于脂肪肝、饥饿肝以及轻度的肝瘀血和肝硬变，不受限制利用。“槟榔肝”“大肝”“石板肝”、中毒性营养不良肝及脓肿、坏死肝，一律化制或销毁。寄生虫性病变如病变轻微，修割病变部分后鲜销；如病变严重者，整个肝化制或销毁。

（五）脾病变

1. 急性脾炎 常见于败血性传染病，表现为脾肿大，较正常增大 2～3 倍，有时达 4～16 倍，质软，切开后白髓和红髓分辨不清，脾髓呈黑红色，如煤焦油样。如急性猪丹毒的脾呈樱桃红色，猪急性弓形虫病和败血型副伤寒的脾可见细小出血点和坏死点。

2. 坏死性脾炎 见于出血性败血病，如鸡新城疫、禽霍乱。表现为脾部肿大或轻度肿大，脾小体和红髓内均可见到散在性的小坏死灶和中性粒细胞浸润。

3. 脾脓肿 常见于马腺疫、犊牛脐炎、牛创伤性网胃炎等。

4. 脾梗死 常发生于脾边缘，出血或瘀血，切面呈紫黑色，常见于猪瘟。

5. 慢性脾炎 脾体积稍大或比正常小，质地变硬，在深红色的背景上可见或白色或灰黄色增大的脾小体，呈颗粒状向外突出，此称为细胞增生性脾炎。主要见于慢性猪丹毒、猪副伤寒、布鲁菌病等。在结核和鼻疽病时，尚可见到结核结节和鼻疽结节。

为保障肉品卫生安全，凡外观、大小、色泽异常，有病理变化的脾，一律不得食用，化制或销毁处理。

（六）肾病变

除特定传染病和寄生虫病引起的肾病理变化外，在屠宰检验中还可常见到栓塞性肾炎（白斑肾）、肾囊肿、肾结石、肾梗死、肾盂积水、肾脓肿、各种肾炎及肿瘤等。

对于发现病变的肾，除轻度的肾结石、肾囊肿、肾梗死，可修割局部病变后食用外，其他各种病变的肾一律化制。

（七）胃肠病变

胃肠是感染的重要门户，畜禽疾病有很多是经由消化道感染的，胃肠可发生各种病理变化，如各种炎症、糜烂、溃疡、坏疽、结核、肿瘤、粘连性腹膜炎等。猪瘟感染可造成坏死性肠炎、盲结肠扣状肿或溃疡。

猪宰后检验常发现肠壁和淋巴结含气泡，称“肠气肿”。可能与吸收肠内容物中的气体有关，其特征是在空肠和盲肠段，尤其在肠系膜连接处气泡最多，壁薄透明、大小不一，如葡萄串样，按压后气体消失。

处理时除将肠气肿的肠道放气后可供食用外，其他病变胃肠一律化制。

三、肿瘤的检验

肿瘤是机体在致瘤因素的作用下，一些组织、细胞发生改变，细胞生长迅速，代谢异常，新生细胞幼稚化，其结构和功能不同于正常细胞，表现异常增生的细胞群。

流行病学调查表明，人类某种肿瘤高发区也是动物同类肿瘤的高发区，如在人原发性肝癌高发区中，猪、鸭和鹅的肝癌发生率也高；人食管癌高发区中，鸡的咽癌、食管癌和山羊的食管癌比人的发生率还高。

畜禽肿瘤肉品对人类健康的风险尚不明确，因此在屠宰检验中我们要对肿瘤进行关注。较常见的畜禽肿瘤如下。

猪：肝癌、淋巴肉瘤、纤维瘤、肾母细胞瘤、平滑肌瘤。

牛：淋巴肉瘤、肝癌、腺癌、纤维肉瘤、纤维瘤。

羊：肺腺瘤样瘤。

兔：肾胚瘤、间皮细胞瘤。

鸡：马立克病、白血病、肾母细胞瘤、卵巢腺癌、肝癌。

鸭：肝癌、腺癌。

鹅：淋巴肉瘤。

由于畜禽肿瘤种类繁多，生长方式和生长部位不同，其形态、大小、色泽差异很大，最终鉴定必须通过组织学检查，以判断是何种肿瘤和它的良恶性质。但是宰后检验是在高速度的流水生产线上进行，不可能对发现的病理变化都做组织切片检查，只能就眼观病变做出判断，提出处理意见。下面介绍畜禽常见肿瘤的眼观变化，供肉品卫生检验时参考。

1. 腺瘤 发生于腺上皮的良性肿瘤。腺上皮细胞占主要成分的，称为单纯性腺瘤，间质占主要成分的，称为纤维腺瘤；腺上皮的分泌物大量蓄积，使腺腔高度扩张而成囊状时，则称囊瘤或囊腺瘤。腺瘤眼观呈结节状，但在黏膜表面可呈息肉状或乳头状，多发生于猪、牛、马、鸡的卵巢、肾、肝、甲状腺、肺等器官。

2. 纤维瘤 发生于结缔组织的良性肿瘤，由结缔组织纤维和成纤维细胞构成。常发生于皮肤、皮下、肌膜、腱、骨膜以及子宫、阴道等处，根据细胞和纤维成分的比例，可分为硬性纤维瘤和软性纤维瘤。

硬性纤维瘤含胶质纤维多，细胞成分较少，故质地坚硬；多呈圆形结节状或分叶状，有完整的包膜，切面干燥，灰白色，有丝绢样光泽，并可见纤维呈编织状交错分布。软性纤维瘤含细胞成分多，胶质纤维较少，质地柔软；有完整的包膜，切面淡红色，湿润，发生于黏膜上的软性纤维瘤，常有较强的带与基底组织连接，称为息肉。

3. 纤维肉瘤 发生于结缔组织的恶性肿瘤。各种动物均可发生，皮下结缔组织、骨膜、肌膜、肌腱最常发生，其次是口腔黏膜、心内膜、肾、肝、淋巴结和脾等处。外观呈不规则的结节状，质地柔软，切面灰白，鱼肉样，常见出血和坏死。

4. 猪鼻咽癌 我国华南地区多发，患猪生前经常流浓稠鼻涕，有时发生衄血，鼻塞，面颊肿胀，逐渐消瘦。剖检见鼻咽顶部黏膜增厚粗糙，呈微细凸起或结节状肿块，苍白、质脆、无光泽，有时散布小的坏死灶，结节表面和切面有新的疤痕。患鼻咽癌的猪往往同时伴发鼻旁窦癌。

5. 鳞状上皮癌 发生于复层扁平上皮或变形上皮组织的一种恶性肿瘤，主要见于皮肤、口腔、食道、胃、阴道及子宫等部分。鳞状上皮癌除因呈浸润性生长而破坏局部组织外，还常经淋巴或血液转移到远隔部位的淋巴结或全身各组织器官内，从而形成新的转移癌。

6. 鸡食管癌 多发生于6月龄以上鸡的咽部和食管上段，食管中、下段很少发生。外观呈菜花样或结节状，有时呈浸润性生长，使局部黏膜增厚。肿瘤表面易发生破溃坏死，呈黄色或粉红色，坏死周围黏膜隆起、外翻、增厚，切面灰白，质硬，颗粒状。

7. 禽卵巢腺癌 多发生于成年母鸡，两岁以上的鸡发病率也高，其他家禽偶有发生。病鸡呈进行性消瘦，贫血，食欲减退，产蛋减少或不产蛋，腹部膨大，下垂，行走时状如企鹅，可能因为瘤体牵拉或扭转，造成血管破裂出血而亡。剖检时可见腹腔有大量淡黄色混有血液的腹水，卵巢中有灰白色、无包膜、坚实的肿瘤结节，外观呈菜花样，有些呈半透明的囊泡状，大小不等，灰白或灰红色，有些发生坏死。也可见残存的变性坏死的卵泡。卵巢癌可在腹腔其他器官（胃、肠、肠系膜、输卵管等）浆膜面形成转移癌，外观呈灰白色、坚实的结节状或菜花样。

8. 原发性肝癌 原发性肝癌可见于牛、猪、鸡和鸭，往往呈地区性高发，同时人群中肝癌发病率也高。主要是由黄曲霉毒素慢性中毒所致，饲料中铜、砷、铬等金属元素过量也会造成本病的发生。主要有肝细胞性肝癌和胆管上皮细胞性肝癌两种。

猪的原发性肝癌可分为巨块型、结节型和弥漫型。结节型最常见，特征是在肝组织形成大小不等的类圆形结节，通常在肝各叶中同时存在多个结节，切面呈乳白色、灰白色、灰红色、淡绿色或黄绿色，与周围组织分界明显。弥漫型不形成明显的结节，癌细胞弥漫地浸润于肝实质，形成不规则的灰白色或灰黄色斑点或斑块，往往肝肿胀。巨块型肝癌较少见，在肝中形成巨大的癌体，癌体周围常有若干个卫星性结节。

9. 肾母细胞瘤 肾母细胞瘤又称肾胚胎瘤，最多见于兔、猪和鸡，也见于牛和羊，是幼龄动物常见的一种肿瘤。

猪或兔的肾母细胞瘤多发于一侧肾，少数为两侧性，常在肾的一端形成肿瘤，偶见肺和肝有转移瘤形成。

剖检可见肿瘤的外形和大小不一，小的呈淡红色结节状，或呈淡黄色分叶状；大的可挤占大部分肾，或呈巨大的肿块，仅以细的纤维柄蒂与肾相连。肿瘤切面呈灰红色，其中散在灰黄色的坏死斑点，偶见钙化灶。有时大的肿瘤形成囊状，囊泡大小不等，含有澄清的液体，切面呈蜂窝状。

10. 黑色素瘤 由成黑色素细胞形成的肿瘤，动物多发的黑色素瘤大多为恶性瘤。各种动物均可发生，但老龄的淡毛色的马属动物最多见，其次是牛、羊、猪和犬。原发于肛门和尾根部的皮下组织，呈圆形的肿块，大小不等，且呈分叶状，深黑色的肿瘤块被灰白色的结缔组织分割成大小不等的圆形小结节。此瘤生长迅速，瘤细胞可经淋巴和血液转移，在全身组织器官形成转移瘤。

宰后检验对肿瘤病畜禽的卫生评价，一般是根据胴体的肉质状况、肿瘤的良恶性质、是否扩散转移、单发或多发来进行评价。一个脏器上发现有肿瘤时，若胴体不瘠瘦，且无其他明显病变的，患病脏器化制或销毁，其他脏器和胴体经高温处理；胴体瘠瘦或肌肉有变化的，胴体和脏器化制或销毁。两个或两个以上脏器被检出有肿瘤病变，其胴体、内脏全部作工业用或销毁。经确诊为淋巴肉瘤或白血病者，不论肿瘤病变如何，其胴体和内脏等一律销毁。

任务八　染疫及病变动物产品的无害化处理

【任务描述】

病害动物和病害动物产品无害化处理的适用对象和操作。

【与其他任务的关系】

屠宰检疫后必须根据检疫结果对病害动物和病害动物产品进行相应的处理，从而达到彻底消灭其所携带的病原体，保障人畜健康安全的检疫目的。

无害化处理是指通过用焚烧、化制、掩埋或其他物理、化学、生物学等方法将病害动物尸体和病害动物产品或附属物进行处理，以彻底消灭其所携带的病原体，达到消除病害因素、保障人畜健康安全的目的。《病死及病害动物无害化处理技术规范》（农医发〔2017〕25号）规定了病死及病害动物和相关动物产品无害化处理的技术工艺和操作注意事项，处理过程中病死及病害动物和相关动物产品的包装、暂存、转运、人员防护和记录等要求。该规定适用于国家规定的染疫动物及其产品、病死或者死因不明的动物尸体、屠宰前确认的病害动物、屠宰过程中经检疫或肉品品质检验确认为不可食用的动物产品以及其他应当进行无害化处理的动物及动物产品。

一、焚烧法

焚烧法是指在焚烧容器内，使病死及病害动物和相关动物产品在富氧或无氧条件下进行氧化反应或热解反应的方法。该方法适用于国家规定的染疫动物及其产品、病死或者死因不明的动物尸体，屠宰前确认的病害动物、屠宰过程中经检疫或肉品品质检验确认为不可食用的动物产品以及其他应当进行无害化处理的动物及动物产品。包括直接焚烧法和碳化焚烧法两种。

（一）直接焚烧法

1. 技术工艺

（1）视情况对病死及病害动物和相关动物产品进行破碎等预处理。

（2）将病死及病害动物和相关动物产品或破碎产物，投至焚烧炉本体燃烧室，经充分氧化、热解，产生的高温烟气进入二次燃烧室继续燃烧，产生的炉渣经出渣机排出。

（3）燃烧室温度应≥850℃。燃烧所产生的烟气从最后的助燃空气喷射口或燃烧器出口到换热面或烟道冷风引射口之间的停留时间应≥2s。焚烧炉出口烟气中氧含量应为6%～10%（干气）。

（4）二次燃烧室出口烟气经余热利用系统、烟气净化系统处理，达到规定的排放要求后排放。

（5）焚烧炉渣与除尘设备收集的焚烧飞灰应分别收集、贮存和运输。焚烧炉渣按一般固体废物处理或作资源化利用；焚烧飞灰和其他尾气净化装置收集的固体废物按要求作危险废物鉴定，根据鉴定结果分类处理。

2. 操作注意事项

（1）严格控制焚烧进料频率和重量，使病死及病害动物和相关动物产品能够充分与空气接触，保证完全燃烧。

（2）燃烧室内应保持负压状态，避免焚烧过程中发生烟气泄露。

（3）二次燃烧室顶部设紧急排放烟囱，应急时开启。

（4）烟气净化系统，包括急冷塔、引风机等设施。

（二）炭化焚烧法

1. 技术工艺

（1）病死及病害动物和相关动物产品投至热解炭化室，在无氧情况下经充分热解，产生的热解烟气进入二次燃烧室继续燃烧，产生的固体炭化物残渣经热解炭化室排出。

（2）热解温度应≥600℃，二次燃烧室温度≥850℃，焚烧后烟气在850℃以上停留时间≥2s。

（3）烟气经过热解炭化室热能回收后，降至600℃左右，经烟气净化系统处理，达到国家排放要求后排放。

2. 操作注意事项

（1）检查热解炭化系统的炉门密封性，以保证热解炭化室的隔氧状态。

（2）定期检查和清理热解气输出管道，以免发生阻塞。

（3）热解炭化室顶部需设置与大气相连的防爆口，热解炭化室内压力过大时可自动开启泄压。

（4）根据处理物种类、体积等严格控制热解的温度、升温速度及物料在热解炭化室里的停留时间。

二、化制法

化制法是指在密闭的高压容器内，通过向容器夹层或容器内通入高温饱和蒸汽，在干热、压力或蒸汽、压力的作用下，处理病死及病害动物和相关动物产品的方法。适用于除患有炭疽等芽孢杆菌类疫病、牛海绵状脑病、痒病的染疫动物及产品、组织以外，国家规定的染疫动物及其产品、病死或者死因不明的动物尸体，屠宰前确认的病害动物、屠宰过程中经检疫或肉品品质检验确认为不可食用的动物产品，以及其他应当进行无害化处理的动物及动物产品。分为干化法和湿化法两种。

（一）干化法

1. 技术工艺

（1）视情况对病死及病害动物和相关动物产品进行破碎等预处理。

（2）病死及病害动物和相关动物产品或破碎产物输送入高温高压灭菌容器。

（3）处理物中心温度≥140℃，压力≥0.5MPa（绝对压力），时间≥4h（具体处理时间随处理物种类和体积大小而设定）。

（4）加热烘干产生的热蒸汽经废气处理系统后排出。

（5）加热烘干产生的动物尸体残渣传输至压榨系统处理。

2. 操作注意事项

（1）搅拌系统的工作时间应以烘干剩余物基本不含水分为宜，根据处理物量的多少，适当延长或缩短搅拌时间。

（2）使用合理的污水处理系统，有效去除有机物、氨、氮，达到排放要求。

（3）应使用合理的废气处理系统，有效吸收处理过程中动物尸体腐败产生的恶臭气体，达到国家排放要求。

（4）高温高压灭菌容器操作人员应符合相关专业要求，持证上岗。

（5）处理结束后，需对墙面、地面及其相关工具进行彻底清洗消毒。

（二）湿化法

1. 技术工艺

（1）可视情况对病死及病害动物和相关动物产品进行破碎预处理。

（2）将病死及病害动物和相关动物产品或破碎产物送入高温高压容器，总质量不得超过容器总承受力的4/5。

（3）处理物中心温度≥135℃，压力≥0.3MPa（绝对压力），处理时间≥30min（具体处理时间随处理物种类和体积大小而设定）。

（4）高温高压结束后，对处理产物进行初次固液分离。

（5）固体物经破碎处理后，送入烘干系统；液体部分送入油水分离系统处理。

2. 操作注意事项

（1）高温高压容器操作人员应符合相关专业要求，持证上岗。

（2）处理结束后，需对墙面、地面及其相关工具进行彻底清洗消毒。

（3）冷凝排放水应冷却后排放，产生的废水应经污水处理系统处理，达到液体排放要求。

（4）处理车间废气应通过安装自动喷淋消毒系统、排风系统和高效微粒空气过滤器（HEPA 过滤器）等进行处理，达到气体排放要求后排放。

三、高温法

高温法是指常压状态下，在封闭系统内利用高温处理病死及病害动物和相关动物产品的方法。其适用范围与化制法相同。

1. 技术工艺

（1）视情况对病死及病害动物和相关动物产品进行破碎等预处理。处理物或破碎产物体积（长×宽×高）≤125cm^3（5cm×5cm×5cm）。

（2）向容器内输入油脂，容器夹层经导热油或其他介质加热。

（3）将病死及病害动物和相关动物产品或破碎产物输送入容器内，与油脂混合。常压状态下，维持容器内部温度≥180℃，持续时间≥2.5h（具体处理时间随处理物种类和体积大小而设定）。

（4）加热产生的热蒸汽经废气处理系统后排出。

（5）加热产生的动物尸体残渣传输至压榨系统处理。

2. 操作注意事项

（1）搅拌系统的工作时间应以烘干剩余物基本不含水分为宜，根据处理物量的多少，适当延长或缩短搅拌时间。

（2）应使用合理的污水处理系统，有效去除有机物、氨氮，达到规定的液体排放要求。

（3）应使用合理的废气处理系统，有效吸收处理过程中动物尸体腐败产生的恶臭气体，达到气体排放要求后排放。

（4）高温灭菌容器操作人员应符合相关专业要求，持证上岗。

（5）处理结束后，需对墙面、地面及其相关工具进行彻底清洗消毒。

四、深埋法

深埋法是指按照相关规定，将病死及病害动物和相关动物产品投入深埋坑中并覆盖、消毒，处理病死及病害动物和相关动物产品的方法。本方法适用于发生动物疫情或自然灾害等突发事件时病死及病害动物的应急处理，以及边远和交通不便地区零星病死畜禽的处理。不得用于患有炭疽等芽孢杆菌类疫病，以及牛海绵状脑病、痒病的染疫动物及产品、组织的处理。

1. 选址要求

（1）应选择地势高燥，处于下风向的地点。

（2）应远离学校、公共场所、居民住宅区、村庄、动物饲养和屠宰场所、饮用水源地、河流等地区。

2. 技术工艺

（1）深埋坑体容积以实际处理动物尸体及相关动物产品数量确定。

（2）深埋坑底应高出地下水位 1.5m 以上，要防渗、防漏。

（3）坑底洒一层厚度为 2～5cm 的生石灰或漂白粉等消毒药。

（4）将动物尸体及相关动物产品投入坑内，最上层距离地表 1.5m 以上。

（5）生石灰或漂白粉等消毒药消毒。

（6）覆盖距地表 20～30cm，厚度不少于 1～1.2m 的覆土。

3. 操作注意事项

（1）深埋覆土不要太实，以免腐败产气造成气泡冒出和液体渗漏。

（2）深埋后，在深埋处设置警示标识。

（3）深埋后，第 1 周内应每日巡查 1 次，第 2 周起应每周巡查 1 次，连续巡查 3 个月，深埋坑塌陷处应及时加盖覆土。

（4）深埋后，立即用氯制剂、漂白粉或生石灰等消毒药对深埋场所进行 1 次彻底消毒。第 1 周内应每日消毒 1 次，第 2 周起应每周消毒 1 次，连续消毒 3 周以上。

五、化学处理法

（一）硫酸分解法

硫酸分解法是指在密闭的容器内，将病死及病害动物和相关动物产品用硫酸在一定条件下进行分解的方法。本方法适用于除患有炭疽等芽孢杆菌类疫病、牛海绵状脑病、痒病的染疫动物及产品、组织以外，国家规定的染疫动物及其产品、病死或者死因不明的动物尸体，屠宰前确认的病害动物、屠宰过程中经检疫或肉品品质检验确认为不可食用的动物产品，以及其他应当进行无害化处理的动物及动物产品。

1. 技术工艺

（1）可视情况对病死及病害动物和相关动物产品进行破碎等预处理。

（2）将病死及病害动物和相关动物产品或破碎产物，投至耐酸的水解罐中，按每吨处理物加入水 150～300L，后加入 98%的浓硫酸 300～400L（具体加入水和浓硫酸量随处理物的含水量而设定）。

（3）密闭水解罐，加热使水解罐内升至 100～108℃，维持压力≥0.15MPa，反应时间≥4h，至罐体内的病死及病害动物和相关动物产品完全分解为液态。

2. 操作注意事项

（1）处理中使用的强酸应按国家危险化学品安全管理、易制毒化学品管理有关规定执行，操作人员应做好个人防护。

（2）水解过程中要先将水加入耐酸的水解罐中，然后加入浓硫酸。

（3）控制处理物总体积不得超过容器容量的 70%。

（4）酸解反应的容器及贮存酸解液的容器均要求耐强酸。

（二）化学消毒法

化学消毒法适用于被病原微生物污染或可疑被污染的动物皮毛消毒。

1. 盐酸食盐溶液消毒法

（1）用 2.5%盐酸溶液和 15%食盐水溶液等量混合，将皮张浸泡在此溶液中，并使溶液温度保持在30℃左右，浸泡40h，$1m^2$的皮张用10L消毒液（或按100mL25%食盐水溶液中加入盐酸1mL配制消毒液，在室温15℃条件下浸泡48h，皮张与消毒液之比为1∶4）。

（2）浸泡后捞出沥干，放入2%（或1%）氢氧化钠溶液中，以中和皮张上的酸，再用水冲洗后晾干。

2. 过氧乙酸消毒法

（1）将皮毛放入新鲜配制的2%过氧乙酸溶液中浸泡30min。

（2）将皮毛捞出，用水冲洗后晾干。

3. 碱盐液浸泡消毒法

（1）将皮毛浸入5%碱盐液（饱和盐水内加5%氢氧化钠）中，室温（18～25℃）浸泡24h，并随时加以搅拌。

（2）取出皮毛挂起，待碱盐液流净，放入5%盐酸液内浸泡，使皮张上的酸碱中和。

（3）将皮毛捞出，用水冲洗后晾干。

六、收集转运要求

1. 包装

（1）包装材料应符合密闭、防水、防渗、防破损、耐腐蚀等要求。

（2）包装材料的容积、尺寸和数量应与需处理的病死及病害动物和相关动物产品的体积、数量相匹配。

（3）包装后应进行密封。

（4）使用后，一次性包装材料应作销毁处理，可循环使用的包装材料应进行清洗消毒。

2. 暂存

（1）采用冷冻或冷藏方式进行暂存，防止无害化处理前病死及病害动物和相关动物产品腐败。

（2）暂存场所应能防水、防渗、防鼠、防盗，易于清洗和消毒。

（3）暂存场所应设置明显警示标识。

（4）应定期对暂存场所及周边环境进行清洗消毒。

3. 转运

（1）选择符合规定条件的车辆或专用封闭厢式运载车辆。车厢四壁及底部应使用耐腐蚀材料，并采取防渗措施。

（2）专用转运车辆应加施明显标识，并加装车载定位系统，记录转运时间和路径等信息。

（3）车辆驶离暂存、养殖等场所前，应对车轮及车厢外部进行消毒。

（4）转运车辆应尽量避免进入人口密集区。

（5）若转运途中发生渗漏，应重新包装、消毒后运输。

（6）卸载后，应对转运车辆及相关工具等进行彻底清洗、消毒。

七、其他要求

（一）人员防护

1. 病死及病害动物和相关动物产品的收集、暂存、转运、无害化处理操作的工作人员应经过专门培训，掌握相应的动物防疫知识。

2. 工作人员在操作过程中应穿戴防护服、口罩、护目镜、胶鞋及手套等防护用具。

3. 工作人员应使用专用的收集工具、包装用品、转运工具、清洗工具、消毒器材等。

4. 工作完毕后，应对一次性防护用品作销毁处理，对循环使用的防护用品消毒处理。

（二）记录要求

病死及病害动物和相关动物产品的收集、暂存、转运、无害化处理等环节应建有台账和记录。有条件的地方应保存转运车辆行车信息和相关环节视频记录。

1. 暂存环节

（1）接收台账和记录应包括病死及病害动物和相关动物产品来源场（户）、种类、数量、动物标识号、死亡原因、消毒方法、收集时间、经办人员等。

（2）运出台账和记录应包括运输人员、联系方式、转运时间、车牌号、病死及病害动物和相关动物产品种类、数量、动物标识号、消毒方法、转运目的地以及经办人员等。

2. 处理环节

（1）接收台账和记录应包括病死及病害动物和相关动物产品的来源、种类、数量、动物标识号、转运人员、联系方式、车牌号、接收时间及经手人员等。

（2）处理台账和记录应包括处理时间、处理方式、处理数量及操作人员等。

涉及病死及病害动物和相关动物产品无害化处理的台账和记录至少要保存两年。

【思考与练习】

1. 根据兽医卫生要求，屠宰加工企业内部设施如何布局？
2. 屠宰加工企业各主要部门的卫生要求有哪些？
3. 屠宰污水有什么特点？如何检测污染程度？污水的处理方法有哪些？
4. 屠宰加工企业常用的消毒方法有哪些？
5. 如何做好屠宰动物运输过程中的兽医卫生监督？
6. 常见的运输性疾病主要有哪些？
7. 动物宰前检疫的目的和意义是什么？
8. 动物宰前检疫的方法有哪些？
9. 宰前做好停饲饮水管理有哪些意义？
10. 做好宰前休息管理的意义有哪些？
11. 家禽常用的放血方法有哪几种？各有什么优缺点？
12. 家兔屠宰加工过程中的卫生要求有哪些？
13. 宰后检验的内容及目的、意义是什么？
14. 宰后检验的基本方法有哪些？
15. 宰后检验被检淋巴结的选择原则是什么？
16. 猪宰后检验时设置哪些检验点？其检验要点是什么？
17. 牛宰后检验时设置哪些检验点？其检验要点是什么？
18. 屠畜宰后检验的处理包括哪些内容？

19. 有条件食用中所指的“无害化处理”，其具体处理方法是什么？

20. 炭疽患畜的宰前、宰后检验要点及生物安全处理方法是什么？

21. 宰后发现猪丹毒患畜如何进行生物安全处理？

22. 猪瘟病猪的宰前、宰后检验要点及生物安全处理方法是什么？

23. 猪囊尾蚴病的剖检部位和生物安全处理方法是什么？

24. 猪旋毛虫病的肌肉压片镜检法及生物安全处理方法是什么？

25. 新城疫的鉴定要点有哪些？如何进行宰后生物安全处理？

26. 鸡马立克病宰前鉴定时临床表现有哪几种型？

27. 肉品检验中如何鉴定和处理肌肉和器官的出血、组织水肿、蜂窝织炎、脓肿、败血症及脂肪组织坏死？

28. 肉品检验中常见的各器官病理变化有哪些？如何鉴定和卫生处理？

29. 染疫动物产品有哪些无害化处理方法？各有哪些基本操作要求？

屠宰动物产品的卫生检验

项目目标

1. 专业能力

（1）了解肉的形态结构和化学组成。

（2）掌握肉在保藏时的变化与新鲜度的检验，肉的冷冻加工卫生与检验，腌腊制品、熟肉制品、肉类罐头的卫生检验。

（3）掌握食用副产品、肠衣、皮、毛的加工卫生与检验，生化制药原料的采集与卫生要求，血液收集与加工卫生要求。

（4）掌握市场肉类动物卫生监督与检验的一般程序和方法，病死畜禽肉、劣质肉的检验与处理，肉种类的鉴别，肉类交易市场的动物卫生监督。

2. 方法能力

（1）能够熟练进行肉新鲜度检验，并对其做出正确的卫生评价。

（2）能够熟练进行常见肉制品的感官检验，并能对常见肉制品做出正确的卫生评价。

（3）能够识别冷冻肉常见的异常变化，并做出正确的卫生处理。

3. 社会能力

（1）具有良好的职业道德，爱岗敬业、认真负责。

（2）具有主动参与小组活动，积极与他人沟通和交流，团队协作的能力。

（3）具有良好的心理素质和克服困难的能力。

任务一　鲜肉的卫生检验

【任务描述】

肉的概念，肉的形态结构，肉的化学组成，肉的食用意义，肉在保藏时的变化，肉新鲜度的检验。

【与其他任务的关系】

鲜肉的卫生检验以动物屠宰检疫为基础，鲜肉检验合格后进入市场销售或入库冷藏，也可进一步加工成腌腊制品、熟肉制品、罐头等其他动物产品。

一、肉的概述

肉类含有人体生长发育和维持生命活动所必须的营养物质，如含有大量的全价蛋白质、脂肪、糖类、矿物质和维生素；并且肉中含有较多的鲜味物质和香味物质，使肉具有特殊的香味和鲜味，是人们最喜爱的重要食品之一。然而，肉的营养价值在很大程度上受宰后加工、贮存条件的影响，其使肉发生一系列化学和生物化学的变化，引起肉的外观特征和营养价值的改变。所以，在实际工作中，应使用合理的加工保藏方法，科学地控制宰后肉的变化。

（一）肉的概念

根据研究对象和目的的不同有不同的解释。从广义上说，凡是适合人类作为食品的动物机体的所有构成部分都可称为肉。在肉制品工业和商品学中的肉，是专指去毛或皮、头、蹄、尾和内脏的家畜胴体或称白条肉，去掉羽毛、内脏及爪的家禽胴体称为光禽，而头、尾、蹄、爪、内脏统称为副产品或下水。因此，这里所说的肉包括肌肉、脂肪、骨、软骨、筋膜、神经、脉管和淋巴结等多种成分。而在肉制品中所说的肉，仅指肌肉以及其中的各种软组织，不包括骨及软骨组织。精肉则是指不带骨的肉，即指去掉可见的脂肪、筋膜、血管、神经的骨骼肌。

（二）肉的形态结构

肉是由肌肉组织、脂肪组织、结缔组织和骨组织等组成的，其中肌肉组织占50%～60%，脂肪组织占20%～30%，结缔组织占9%～14%，骨组织占15%～22%。这些组织在肉中的数量和比例因动物的种类、品种、性别、年龄、育肥程度、营养状况及用途不同而有差异，在一定程度上决定肉的商品价值和食用价值。

1. 肌肉组织　肌肉组织构成肉的主要组成部分，不仅所占的比例大，而且是最有食用价值的部分，各种畜禽的肌肉平均占活体重的27%～44%，或胴体重的50%～60%。肉用品种的畜禽肌肉组织所占比例高，而肥育过的较未肥育过的比例低，幼年与老年、公畜与母畜之间有差异。肌肉组织在畜禽体内分布很不均匀，通常家畜在臀部、颈部、肩部和腰部的肌肉较丰满，而禽类则以胸肌和腿肌最为发达。

从商品角度来说，肌肉组织主要是指生物学中称之为横纹肌的部分，也叫骨骼肌。完整的肌肉是由多量的肌纤维和较少量的结缔组织及脂肪细胞、腱、血管、淋巴管、神经等构成的。

肌肉组织的基本单元是肌纤维，每50～100根肌纤维集束由一结缔组织膜包被起来，称为初级肌束，数十根初级肌束再由较厚的结缔组织包被起来，成一个较大的束，称为次级肌束。包被初级肌束和次级肌束的结缔组织膜称为肌束膜。我们肉眼能够看到肌肉膜断面上的大理石样外观，就是由肌束和位于肌间的结缔组织与脂肪组织构成的。次级肌束再次集合，周围包以较厚而坚固的肌外膜，即构成完整的肌肉。肌纤维因动物种类与性别不同而有粗细之别，水牛肉的肌纤维最粗，黄牛肉、猪肉次之，绵羊肉最细，公畜肉粗，母畜肉细。故检验时常借助于这种特性来鉴别各种动物肉。

畜禽的肌肉通常呈不同程度的红色，这是由于肌纤维内含有肌红蛋白和残存于毛细血管的血红蛋白的缘故。肌红蛋白和血红蛋白含量越多肌肉颜色越深。饲料中铁的含量，肌肉中血液和氧供应的多少，决定了肌红蛋白的含量的多少，而影响肌肉的颜色。放血不良畜禽，由于残存于血管的血红蛋白量多，故肌肉颜色较深。肌肉的颜色还取决于暴露表面所存在肌红蛋白的三态，即氧合肌红蛋白、肌红蛋白和氧化型的变性肌红蛋白。

2. 脂肪组织　脂肪组织主要分布在皮下、肠系膜、网膜、肾周围等，有时也贮积于肌肉间和肌束间。肌间脂肪的贮积，使肉的断面呈所谓的大理石样外观，能改善肉的滋味和品质。不同动物体内脂肪含量差异很大，少的仅及胴体的2%，多的可达40%。一般来说，母畜比公畜的脂肪含量多，肥育的畜禽比不肥育的畜禽脂肪含量多。

脂肪组织是由大量的脂肪细胞填充于少量疏松的结缔组织中构成的。脂肪细胞内除脂肪内含物外，尚有少量的细胞质分布于脂肪内含物的表面。脂肪的气味、颜色、熔点、硬度与动物的种类、品种、饲料、个体肥育状况及脂肪在体内的位置不同而有差异。猪的脂肪呈白色，质地较软；牛的脂肪呈淡黄色，羊的脂肪呈白色，质地较硬；鸡、鸭等家禽的脂肪均匀为不同程度的黄色，其质地均较软。

3. 结缔组织 结缔组织广泛分布于畜禽机体各部，是构成肌腱、筋膜、韧带及肌肉外膜、脂肪组织中的网状基架、血管、淋巴管等的主要成分，主要起支持和连接作用，并赋予肌肉以韧性、伸缩性和一定的外形。结缔组织除了细胞成分和基质外，主要是胶原纤维、弹性纤维和网状纤维。胶原纤维在肌腱、软骨和皮肤等组织中分布较多，有较强的韧性，不能溶解和消化，在特定温度下，便发生收缩，70～100℃湿热处理能发生水解，硬度减退形成明胶。弹性纤维在血管、韧带组织中分布较多，不受煮沸、稀酸和碱的破坏，通常水煮不能产生明胶。网状纤维主要分布于内脏的结缔组织和脂肪组织中。富含结缔组织的肉，不仅适口性差，营养价值也低。

4. 骨组织 骨和软骨也是肉的组成部分，动物体内骨与净肉的重量比可决定肉的食用价值，而该价值与骨重量成反比。随着动物年龄的增长和脂肪的增加，骨组织所占的比例相对减少。动物屠体骨骼所占比例：牛肉为15%～20%，犊牛肉为25%～50%，猪肉为12%～20%，羔羊肉为17%～35%，鸡肉为8%～17%，兔肉为12%～15%。

骨骼由外部的骨密质和内部的骨松质构成。前者致密、坚实、后者疏松如海绵状，两者的比例依骨骼的机能而异。因为骨骼内腔和骨松质里充满骨髓，所以骨松质越多，食用价值越高。骨骼中一般含5%～27%的脂肪和10%～32%骨胶原，其他成分为矿物质和水。故骨骼煮熬时出现大量的骨油和骨胶，赋予肉汤滋味和香味，并使之具有凝固性。

上述四种组织中，肌肉组织和脂肪组织是肉的营养价值之所在，其比例越大，肉的商品价值和食用价值越高，质量越好。结缔组织和骨骼组织所占比例越大，肉的质量越差。

（三）肉的化学组成

无论是何种动物的肉，其化学组成都包括水分、蛋白质、脂肪、矿物质、少量的糖类及某些种类的维生素。这些物质的含量因动物的种类、品种、性别、年龄、个体、机体部位及营养状况而异。

1. 蛋白质 肉的化学成分中除水分外，固体部分约有4/5是蛋白质，其含量占肉的18%左右。一般根据蛋白质存在的位置和盐溶液中的溶解度不同，分为三种主要蛋白质，即肌原纤维蛋白、肌浆蛋白和基质蛋白。这些蛋白质在肉品中的含量依动物种类、解剖部位等不同而差异很大。

(1) 肌原纤维蛋白质。这种蛋白质是肌原纤维的结构蛋白质，肌肉收缩的物质基础，负责将化学能转变为机械能。在肌肉中约占11.5%，占总蛋白的40%～60%，哺乳动物约占骨骼肌总蛋白的1/2，鱼类约占骨骼肌总蛋白质的2/3。肌原纤维蛋白中50%为肌凝蛋白，23%为肌纤蛋白，6%为结合蛋白，5%为原肌凝蛋白，5%为肌钙蛋白。

①肌凝蛋白。肌凝蛋白与球蛋白相似，故又称肌球蛋白。在肌肉中约占50%，是构成

肌原纤维的主要结构蛋白质，并具有 ATP 酶活性，能分解三磷酸腺苷为二磷酸腺苷和无机磷酸，并释放出能量，供肌肉收缩时消耗，肌凝蛋白易与肌纤维蛋白结合，形成肌纤凝蛋白复合物后，具有弹性和收缩性，与肌肉收缩有关，结合时肌凝蛋白与肌纤蛋白的比例为（2.5～3）：1。

肌凝蛋白是肌肉中及其重要的蛋白质，它关系到宰后肉的僵硬和成熟过程以及肉加工中的嫩度变化，与肌肉的生物化学性质有关。

②肌纤蛋白。肌纤蛋白又称肌动蛋白，是构成肌原纤维细丝的主要成分，在肌肉中约占2.5%，它不具有 ATP 酶的性质。有两种不同存在形式，即球形和纤维形，肌肉收缩时以球形出现，肌肉松弛时以纤维形出现。

（2）肌浆蛋白质。由新鲜的肌肉中压榨出的含有可溶性蛋白质的液体，称为肌浆。肌浆中的蛋白质包括肌溶蛋白、肌红蛋白、肌球蛋白及肌粒中的蛋白质等。在肌肉中约占5.5%，一般占肌肉中蛋白质总量的20%～30%。这些蛋白质溶于水或低离子强度的中性盐溶液中，是肉中最容易提取的蛋白质，又因为这些蛋白质提取时黏度很低，常称为肌肉的可溶性蛋白质。肌浆蛋白的主要功能是参与肌纤维中的物质代谢，大部分与肌肉收缩时的能量供应有关。

①肌溶蛋白。肌溶蛋白即肌清蛋白，占肌浆蛋白质的大部分，在肌肉中约占4%。肌溶蛋白质属于简单蛋白，是完全营养蛋白质。可溶于水，不稳定，在其等电点时极易变性，加热至52℃即凝固，很容易从肌肉中分离出来。具有酶的性质，大多数是与糖代谢有关的酶。

②肌红蛋白。肌红蛋白与血红蛋白相似，系血红蛋白与球蛋白结合的一种含铁的结合蛋白，是肌肉呈现红色的主要成分。肌肉中的肌红蛋白的含量因动物种类而异，猪肉为0.06%～0.4%，羔羊肉为0.2%～0.6%，牛肉为0.3%～1%，家禽肉为0.02%～0.18%，公畜比母畜含量高，成年动物比幼年动物含量高，经常运动的肌肉比运动少的肌肉含量高。其与氧的结合力较血红蛋白为强，它与血红蛋白的不同之处在于肌红蛋白分子中只有1个铁原子，而血红蛋白则含有4个铁原子。

肌红蛋白在加热时被破坏，从而导致熟肉和肉制品变为灰褐色。这是由于肌红蛋白有多种衍生物，即正常状态下呈鲜红色的氧合肌红蛋白，加工成腌腊制品时呈鲜亮红色的一氧化氮肌红蛋白，加热后呈灰褐色的高铁肌红蛋白等，这些衍生物与肉及肉制品的颜色有直接关系。

③肌粒中的蛋白质。肌粒包括肌核、肌粒体及微粒体等，存在于肌浆中。肌粒体蛋白质中包括三羧酸循环的酶系统、脂肪β-氧化酶体系以及产生能量的电子传递体系和氧化磷酸化酶体系。微粒中含有对肌肉收缩起抑制作用的弛张因子。

（3）基质蛋白质。基质蛋白质也称间质蛋白质，是指肌肉磨碎之后在高浓度的中性盐溶液中充分抽出之后的残渣部分，包括肌束膜、肌膜、毛细血管壁等结缔组织，其成分主要是硬性蛋白的胶原蛋白、弹性蛋白和网状硬蛋白等，在肉中约占2%。

①胶原蛋白。胶原蛋白属于硬蛋白类，其分子在正常情况下，只能轻度延长。胶原蛋白不溶于一般的蛋白质溶剂，将湿胶原蛋白加热至60℃，即骤然收缩至原来长度的1/4～1/3；在碱或盐的影响下，即吸收膨胀；与水共煮（70～100℃）可变成明胶，此种变化在胃内也能进行。胶原蛋白可被胃蛋白酶水解，但胰蛋白酶对它则没有作用，而明胶可被各种非特异性蛋白酶水解。明胶在干燥状态下很稳定，潮湿状态下易被细菌分解。明胶不溶于冷水，但

加水后逐渐吸水膨胀软化。明胶在加热后熔化，冷却后即凝成胶块，熔点 25～30℃。

②弹性蛋白。弹性蛋白是呈黄色的弹性纤维，在很多组织中与胶原蛋白共存，在韧带、血管组织中数量多，而在皮肤、腱、肌肉膜、脂肪组织等分布较少，约占弹性组织总固体重量的 25%。弹性蛋白的弹性很强，但强度不如胶原蛋白，其抗断力只为胶原蛋白的 1/10，其化学性质很稳定，一般不溶于水，即使在热水中煮沸也不能变为明胶，不易被胃蛋白酶或胰蛋白酶水解，在加热至 160℃时才开始水解。

③网状蛋白。网状蛋白对酸、碱、蛋白酶较稳定，在湿热时也不能变为明胶。这类蛋白质含有大量的羟脯氨酸，故羟脯氨酸常被作为结缔组织含量的指示剂。

此外，在肌基质中还有存在于肌束和肌纤维间使肌肉易于滑动的蛋白和类蛋白，以及作为神经纤维组成成分的神经角蛋白等。

2. 脂肪 脂肪是各种脂肪酸的甘油三酯。广义的脂肪包括中性脂肪和类脂，狭义的脂肪仅指中性脂肪。类脂包括磷脂、糖脂、脂蛋白、胆固醇、游离脂肪酸等。脂肪和类脂统称为脂类，中性脂肪是脂类的主要成分。肌肉组织中的脂肪含量和品质因动物种类、肥度、性别、年龄、使役和饲养的不同而有所差异，阉割的动物和幼小动物脂肪均匀地分布在各个肌群之间，使肉柔软而有香味。

脂肪的性质主要受各种脂肪酸含量的影响。动物脂肪的熔点差不多接近体温，但经常接触寒冷部位的脂肪熔点较低。脂肪熔点越接近人的体温，其消化率越高，熔点在 50℃以上者则不易消化。动物脂肪以饱和脂肪酸为主。当脂肪中含有大量高级饱和脂肪酸时，脂肪熔点较高，常温时多呈凝固较硬状态；脂肪中含有大量的油酸或低级脂肪酸时，脂肪呈软膏状。动物肉品中的脂肪根据存在的部位不同又可分为沉积脂肪和组织脂肪。动物脂肪组织中一般中性脂肪占 90%左右，水分占 7%～8%，蛋白质占 3%～4%。脂肪的沉积量及组成、性质也因动物种类、品种、性别、年龄、饲料营养、环境以及沉积部位不同而差异很大。

3. 糖类 动物肉中的糖类是以糖原形式存在的，其含量一般不足 1%，只有马肉可达 2%以上。同种动物因肥瘦程度和疲劳程度不同，其糖原含量也有差异。动物宰前休息越好，屠宰放血时挣扎越少，则肉中糖原消耗越少。肌肉中糖原的含量对宰后肉的成熟过程有非常重要的作用。动物宰前经过长途运输过度疲劳而休息不好，或患有疾病，以及放血时过度挣扎等，都会引起肌糖原过多地消耗，使肌肉中糖原量减少，导致动物宰后肉不能发生正常的成熟过程，而使 pH 偏高，这样的肉不耐保藏，品质低，口感差。

4. 矿物质 动物中的矿物质含量约占肉重的 1%，主要有钾、钠、钙、镁、硫、磷、氯、铁、锌、铜等，其中以钾、磷、硫、钠含量较多。

5. 维生素 动物肉中含有各种维生素，但在不同的肉品或脏器中含量差异较大。肉品中脂溶性维生素含量很少，但除维生素 C 外其他水溶性维生素的含量比较丰富。动物脏器中维生素含量较多，尤其是肝中各种维生素的含量都很丰富。

6. 含氮浸出物和无氮浸出物 肌肉的组成成分中，除蛋白质等成分外，还有一些能用沸水从磨碎肌肉中提取的物质，包括很多种有机物和无机物，这些统称尾浸出物。其中含氮的有机物在肌肉中约占 1.5%，主要有各种游离氨基酸、肌酸、磷酸肌酸、核苷酸类物质、肌肽等。这些物质可溶于盐水而不被三氯乙酸沉淀，这表明它们不是蛋白质，而是含氮物组成的复合物，故称为非蛋白含氮物。肉中含氮浸出物越多，味道越浓。

除含氮浸出物外，尚有约占 0.5%的无氮浸出物，属于这类物质的有动物淀粉、糊精、麦芽糖、葡萄糖、琥珀酸、乳酸等。

7. 水分 水分是肌肉中含量最多的组成成分，约占 70%。水在肌肉中以结合水和自由水的形式存在，结合水以氢键结合力与蛋白质多糖类化合物牢固地结合，构成胶粒周围水膜的水，在冰点以下或更低的温度不结冰，不具有溶剂作用，不能被微生物利用。结合水越多，肌肉的保水性越大。自由水被蛋白质、纤维网状结构机械地吸着，能自由运动，具有溶剂作用，可被微生物利用。因此，影响肉品保藏的水分主要是自由水。肉品中的自由水不仅作为纯水存在，而且还溶解了肉品中的可溶性物质。肉品中的水分含量及其保水性能直接关系到肉及肉制品的组织状态、品质和风味。

二、肉在保藏时的变化与新鲜度的检验

（一）肉在保藏时的变化

刚屠宰后的动物新鲜肉马上就食用是不太理想的，因为这时的肉吃起来口感粗糙，缺乏风味。但在一定温度下放置一定的时间，引起肉发生一系列的生物化学反应，即糖原酵解、pH 变化、组织蛋白酶的作用等，肉则随之发生僵直、解僵、成熟等变化，食用的适口性和风味都得到了改善。屠宰后的动物肉如果保藏不当，则会发生自溶，影响肉的品质。在微生物的作用下肉会发生腐败变质，以致不能食用。

1. 肉的僵直 动物屠宰后，由于肌肉中肌凝蛋白凝固、肌纤维硬化，所产生的肌肉僵硬挺直的过程，称为肉的僵直。

（1）肉僵直的机制。动物死亡后，呼吸停止，肌糖原不能完全氧化生成 CO_2 和 H_2O，而是进行无氧酵解生成乳酸，使肉的 pH 下降，经过 24h 后，肉的 pH 可从 7.0～7.2 降至 5.6～6.0。当乳酸生成达一定界限时，分解肌糖原的酶类活性逐渐消失，而另一酶类无机磷酸化酶的活性大大增强，开始促使 ATP 迅速分解，形成磷酸，使肉的 pH 继续下降至 5.4 左右。由于肌肉中 ATP 的减少，肌纤维的肌质网体崩裂，其内部保存的 Ca^{2+} 释放出来，使肌浆中的 Ca^{2+} 的浓度增高，促使粗丝中的肌球蛋白 ATP 酶的活化，更加快了 ATP 的减少，因而促使 Mg-ATP 复合体的解离。这与动物活体肌肉受神经支配时的过程相同，因此，肌球蛋白纤维粗丝和肌动蛋白纤维细丝结合成肌动-球蛋白复合体，由于 ATP 的不断减少，这种反应为不可逆性，则引起肌纤维永久性的收缩，因而肌肉表现为僵直。

（2）影响肉僵直的因素。肌肉僵直出现的早晚和持续时间的长短与动物种类、年龄、环境温度、生前状态和屠宰方法有关。不同种类动物从死后到开始肉僵直的速度，一般来说，鱼类最快，依次为禽类、马、猪、牛。一般动物死后 1～6h 开始僵直，到 10～20h 达到高峰，至 20～48h 僵直过程结束，肉开始缓解变软进入成熟阶段。

肌肉僵直所需时间，受多种条件和因素的影响，如肌糖原含量、ATP 含量、环境温度、pH 等。肌肉僵直的速度与 ATP 含量有密切关系，ATP 减少的速度越快，僵直的速度也越快，而糖原含量直接影响 ATP 生成量。在正常有氧的条件下，每个葡萄糖单位可氧化生成 39 个 ATP，而在无氧条件下只能生成 3 个 ATP。因此，宰前处于患病、饥饿、过度疲劳的动物，宰后肌糖原在肌肉中含量明显减少，则 ATP 生成量更少，可大大缩短僵直期。动物宰前处于健康状态，并合理地饲养管理，宰后肉中糖原含量多，僵直持续时间也长。

（3）僵直肉的特点。处于僵直期的肉，pH 下降呈酸性，保水性降低，适口性差。由于肌糖原的无氧酵解产生乳酸，ATP 分解生成无机磷酸，则使肉的 pH 下降，肉呈酸性，在

酸性介质中，肌肉中蛋白质的亲水性发生改变。在不同的 pH 时，蛋白质对水的亲和力不同，肌肉 pH 为 7 时，其含水量为肌肉本身等容积；pH 为 6 时，含水量为肌肉容积的 50%；pH 为 5 时，含水量为肌肉容积的 25%。肉在僵直过程中，肌纤维强韧，肉质坚硬、干燥，缺乏弹性，加之保水性差，嫩度降低，此时的肉适口性差。这种肉在加热炖煮时不易转化成明胶，不易咀嚼和消化，肉汤也较混浊，缺乏风味，食用价值及滋味都较差，因此，处于僵直期的肉不宜烹调食用。

2. 肉的成熟 屠宰后的动物肉在酶的作用下，糖原减少，乳酸增加，僵直变软，有弹性，嫩而多汁，易消化，这种变化称为肉的成熟。这种食用性质得到改善的肉称为成熟肉。肉在成熟期发生的变化，实际上在解僵期已经开始了，所以从过程来讲，解僵期与成熟期不一定能够严格区分开来。

(1) 肉成熟机制。肉成熟的全过程目前还不十分清楚，但成熟之后的肉，游离氨基酸、10 个以下氨基酸的缩合物都增加，游离的低分子多肽形成，使肉的风味提高。这些非蛋白含氮物的增加是肌肉中水解蛋白酶的作用引起的。

肉中水解蛋白酶种类很多，它们必须在中性或酸性条件下才能表现出活性，肉在成熟过程中，蛋白质的水解作用主要与三种酶有关，即中性多肽酶、组织蛋白酶 D 和组织蛋白酶 L。这三种酶的活性与肉的 pH 不同有关，当肉的 pH 为 7 左右时，主要是中性多肽酶 (CAF) 发挥作用；当肉的 pH 在 5.5～6 时，主要是组织蛋白酶 L 发挥作用；当肉的 pH 降至 5.5 以下时，主要由组织蛋白酶 D 发挥作用。由于这些酶的作用，使蛋白质发生部分分解，产生游离氨基酸，如谷氨酸、精氨酸、亮氨酸、甘氨酸的含量明显增多，这些氨基酸都能增强肉的滋味与香气。同时，ATP 分解为次黄嘌呤核苷，再进一步脱去核苷而成为次黄嘌呤，肉被赋予一种特殊的香味和鲜味。

肉在成熟过程总，pH 发生变化，从僵硬期开始慢慢地上升，但仍保持在 5.6 左右。在此过程中，由于蛋白质分解生成一些较小的单位，使肌纤维的渗透性增高；此外，蛋白质的电荷发生变化，不同电荷的阳离子 (K^+、Na^+、Mg^{2+} 等) 出入肌肉蛋白质，造成肌肉蛋白质净电荷的增加，使结构疏松并有助于蛋白质水合离子的形成，因而肉的保水力增加。

肉在成熟过程中，肌原纤维由原来的数十个至数百个肌节沿长轴方向构成的纤维，由于相邻肌节变得脆弱，使 Z 线部分受外界机械力冲击或在持续的张力作用下发生断裂，肌原纤维变短，形成 1～4 个肌节的小片段，随着肉保藏时间的延长，原来处于强直性收缩的肌动蛋白和肌球蛋白之间结合力减弱了，使肌动球蛋白的僵直复合体解离；此外酸性介质可增大肌细胞和肌肉间结缔组织的渗透性，使肌间粗硬的结缔组织吸水膨胀软化，促使溶酶体酶对胶原蛋白的末端肽链非螺旋部的横向交链水解和 β-葡萄糖苷酸酶对基质的黏多糖分解，使肌肉中结缔组织结构松散。这些过程使得肌肉由硬变得柔软鲜嫩，易煮熟，适口性也有所改善。肉在成熟过程中，Ca^{2+} 在酸性介质下从蛋白质中脱出，使部分肌凝蛋白凝结析出，肌浆的液体部分分离出来，故成熟的肉切面水分较多、煮熟的肉汤也较透明。

(2) 影响肉成熟的因素。影响肉成熟的因素主要是肉中肌糖原的含量和成熟过程中的环境因素。肌糖原含量与肉成熟过程有着密切的关系。动物在宰前休息得好、健康，宰杀时电麻深度适当，则宰后肌糖原含量多，有利于肉的成熟。相反，动物经过长途运输而疲劳，未经适当的宰前管理，或患有疾病，或电麻过浅，在宰杀时剧烈地挣扎，都会使肌糖原消耗过多，使肉的成熟过程延缓或不出现成熟变化，从而影响肉的品质。

在环境因素中，温度对肉成熟的速度影响最大，温度越高，肉成熟过程越快。但利用高温的办法促进肉的成熟是危险的，因此温度高，微生物会大量繁殖，不利于肉的保藏，甚至会发生腐败变质。因此，一般采用低温成熟的方法，0～2℃，相对湿度86%～92%，空气流速为0.1～0.5m/s，约3周左右，从开始到10d左右约90%成熟，10d后的商品价值高。在3℃的条件下，小牛肉和羊肉的成熟分别为3d和7d。

为了加快肉的成熟，在10～15℃下，2～3d即能成熟。在这样的温度下，为了防止肉的表面有微生物生长繁殖，可用紫外线灯照射肉的表面，杀灭肉表面的微生物。成熟好的肉应立即冷却到0℃冷藏，以保证其商品质量。

（3）成熟肉的特点。

①胴体或大块肉表面形成一层干燥薄膜，有羊皮纸样感觉，既可防止其下层水分蒸发，减少干耗，又可防止微生物的侵入。

②肉的横断面有肉汁渗出，切面湿润多汁。

③肌肉具有一定的弹性，并不完全松弛。

④肉汤澄清透明，脂肪团聚于表面，具特有香味。

⑤肉呈酸性反应。

成熟肉提高了肉的食用价值，肉在供食用之前原则上都需要经过成熟过程来改进其品质，特别是牛肉和羊肉，成熟对提高风味是非常必要的。

3. 肉的自溶

（1）肉自溶的概念及产生条件。肉的自溶是指肉在酶的作用下出现肌肉松弛、色泽发暗、变褐、弹性降低、气味和滋味变差，称为肉的自溶。动物屠宰后，肉未经冷却即行冷藏，或相互堆叠，肉中热量散不出来，这些情况都会使肉较长时间保持较高的温度，此时，肉中的组织蛋白酶活性增强而将自体蛋白质分解。内脏中的组织蛋白酶较丰富，其组织结构也适合于酶类活动，故内脏存放时比肌肉更易发生自溶。

（2）自溶肉的特征。肉在自溶过程中，主要是蛋白质发生分解，产生多种氨基酸，一般没有氨或含量极微。其含硫的氨基酸释放出硫化氢和硫醇等有不良气味的挥发性物质。硫化氢于血红蛋白结合，形成含硫血红蛋白时，能使肌肉和肥膘出现不同程度的暗绿色斑，故肉的自溶亦称变黑。自溶阶段的肉质地松软，缺乏弹性，暗淡无光泽，呈褐红色、灰红色或灰绿色，带有酸味，并呈强烈的酸性反应，硫化氢反应阳性，氨反应阴性。

（3）自溶肉的卫生评价。当自溶肉轻度变色、变味时，应将肉切成小块，置于通风处，驱散其不良气味，割掉变色的部分后食用；如果具有明显异味，并变色严重时，则不宜食用。

4. 肉的腐败

（1）肉腐败的概念及产物。肉的腐败是指已经自溶的肌肉中蛋白质和非蛋白质的含氮物质，被腐败菌分解，引起肌肉组织的破坏和色泽变化，产生酸败。随着时间的推移，微生物的大量生长繁殖，蛋白质不仅被分解成氨基酸而且在微生物各种酶的作用下，将氨基酸进一步分解，经过脱氨基、脱羧基和氧化还原作用，生成更低的产物，包括吲哚、甲基吲哚、腐胺、尸胺、酪胺、组胺及各种含氮的酸和脂肪酸类，最后生成硫化氢、甲烷、硫醇、氨及二氧化碳等最低级的产物，使肉失去了食用价值。发生腐败了的肉称为腐败肉。

在实际工作中所说的肉类腐败变质，还包括脂肪和糖类也同时受到微生物的分解作用，生成各种类型的低级产物。

肉的腐败过程是变质过程中最严重的形式，因为腐败分解的生成物，如腐胺、硫化氢、吲哚和甲基吲哚都具有强烈的令人厌恶的臭气，胺类还具有很大的生理活性，如酪胺是一种强烈的血管收缩剂，能使血压升高；组胺能使血管扩张。尸胺、腐胺等胺类化合物，即所谓尸毒，是一种残留在组织中的毒性物质。

（2）肉腐败的原因。肉腐败主要是微生物污染作用造成的。只有被微生物污染，并且有微生物繁殖的条件，腐败过程才能发展。微生物污染一般有两种形式：外源性污染和内源性污染。

①外源性污染。健康动物屠宰后，胴体本应是无菌的，尤其是深部组织。但从生产到销售，要经过很多环节，接触相对广泛，即使设备非常完善，卫生制度相当严格的屠宰场也不能保证胴体表面绝对无菌。而加工、运输、保藏以至供销的卫生条件越差，细菌污染就越严重，耐藏性就越差。肉被微生物污染后，由于蛋白质是微生物极好的营养物质，如果温度和湿度适宜，微生物会大量地生长、繁殖，并沿着结缔组织、血管周围或骨膜与肌肉间隙等疏松部位向深部扩散，生长繁殖，导致腐败现象更加严重。由于条件不同，分解仅限于表面，而深层不被污染的情形也是有的，这与宰前健康状况、充分休息与否，以及宰后冷却、成熟过程有一定的关系。

②内源性污染。动物宰前就已经患病，病原微生物可能在生前即已蔓延至肌肉和内脏，或抵抗力弱，肠道寄生菌乘机侵入，或者由于疲劳过度使肉成熟过程进行得很慢，肉中的 pH 没有能达到抑制微生物生长的程度，所以腐败进行得很快。

引起肉腐败的细菌主要是假单胞菌属、小球菌属、梭菌属、变形菌属、芽孢杆菌属等，也可能伴随沙门菌和条件致病菌的大量繁殖。

（3）腐败肉的特征。

①胴体表面非常干燥或腻滑发黏。

②表面呈灰绿色、污灰色、甚至黑色，新切面发黏、发湿，呈暗红色、暗绿色或灰色。

③肉质松弛或软糜，指压后凹陷不能恢复。

④肉的表面和深层都有显著的腐败气味。

⑤呈碱性反应。

⑥氨反应呈阳性。

（4）腐败肉的卫生评价。肉在任何腐败阶段对人体都是有害的，不论是参与腐败的某些细菌及其毒素，还是腐败变质形成的有毒分解产物，都能危害消费者的健康。因此，腐败肉一律禁止食用，应化制或销毁。

（二）肉新鲜度的检验

肉新鲜度的检验，一般是从感官性状、腐败分解产物的特征和数量、细菌的污染程度等三方面来进行。肉的腐败变质是一个渐进性的过程，其变化是非常复杂的，采用单一的检验方法很难获得正确的结果，只有采用包括感官检验和实验室检验在内的综合方法，才能比较客观地对肉的新鲜程度做出正确的判断。

1. 感官检验 是主要借助人的嗅觉、视觉、触觉、味觉，通过检验肉的色泽、组织状态、黏度、气味、煮沸后肉汤等来鉴定肉的卫生质量。肉在腐败变质过程中，由于组织成分的分解，使肉的感官性状发生改变，如强烈的酸味、臭味、异常的色泽、黏液的形成、组织结构的崩解等，这些变化通过人的感觉器官进行鉴定，在理论上是有依据的，而且简便易行，具有一定的实用意义。

我国食品卫生标准中已经规定了各种畜禽肉的感官指标。

（1）鲜肉感官指标。根据 GB 2707—2005 标准规定，鲜肉感官指标为无异味、无酸败味。

（2）禽肉产品感官指标。如表 3-1 所示。

表 3-1　鲜、冻禽产品感官指标（GB 16869—2005）

项　目	鲜禽产品	冻禽产品
组织状态	肌肉富有弹性，指压后凹陷部位立即恢复弹性	肌肉指压后凹陷部位恢复较慢，不易完全恢复原状
色泽	表皮和肌肉表面有光泽，具有禽类品种应有的色泽	表皮和肌肉表面有光泽，具有禽类品种应有的色泽
气味	具有禽类品种应有的气味，无异味	具有禽类品种应有的气味，无异味
加热后肉汤	澄清透明，脂肪团聚于液面，具有禽类品种应有的滋味	澄清透明，脂肪团聚于液面，具有禽类品种应有的滋味
淤血［以淤血面积（S）计/cm²］		
S＞1	忽略不计	忽略不计
0.5≤S≤1	不得检出	不得检出
S≤0.5	片数不得超出抽样量的 2%	片数不得超出抽样量的 2%
硬杆毛（根/10kg）≤	片数不得超出抽样量的 2%	片数不得超出抽样量的 2%
异物	不得检出	不得检出

注：淤血面积指单一整禽，或单一分割禽的 1 片淤血面积。

（3）猪、牛、羊、兔肉参考感官指标。按 GB 2707—1994、GB 2708—1994 标准规定，鲜肉感官指标（表 3-2、表 3-3）。

表 3-2　猪肉感官指标（GB 2707—1994）

项　目	鲜猪肉	冻猪肉
色泽	肌肉有光泽，红色均匀，脂乳白色	肌肉有光泽，红色或稍暗，脂肪白色
组织状态	纤维清晰，有韧性，指压后凹陷立即恢复	肉质紧密，肉坚韧性，解冻后指压凹陷立即恢复
黏度	外表湿润，不粘手	外表湿润，有渗出液
气味	具有鲜猪肉固有的气味，无异味	解冻后具有鲜猪肉固有的气味，无异味
煮沸后肉汤	澄清透明，脂肪团聚于表面	澄清透明或稍有混浊，脂肪团聚于表面

表 3-3　牛肉、羊肉、兔肉感官指标（GB 2708—1994）

项　目	鲜牛肉、羊肉、兔肉	冻牛肉、羊肉、兔肉
色泽	肌肉有光泽，红色均匀，脂肪洁白或淡黄色	肌肉有光泽，红色或稍暗，脂肪洁白或微黄色
组织状态	纤维清晰，有坚韧性	肉质紧密，肉实解冻后指压凹陷恢复较慢
黏度	外面微干或湿润，不粘手，切面湿润	外表微干或有风干膜或外表湿润不粘手，切面湿润不粘手

（续）

项　目	鲜牛肉、羊肉、兔肉	冻牛肉、羊肉、兔肉
气味	具有鲜牛肉、羊肉、兔肉固有的气味，无臭味，无异味	解冻后具有鲜牛肉、羊肉、兔肉固有的气味，无臭味
煮沸后肉汤	澄清透明，脂肪团聚于表面，具有特有的香味	澄清透明或稍有混浊，脂肪团聚于表面，具有特有的香味

2. 理化检验　肉新鲜度感官检验的方法虽然简便易行、灵敏准确，但有一定的局限性。在许多情况下，尚需要进行实验室检验，并且尽可能注意他们之间的相互联系和相互补充。

理化检验是根据肉中蛋白质等物质的分解产物，用物理学和化学方法对肉的新鲜程度进行检验。物理学检验是根据蛋白质分解，低分子物质增多，导电率、黏度、保水量的变化来衡量肉的品质；化学检验方法是用定性或定量方法测定分解产物，如氨、胺类、三甲胺、吲哚等来评定肉的新鲜度。

肉类腐败变质的分解产物极其繁杂，其检查方法很多。其中测定肉中挥发性盐基氮，能有规律的反映肉品质量，是评定肉新鲜度的客观指标，是国家现行食品卫生标准中唯一的理化指标。其他方法，如 pH 的测定、氨的检测、球蛋白沉淀试验、硫化氢试验和过氧化物酶反应等只能作为参考指标。

（1）挥发性盐基氮的测定。挥发性盐基氮是指动物性食品由于酶和细菌的作用，在腐败变质过程中，使蛋白质分解而产生氨以及胺类等碱性含氮物质，也可称为总挥发性盐基氮。肉在腐败变质过程中，蛋白质分解所产生的氨、伯胺、仲胺、叔胺等，都具有挥发性，其含量随腐败变质的进程而逐渐增加，与肉腐败变质程度成正比。其检测方法有半微量定氮法和微量扩散法。

鲜畜肉的挥发性盐基氮国家标准（GB 2707—2005）和鲜禽肉（GB 16869—2005）均为：每 100g 鲜畜肉含挥发性盐基氮≤15mg。

（2）pH 的测定。畜禽生前肉的 pH 为 7.0～7.2。屠宰后由于肉中肌糖原无氧酵解产生乳酸，ATP 分解产生磷酸，使肉的 pH 下降。如宰后在 20℃放置 24h，肉的 pH 可降至 5.6～6.0，此 pH 在肉品工业中称为“排酸”。肉腐败变质过程中，由于蛋白质被分解为氨和胺类等碱性物质，使肉的 pH 上升，可达到 6.7 以上。由于宰前过度疲劳、患病等因素，肉中肌糖原含量少，分解生成乳酸量少，这种情况下，即使肉是新鲜的，pH 也较高。因此，pH 可以用来判断肉的新鲜程度，但不能作为绝对指标。测定方法有比色法和酸度计法。其判定标准：

①新鲜肉，pH5.8～6.2。

②次鲜肉，pH6.3～6.6。

③变质肉，pH6.7 以上。

（3）氨的检验。肉类腐败变质时，蛋白质分解生成氨和胺类等物质，称为粗氨。粗氨含量随着腐败变质的严重程度而增多，因此可用来鉴定肉的新鲜程度。由于动物机体在正常状态下含有少量氨，并以谷氨酰胺形式贮存于组织中，另外，过度疲劳的动物肌肉中氨的含量比平常多 1 倍，其宰前疲劳程度也影响测定结果。所以，检测氨的阳性结果不能作为肉腐败变质的绝对指标。肉中粗氨的测定采用纳氏试剂法，根据溶液颜色的深浅和沉淀物的多少来鉴定肉的新鲜程度，其判定标准如表 3-4 所示。

表 3-4　纳氏试剂法反应结果判定表

试剂滴数	颜色和沉淀	反　应	每 100g 肉品中氮含量（mg）	肉的鲜度
10	淡黄色、透明	－	≤16	新鲜
10	色黄、透明	＋	16～20	新鲜
10	色黄、轻度混浊			次鲜
	稍有沉淀	＋	21～30	次鲜
6～9	明显的黄色、有沉淀	＋	31～45	变质
1～5	明显的黄色或橘黄色、有沉淀	＋＋	45 以上	变质

（4）硫化氢试验。肉在腐败变质时，含硫氨基酸进一步分解，释放出硫化氢，其含量能反映出蛋白质的分解程度，因此，可用来鉴定肉的新鲜程度。肉中硫化氢检测采用醋酸铅试纸法，根据醋酸铅试纸颜色的变化进行判定，判定标准为：

①滤纸条无变化，新鲜肉。

②滤纸条边缘呈淡褐色，次鲜肉。

③滤纸条下部呈褐色或黑褐色，变质肉。

（5）球蛋白沉淀试验。肌肉中的球蛋白在碱性环境中呈溶解状态，而在酸性条件下则不溶解。新鲜肉呈酸性反应，肉浸液中没有球蛋白存在。肉在腐败过程中，由于肉的 pH 升高，肉浸液中的球蛋白随之增多。因此，可根据肉浸液中有无球蛋白和球蛋白的多少来检验肉的新鲜程度。但是，宰前过度疲劳或患病的动物，宰后肉在新鲜状态下，也呈碱性反应，可使球蛋白试验呈阳性结果。根据蛋白质在碱性溶液中与重金属离子结合沉底的性质，采用重金属离子沉淀法测定肉浸液中的球蛋白，常用 Cu^{2+} 作蛋白质沉淀剂。其判定标准：

①溶液呈淡蓝色，完全透明，新鲜肉，以“－”表示。

②溶液轻度混浊，有时有少量絮状物，次鲜肉，以“＋”表示。

③溶液混浊并有白色沉淀，变质肉，以“＋＋”表示。

（6）过氧化物酶反应。健康动物的新鲜肉，含有过氧化物酶。不新鲜肉，严重病例状态的肉或过度疲劳的动物肉中，过氧化物酶显著减少，甚至完全缺乏。肉中的过氧化物酶能分解过氧化氢，释放出新生态氧，新生态氧使联苯胺指示剂氧化为二酰亚胺代对苯醌，后者与未氧化的联苯胺形成淡蓝色或青绿色化合物，经过一段时间后变为褐色。其判定标准：

①健康动物的新鲜肉，肉浸液立即或在数秒内呈蓝色或蓝绿色。

②次鲜肉、过度疲劳、衰弱、患病、濒死期或病死动物肉，肉浸液无颜色变化，或在稍长时间后呈淡青色并迅速转变为褐色。

③变质肉，肉浸液无变化，或呈浅蓝色、褐色。

（三）微生物学检验

肉的腐败变质是由于细菌大量繁殖，导致蛋白质分解的结果。故检验肉的细菌污染情况，不仅是判断肉新鲜度的依据之一，也能反映肉在生产、运输、贮藏、销售过程中的卫生状况。常用的检验方法有细菌菌落总数测定、大肠菌群最近似数、致病菌检验及触片镜检法。

1. 一般检验法

（1）检样的采取额送检。按我国《食品卫生微生物检验方法　肉与肉制品检验》（GB 4789.17—1994）规定：如系屠宰场屠宰后的畜肉，可于开膛后，用无菌刀采取两腿内侧肌肉 50g；如系冷藏或售卖之生肉，可用无菌刀取腿肉或其他部位的肌肉 100g。检样采取后，放入灭菌容器内，立即送检，最好不超过 3h，送检时应注意冷藏，不得加入任何防腐剂。检样送往化验室后，应立即检验或放置冰箱内暂存。

（2）检样的处理。先将样品放入沸水中烫 3～5s 进行表面灭菌，再用无菌剪刀取检样深层肌肉 25g，放入灭菌乳钵内用灭菌剪刀剪碎后，加入灭菌海砂或玻璃砂少许研磨，磨碎后加入灭菌水 225mL，混匀后为 1∶10 稀释液。

（3）检验方法。菌落总数按 GB/T 4789.2—2003、大肠菌群按 GB/T 4789.3—2003、沙门菌按 GB/T 4789.4—2003 规定的方法进行检验。

2. 表面检验法

（1）检样的采取。检验畜禽肉及其制品受污染的程度，一般可用板孔 $5cm^2$ 的金属制规板压在受检物上，将灭菌棉拭稍沾湿，在板孔 $5cm^2$ 的范围内揩抹多次，然后将板孔规板移压另一点，用另一棉拭揩抹，如此共揩抹 10 次。总面积为 $50cm^2$，共用 10 支棉拭，每支棉拭在揩抹后立即剪断或烧断，菌投入盛有 50mL 灭菌水的锥形瓶或大试管中，立即送检。检验致病菌时，不必用模板，可疑部位用棉拭揩抹即可。

（2）检样的处理。检验时先充分振摇，吸取瓶中的液体作为原液，再按要求进行 10 倍递增稀释。

（3）检验方法。按上述一般检验方法中国家标准检验方法进行检验。

3. 鲜肉触片镜检

（1）采样。

①如为半片或 1/4 胴体，可从胴体前后覆盖有筋膜的肌肉中割取不小于 8cm×6cm×6cm 的瘦肉。

②取颈浅背侧或髂下淋巴结及其周围组织。

③病变淋巴结、浮肿组织、可疑脏器的一部分。

④大块肉则从瘦肉深部采样 300g。

（2）触片制备。从样品中切取 $3cm^3$ 左右的肉块，浸入酒精中并立即取出点燃灼烧，如此处理 2～3 次，从表层下 0.1cm 处及深层各剪取 $0.5cm^3$ 大小的肉块。分别进行触片和抹片。

（3）染色镜检。将干燥的触片用甲醇固定 1min，进行革兰染色后用油镜观察 5 个视野，同时分别计出每个视野的球菌和杆菌数，然后求出一个视野中细菌的平均数。

4. 卫生评价与处理

（1）鲜、冻禽肉微生物指标按 GB 16869—2005 规定评定（表 3-5）。

表 3-5　鲜、冻禽肉微生物指标

项　目	指　标	
	鲜禽产品	冻禽产品
菌落总数（cfu/g）≤	1×10^6	5×10^5
大肠菌群（MPN/100g）≤	1×10^4	5×10^3
大肠菌群（个/25ga）		

注：a 取样个数为 5；MPN（大肠菌群最近似数）。

（2）我国现行的食品卫生标准中尚没有制定鲜畜肉的细菌指标。根据某些试验数据分析，初步提出以下标准作为参考。细菌总数，新鲜肉为1万/g以下；次鲜肉为1万～100万/g，变质肉为100万/g以上。

（3）新鲜肉看不到细菌，或一个视野中只有几个细菌；变质肉一个视野中的细菌数在30个以上，且以杆菌占多数。

（4）在胴体或淋巴结中，如果发现鼠伤寒或肠炎沙门菌，全部胴体和内脏化制或销毁；仅在内脏发现此类细菌时，废弃全部内脏，胴体切块后进行高温处理。胴体或淋巴结中发现沙门菌属的其他细菌，内脏化制或销毁，胴体高温处理。

实训一　肉新鲜度的检验

【目的与要求】 掌握肉的新鲜度综合检验的操作技术以及对检验结果进行综合判定的技能。

一、总挥发性盐基氮的测定

总挥发性盐基氮的测定采用半微量定氮法。

【原理】 蛋白质分解产生的氨、胺类的等碱性含氮物质，在碱性环境中具有挥发性，在碱性溶液中游离并被蒸馏出来，经硼酸溶液吸收，用盐酸标准溶液滴定，计算求得含量。

【仪器与器材】

（1）半微量定氮器。

（2）微量滴定管。最小分度0.01mL。

（3）绞肉机。

（4）烧杯、吸管、量筒、漏斗、100mL锥形瓶等。

【试剂】

（1）10g/L氧化镁混悬液。称取1g氧化镁，加入100mL水，振摇成混悬液。

（2）吸收液。20g/L硼酸溶液。

（3）甲基红-次甲基蓝混合指示液。2g/L甲基红乙醇溶液与1g/L次甲基蓝溶液，临用时将两液等量混合，即为混合指示液。

（4）盐酸（0.01mol/L）标准滴定溶液或硫酸标准滴定溶液。

（5）无氨蒸馏水。

【操作方法】

1. 样品处理　将样品除去脂肪、骨及腱后，切碎搅匀，称取10.00g，置于锥形瓶中，加100mL水，不时振摇，浸渍30min后过滤，滤液置冰箱中备用。

2. 蒸馏滴定　将盛有10mL吸收液及5～6滴混合指示液的锥形瓶置于冷凝管下端，并使其下端插入吸收液的液面下，准确吸取5.0mL上述样品滤液于蒸馏器反应室内，加5mL 10g/L氧化镁混悬液，迅速盖塞，并加水以防漏气，通入蒸汽，进行蒸馏，蒸馏5min即停止，吸收液用盐酸标准滴定溶液（0.01mol/L）或硫酸标准滴定溶液滴定，终点至蓝紫色。同时做试剂空白试验。

【计算】

$$X_1=\frac{(V_1-V_2)\times c_1\times 14}{m_1\times 0.05}\times 100$$

公式中：

X_1——样品中挥发性盐基氮的含量（mg/100g）；

V_1——测定用样液消耗盐酸或硫酸标准溶液体积（mL）；

V_2——试剂空白消耗盐酸或硫酸标准溶液体积（mL）；

c_1——盐酸或硫酸标准溶液的试剂浓度（mol/L）；

14——与1.00mL盐酸标准滴定溶液或硫酸标准滴定溶液相当的氮的含量（mg）；

m_1——样品质量（g）。

结果的表述：报告算术平均值的三位有效数字。

允许差：相对相差≤10%。

二、pH的测定

【原理】肉腐败后产生的氨和胺等碱性物质使肉的pH升高。

（一）酸度计法

【器材与试剂】酸度计。

【操作方法】

1. 肉浸液制备 除去肉样中脂肪、筋腱绞碎，称取10g，置于250mL锥形瓶中，加100mL中性蒸馏水，不时振摇，浸渍15min后过滤，滤液待测。

2. 样品测定 使用时预先将玻璃电极在蒸馏水中浸泡24～48h。

（1）接通电源，打开电源开关，预热5min。

（2）调节温度补偿开关，使之与溶液温度一致。

（3）将量程开关指向pH处，用标准溶液调节“零点”。

（4）将电极插入被检溶液中，按下“读数”，记录所得pH。

（5）检毕，水洗电极，将电极卸下保存。

（6）关闭电源。

（二）比色法

【器材与试剂】

1. 器材 精密pH比色计，pH精密试纸。

2. 试剂 甲基红（pH 4.6～6.0）指示剂，溴百里酚蓝（pH 6.0～7.6）指示剂，酚红（pH 6.8～8.4）指示剂。

【操作方法】

1. pH试纸法 将选定的pH精密试纸条的一端浸入被检溶液中，数秒钟后取出与标准色板比较，直接读取pH的近似数值。本法简便，测定精确度为pH±0.2（不能检冻肉）。

2. 溶液比色法 首先从pH比色计中选定适当指示剂，一般选用甲基红（pH 4.6～6.0）或溴百里酚蓝（pH 6.0～7.6），必要时可选用酚红（pH 6.8～8.4）。然后取5mL被检样液加入与标准管质量相同的小试管内，根据预测的pH范围，加入适当的指示剂25uL，与标准比色管对光观察比较，当样品管与标准管色度一致时，标准管的pH即是样品的pH。

如色度介于两个比色管之间，则取其平均值。

【判定标准】详见本任务肉新鲜度检验相关内容。

三、粗氨测定

【原理】肉腐败分解后产生的氨即铵盐在碱性条件下与纳氏试剂中的碘化汞和碘化钾的复盐生成黄色化合物碘化双汞铵，其颜色的深浅和沉淀的多少能反映肉中氨的含量。

【试剂】纳氏试剂：称取碘化钾 10g 于 10mL 蒸馏水中，再加入热的饱和升汞溶液不断振摇至出现的朱红色沉淀不再溶解为止；然后向此溶液中加入 35%氢氧化钠溶液 80mL，最后加蒸馏水至 200mL，静置 24h 后，弃去沉淀，取上清液贮存于棕色玻璃瓶内，置于暗处密闭保存。

【操作方法】取试管 2 支，1 支加入 1mL 肉浸液，另一支加入 1mL 无氨蒸馏水作对照。向两支试管中各加入纳氏试剂，每加 1 滴后振荡试管，并比较试管中溶液颜色、透明度、有无混浊或沉淀等，加至 10 滴。

【判定标准】详见本任务肉新鲜度检验相关内容。

四、硫化氢试验

【原理】肉在腐败过程中，含硫氨基酸进一步分解，释放出的硫化氢在碱性条件下可与醋酸铅反应，生成黑色的硫化铅，据此判断肉的新鲜度。反应式为：

$$H_2S + Pb(CH_3COO)_2 \rightarrow PbS\downarrow + 2CH_3COOH$$

【器材与试剂】

（1）碱性醋酸铅溶液。于 10%醋酸铅溶液加入 10%氢氧化钠溶液至析出白色沉淀为止。

（2）醋酸铅滤纸条。将滤纸条浸入碱性醋酸铅溶液中，数分钟后取出阴干，保存备用。

（3）250mL 锥形瓶。

（4）水浴锅。

【操作方法】将待检肉样剪成米粒大小，置于 250mL 锥形瓶内，使之达容积的 1/3。

取一醋酸铅滤纸条，使其下端接近但不触及肉粒表面，一般在肉样上方 1～2cm 处悬挂，立即将滤纸条的另一端以瓶塞固定于瓶口，室温下静置 15min 后观察滤纸条的颜色变化。必要时将锥形瓶置于 60℃水浴中加热，可加速反应。

【判断标准】详见本任务肉新鲜度检验相关内容。

【实训报告】采取样品肉，进行肉的新鲜度检验，把试验的检验结果和感官检验结果结合起来综合评价。

任务二　冻肉的卫生检验

【任务描述】

肉的冷冻加工及卫生要求，冷冻肉的卫生检验，冷冻肉常见的异常现象及处理，冷库的卫生管理。

【与其他任务的关系】

冻肉的卫生检验以鲜肉的卫生检验为基础，冻肉检验合格后进入市场销售或可进一步加工成腌腊制品、熟肉制品、罐头等其他动物产品。

低温冷冻贮藏是目前应用最为广泛和较为完善的一种肉类贮藏方式。其特点主要是贮存时间长，肉的组织结构和性质不容易发生根本变化，贮藏容量大。在目前的生产和生活条件下，普遍形成了完善而现代化的冷藏转运系统，即企业的冷库-冷藏车船-商店的冷藏室-家庭的冰箱所形成的冷藏链。所以，肉的冷冻加工与冷藏被广泛采用。为保证冷冻肉品的卫生安全，必须做好卫生检验，同时加强对冷藏链系统的兽医卫生监督。

一、冷冻肉的卫生要求

（一）肉的冷却

是将刚屠宰解体后的胴体，用人工制冷的方法，使其最厚部位的温度达到 0～4℃的过程，这种肉称为冷却肉。

1. 肉冷却的意义 冷却可以降低肉中酶的活性，延缓肉的僵直期、成熟期以及微生物的生长繁殖速度。由于冷却时环境与肉表面温差较大，其表面水分蒸汽压很高而蒸发的水分又不仅限于表层，使冷却肉表面形成干膜，从而可以阻止微生物的生长繁殖，减少了水分的损失，即所谓的干耗。同时延缓了肉的理化和生化变化过程，故肉在一定时间内能有效地保持其新鲜度、香味、外观和营养价值。

2. 肉冷却的卫生要求 肉的冷却是在装有吊轨并有足够制冷量的库房或隧道内完成的。其卫生要求是：

（1）冷却室要保持清洁卫生，必要时进行消毒。

（2）刚屠宰的胴体在冷却进库前要先经冷凉，再进行冷却。

（3）胴体和胴体之间保持 3～5cm 的间距，不能相互紧贴，更不能堆叠在一起，呈“品”字形排列。

（4）不同等级、不同种类的肉要分别冷却，以确保在相近的时间内及时冷却完毕。同一等级而体重有明显差异的肉，应将体重大的胴体挂吊在靠近风口处，以加快冷却的时间。

（5）根据冷却的方法、选择空气流速和湿度。

（6）肉入库的速度要快，应一次完成进肉，冷却过程中应尽量减少人员进出冷却间，减少污染。

（7）在冷却间安装紫外线灯，每昼夜连续或间断照射 3～5h。

3. 肉冷却的方法 目前国内对肉的冷却主要采用一段冷却法、两段冷却法和超高速冷却法。

（1）一段冷却法。冷却中冷却室的温度只有一种，即 0℃或略低。国内是在进肉前先将冷却室温度降低到−3～−2℃，肉进库后，开动冷风机，使库温保持在 0～3℃，10h 后稳定到 0℃左右，开始时冷却室相对湿度为 95%～98%，随着肉温度的下降和肉中水分的减少，相对湿度应降至 90%～92%，空气流速为 0.5～1.5m/s。猪胴体和四分体牛胴体约经 20h，羊胴体约 12h，大腿最厚部中心温度达到 0～4℃。

（2）两段冷却法。第一阶段，冷却温度多在−15～−10℃，空气流速为 1.5～3m/s，经过 2～4h 后，肉表面温度降至－2～0℃，大腿最厚部位的中心温度在 16～20℃。第二阶段，空气的温度升高，库温－2～0℃，空气流速为 0.5m/s，经过 10～16h 后，胴体内外温度达到平衡，为 4℃左右。此法冷却的优点为干耗小、周转快、质量好、切割时肉流汁少；缺点为易引起肉的冷缩，影响肉的嫩度，牛羊肉出现冷缩现象较严重，猪肉因皮下脂肪丰富，比较稳定。

（3）超高速冷却法。库温－30℃，空气流速为 1m/s，或库温－25～－20℃，空气流速为 5～8m/s 经过 4h 后即可完成冷却。此冷却方法能缩短冷却时间，减少干耗，缩短传送带的长度和冷却面积。国外常用本法。禽肉常用的冷却方法有冷水、冰水或空气冷却等。

（二）肉的冻结

1. 冷冻肉的概念　即将肉的温度降低到－18℃以下，肉中的绝大部分水分（80%以上）形成冰结晶，这种肉称为冻结肉或冷冻肉。此方法可以对肉进行长期贮藏。

2. 肉的冷冻方法　冷冻方法分为一次冻结法和两步冻结法。

（1）一次冻结法。宰后的鲜肉不经冷却，只需经过 4h 风凉，使肉内的热量散发，沥去表面的水分，即可直接将肉放进冻结间。冻结间温度为－25℃，风速为 1～2m/s，冻结时间 18～24h，肉体深层温度达到－15℃，即完成冻结过程，出库送入冷藏间贮藏。这种方法可以减少水分的蒸发和升华，减少干耗，缩短解冻时间。

（2）两步冻结法。宰后鲜肉先送入冷却间冷却 8～12h，而后转入冻结间。冻结时，肉应吊挂，库温在－25℃条件下进行冻结，不到 24h 即可冻结完成。一次冻结与两步冻结相比，加工时间可缩短约 40%，减少大量的搬运，提高冻结间的利用率。

3. 冻结加工的卫生要求

（1）只有品质良好的肉才能进行冷冻。

（2）冷冻前应将胴体按大小分选，以保证所有的胴体同时冷冻完毕。

（3）速冻间卫生要求同冷却间，严格控制温度、湿度和空气流速。

（4）冷冻时的温度越低，冷冻损耗就越少，肉质越好。

（5）应经常除去冷冻管上的霜。

4. 冷藏冻肉的卫生要求

（1）对冻结肉类应注意掌握安全贮藏期，执行先进先出的原则，并经常进行质量检查。

（2）冻藏时，一般采取堆垛的方式，以节省冷藏室的空间。堆垛时，应注意肉垛与库房墙壁之间应有一定的距离，垛与垛间要留通道。

（3）温度要低于－18℃，肉的中心温度在－15℃。

（4）外地调运的冻结肉，肉的中心温度低于－18℃可以直接入库，高于－8℃的，须经过复冻后，方可入库。复冻后的肉，在色泽和质量方面都有变化，不易久存。

5. 冻结肉在冷藏中的变化

冻结肉冷藏间的空气温度通常保持在－18℃以下，在正常情况下温度变化幅度不得超过 1℃，在大批进货、出库过程中一昼夜不得超过 4℃。冻结肉类的保藏期限取决于保藏的温度、入库前的质量、种类、肥度等因素，其中主要取决于温度。因此对冻结肉类应注意掌握安全贮藏，执行先进先出的原则，并经常对产品进行检查。其冻结肉在冷藏中的变化有以下几种。

（1）干耗。肉类在冻结保藏中最主要的变化是水分蒸发或升华而使肉的重量减轻。这种现象称为干耗。冻结肉的干耗仅限于肉的表面，不伴有内层水分向表层的转移，因此经过较长时间保藏的肉类，其表层水分蒸发后形成一层脱水的海绵状层，并随着保藏时间的延长，脱水层逐渐加深。另一方面，随着微细冰晶的升华，肉的表面层发生强烈的氧化作用，引起肉的严重干耗，肉的颜色、营养成分、消化率等也受到影响。

（2）颜色变化。冻肉的颜色在保藏过程中从表面开始，逐渐变暗，主要是由血红蛋白的氧化以及表面水分的蒸发使色素物质浓度增加所引起。这种变化受温度高低的影响，温度愈低，则颜色的变化愈小。

（3）脂肪氧化。脂肪组织易氧化，特别是含有不饱和脂肪酸的脂类。经氧化后，气味和滋味不良，脂肪整体变黄，严重时出现强烈的酸味。

6. 冻结肉的解冻

解冻是冻结的逆过程，是将冻肉内冰晶体状态的水分转化为液体，同时恢复冻肉原有状态和特性的工艺过程。肉的解冻方法根据解冻媒介不同可分为空气解冻、流水解冻、微波解冻等。

（1）空气解冻。利用空气和水蒸气的流动使冻肉解冻。合理的解冻方法是缓慢解冻，将冻肉移放到解冻间，温度在0℃左右，相对湿度为90%～92%，随后逐渐升温，18h后，空气温度升至6～8℃，并降低其相对湿度，使肉表面很快干燥。肉的内部温度达到2～3℃，需3～5d，解冻即可完成。解冻后的肉，再吸收水分，能基本恢复鲜肉的性状，但需要较多的场地、设备和较长时间。温度在15～20℃，一天时间即可完成解冻，这种解冻方法称为快速解冻。此法易导致冰晶融化形成的水分不能完全再吸收而流失，从而影响了解冻肉的品质。

（2）流水解冻。是利用流水浸泡的方法使冻肉解冻。这种方法会造成肉中可溶性营养物质的流失及微生物的污染，使肉的色泽和质量都受到影响。由于条件限制，仍有很多单位采用此法。

（3）微波解冻。利用微波射向被解冻的肉品，造成肉分子震动或转动，而产生热量使肉解冻。微波解冻可使解冻时间大大缩短。同时能够减少肉汁损失，改善卫生条件，提高产品质量。此法适于半片胴体或1/4胴体的解冻。具有等边几何形状的肉块利用这种方法效果更好。

二、冷冻肉的卫生检验

为了保证冻肉的卫生质量，在冷却、冻结过程中以及解冻后，都必须进行卫生监督与管理。

（一）鲜肉的接收与检验

在鲜肉入库之前，卫生检验人员要事先检查冷却间、冻结间的温度和湿度，检查库内工具的卫生情况，冷却间内不应有霉菌生长，入库的鲜肉必须盖有清晰的检验合格印章，凡是因有传染病可疑而被扣留的肉，应存放在隔离冷库内。肉在冷却间和冻结间要吊挂，肉间要保持一定的距离，不能相互接触。内脏必须在清洗后平摊在冷藏盘内，不得堆积。禁止有气味的商品和肉混装，防止异味污染，冷库内的温度要按规定进行调试和保持稳定。

（二）冻肉调出和接收时的检验

从生产性冷库调出冻肉时，生检人员必须进行监督，检查冻肉的冷冻质量和卫生状况，检查运输车辆、船只的清洁卫生状况，合格后关好车门加封，方可开具检验证明书予以放行。

卫生检验人员在冻肉到达时，要检查铅封和卫生检验证明书，并进行质量检验。在敲击试验中发音清脆，肉温高于－8℃的为冷冻不良。检验时要注意查看印章是否清晰，冻肉有无干枯、氧化、异物异味污染、加工不良、腐败变质和疾病漏检等。对于冷冻不良的冻肉要立即进行复冻，复冻的产品应尽快出库，不得久存。对于不符合卫生要求的冻肉要提出处理意见，分别处理并做好记录，发出处理通知单，不准进入冷库。

（三）冻肉在冷藏期间的检查

1. 经常性检查 主要检查库内温度、湿度、卫生情况和冻肉情况。发现库内温度、湿度有变化时，要记录好库号和温度、湿度，同时抽检冻肉的肉温，查看有无软化、变形等现象。已经存有冻肉的冷藏间，不应加装鲜肉或软化肉，以免原有冻肉发生软化或结霜。

2. 坚持先进先出的原则 冷藏间内要严格执行先进先出原则，以免因贮藏过久而发生干枯和氧化。靠近库门的冻肉易氧化变质，要注意经常更换。

3. 冷藏肉的安全期 注意各种冷藏肉的安全期，对临近安全期的冻肉要采样化验，分析产品质量，防止冻肉干枯、氧化或腐败变质。

（四）解冻肉的检验

解冻肉的检验可分为感官检验、微生物检验和理化检验三个方面，其检验方法、感官指标和理化标准均同肉的新鲜度的检验。

（五）低温保藏肉常见异常现象处理

1. 发黏 多发生于冷却肉，由于吊挂冷却时，胴体相互接触，降温较慢，通风不良，导致细菌在接触处生长繁殖，并在肉表面形成一种陈腐气味。这种肉若处于早期阶段，尚无腐蚀现象时，经洗净风吹发黏消失后，可以食用。出现黏液样的物质，手触有黏滑感，严重时有丝状物，可在修割去表面发黏部分后食用。

2. 异味 异味是指腐败以外的污染气味，如鱼腥味、脏器味、氨味、汽油味等。若异味较轻，修割后煮沸试验中无异常气味的，可供做熟肉制品原料。

3. 脂肪氧化 脂肪氧化是指冻肉因加工卫生不良，冻肉存放过久或日光照射等影响，脂肪变为淡黄色、有酸败味。若氧化仅限于表层，可将表层熬制成工业用油，深层经煮沸试验无酸败味的，可供食用。

4. 盐卤浸渍 冻肉在运输过程中被盐卤浸渍，肉色发暗，尝之有苦味，可将浸渍部分割去，其余部分高温食用。

5. 发霉 霉菌在肉表面生长，经常形成白点或黑点。白点多在表面，抹去后不留痕迹，可供食用。小黑点一般不易抹去，有时浸入深部，如黑点不多，可修去黑点部分供食用。

6. 深层腐败 常见于股骨附近的肌肉，大多数是由厌氧芽孢菌引起的，有时也发现其他细菌。这种腐败由于发生在深部，检验时不易发现，因此，必须注意加工卫生。宰后迅速冷却，可以减少这种损失。

7. 干枯 冻肉存放过久，特别是反复融冻，使肉中水分丧失过多。干枯严重者味同嚼蜡，形如木渣，营养价值低，不能供食用。

8. 发光 在冷库中常见肉上有磷光，这是由一些发光杆菌所引起的。肉上有发光现象时，一般没有腐败菌生长，有腐败菌生长时，磷光便消失。发光的肉经过卫生处理后便可食用。

9. 变色 肉的变色是生化作用和细菌作用的结果，某些细菌生长后分泌水溶性或脂溶性色素，如黄、红、绿、紫、黑、褐等色素，使肉呈现各种颜色。变色的肉若无腐败现象，可在进行卫生消除和修割后加工食用。

10. 氨水浸湿 冷库跑氨后，肉被氨水浸湿。解冻后，肉的组织如有松弛或酥软等变化则应放弃。如程度较轻，经流水浸泡，反应较轻的可供加工食用。

任务三 腌腊肉制品的卫生检验

【任务描述】

腌腊肉制品的加工卫生、卫生检验、卫生评定。

【与其他任务的关系】

腌腊肉制品可以延长肉的保藏时间，又可以丰富食品的种类。对腌腊肉制品的加工和保存，必须加强卫生监督和检验，确保卫生质量。

一、腌腊肉制品的加工卫生

（一）原料肉

原料必须来自健康的畜禽，并经兽医卫生检验合格。使用鲜肉原料时，必须经过充分风凉，以免在盐渍作用之前自溶变质。冻肉原料的解冻应在清洁场所进行，切忌用火烤或汽蒸。加工时必须割净全部淤血、伤痕。不得使用腐败变质肉、病畜肉、急宰动物肉、放血不良肉、劣质肉、有异味肉。

（二）辅佐料

各种腌腊肉制品所用的辅料（如食盐、香料、酱油等），必须符合卫生质量标准。加工腊肠和腊肚的肠衣和膀胱皮子应干净、新鲜、有弹性、完整。现在广泛使用人造纤维肠衣，成本低、使用方便，加热过程中不受温度限制，生产规格化，是很好的肠衣替代品。

（三）加工卫生要求

1. 控制腌制室温度 原料间、腌制间的室温应控制在 2～4℃，防止腌制过程中半成品或成品腐败变质。

2. 注意室内清洁 所有设备、机械、用具以及工人的工作服和手套均应保持清洁。每天工作完毕，要用热水清洗整个车间及各种用具，每隔 5d 全面消毒一次。仓库力求清洁、干燥、通风，并采取有效的防蝇、防鼠、防虫、防潮、防霉措施。

3. 严格控制硝酸盐的用量 食品添加剂的使用必须符合《食品添加剂使用卫生标准》（GB 2760—2014）的规定。腌腊制品中硝酸盐用量要求不超过 0.5g/kg，亚硝酸盐的用量要求不超过 0.15g/kg。

4. 注意个人卫生 所有加工腌制品人员，应定期检查身体，肠道菌类疾病患者或带菌者及手上有肿胀化脓者，不准参加制作腌腊肉制品的工作。工作服和手套应经常保持清洁。

二、腌腊肉制品的卫生检验

（一）感官检查

常采用看、刺、切、煮、查的方法进行。

1. 看　从表面和切面观察腌腊制品的色泽和硬度，方法是取上、中、下三层有代表性的肉，察看其表面和切面的色泽和组织状态。

2. 刺　检测腌腊肉制品深部的气味，将特制竹签刺入腌腊肉制品的深部，拔出后立即嗅察气味，评定是否有异味或臭味。在第二次插签前，擦去签上前一次沾染的气味或另行换签。当连续多次嗅检后，嗅觉可能麻痹失灵，故经一定操作后要有适当的间隙以免误判。

整片腌腊肉常用五签法。第一签，从后腿肌肉（臀部）插如髋关节及肌肉深处。第二签，从股内侧透过膝关节后方的肌肉插向膝关节。第三签，从胸部脊椎骨上方朝下斜向插入背部肌肉。第四签，从胸腔肌肉斜向前肘关节后方插入。第五签，从颈椎骨上方斜向插入肩关节。

火腿通常采用三签法。第一签，在蹄髈部分膝盖骨附近，插入膝关节处。第二签，在商品规格所谓中方段，髋骨部分，髋关节附近插入。第三签，在中方与油头交界处，髋骨与荐椎间插入。

风肉、咸腿等可参考上述方法进行，咸猪头可在耳根部分和额骨之间颞肌部以及咬肌外面插签。

当插签发现某处有腐败气味时，应立即换签。插签后用油脂封闭签孔以利保存。使用过的竹签应用碱水煮沸消毒。

3. 切　看、刺检发现质量可疑时，用刀切开进一步检查内部状况，或选肉层最厚的部位切开，检查断面肌肉与肥膘的状况。

4. 煮　必要时还可将腌腊肉品切成块状放入水中煮沸，以嗅闻和品评腌腊肉制品的气味和滋味。

5. 查　指对腌腊肉制品的生产场地和原料性状的追踪检查。

（1）腌制卤水检查。良好的腌肉，其卤水应当透明而带红色，无泡沫，不含絮状物，没有发酵、霉臭和腐败的气味，pH 为 5.0～6.2。已腐败的腌肉，其卤水呈血红色或污秽的褐红色，混浊不清，有泡沫及絮状物，有腐败及酸臭气味，pH 多在 6.8 以上。卤水 pH 的测定方法与新鲜肉 pH 测定方法相同，但在测定前应先经水浴加热至 70℃使蛋白质凝固，用滤纸滤过，然后检查滤液的 pH。

（2）腌腊肉制品虫害的检查。各种腌腊肉制品在保藏期间，由于回潮而容易出现各种虫害，如酪蝇、火腿甲虫、红带皮蠹、白腹皮蠹、火腿螨等。

为了发现上述害虫，可于黎明前在火腿、腊肉等堆放处静听和观察，有虫存在时常发出沙沙声，若发现成虫则可能有幼虫存在。对于蝇蛆的检查，主要是利用白天注意有无飞蝇逐臭现象，若有则表示制品可能有蛆存在，此时可翻堆进一步查明。

（二）实验室检验

腌腊肉制品中微生物不易生存和繁殖，因此腌腊肉制品的实验室检验主要是进行理化检验。腌腊肉制品种类不同，检测项目也不同。常测定的项目有：亚硝酸盐测定，过氧化值的测定，苯并芘的测定，铅、镉、汞、砷的测定，三甲胺的测定等，方法按 GB 2730—2015、GB 2762—2012 及 GB 2760—2014 中规定的方法进行。

三、腌腊肉制品的卫生评定

（一）卫生标准

1. 感官指标 见表 3-6 腌腊肉制品感官指标（GB 2730—2015）。

表 3-6 腌腊肉制品感官指标

项　目	要　求
色泽	具有产品应有的色泽，无黏液，无霉点
气味	具有产品应有的气味，无异味，无酸败味
状态	具有产品应有的组织性状，无正常视力可见外来异物

2. 理化指标 见表 3-7 腌腊肉制品理化指标（GB 2730—2015）。

表 3-7 腌腊肉制品理化指标

项　目	指　标
过氧化值（以脂肪计，g/100g）	
火腿、腊肉、咸肉、香（腊）肠	≤0.5
腌腊禽制品	≤1.5
三甲胺（mg/100g）	
火腿	≤2.5

（二）卫生评定

（1）腌腊肉制品的感官指标应符合卫生标准的要求，变质的腌腊肉制品不准出售，应销毁。

（2）凡亚硝酸盐含量超过国家卫生标准的，不得销售食用，作工业用或销毁。

（3）腌腊肉制品的各项理化指标均应符合国家卫生标准。超过标准要求，可限期内部处理，但不得上市销售，如感官变化明显，则不得食用，应予以销毁。

（4）腌腊肉制品表面出现发光、变色、发霉等情况但未腐败变质的，可进行卫生清除或修割后供食用。

任务四　熟肉制品的卫生检验

【任务描述】

熟肉制品的加工卫生、卫生检验、卫生评定。

【与其他任务的关系】

熟肉制品可以短期延长肉的保藏时间，又可以直接食用。对熟肉制品的加工和保存，必须加强卫生监督和检验，确保卫生质量。

一、熟肉制品的加工卫生

(一) 原料肉

加工熟肉制品的原料必须来自健康的畜禽，并经兽医卫生检验合格。不得使用腐败变质肉、病畜肉、急宰动物肉、放血不良肉、劣质肉、有异味肉。冻肉解冻后方可使用。加工中发现有漏摘或残留的甲状腺、肾上腺及瘀血、伤痕等病变组织应摘除和修净。

(二) 辅佐料

食品添加剂的使用必须符合《食品添加剂使用卫生标准》(GB 2760—2014) 的规定。所选用的调味料，如糖、盐、味精、各种香料等也应符合卫生要求。肠衣和膀胱皮子应干净、新鲜、有弹性、完整。同时严格控制硝酸盐的用量，硝酸盐用量要求不超过 0.5g/kg，亚硝酸盐的用量要求不超过 0.15g/kg。

(三) 生产用水

熟肉制品加工厂的生产用水必须符合我国生活饮用水的卫生标准 (GB 5749—2006)。

(四) 加工卫生

1. 遵守卫生规程　在熟制过程中，要烧熟煮透，严格贯彻生熟两刀两案制，原料整理与熟制过程要分室进行，并要有专门的冷藏设备。操作人员的双手和工具必须保持清洁，防止污染。

2. 保持加工环境及器械的清洁卫生　注意加工场地和工具、容器的清洁消毒，地板上不准堆放肉块、半成品或制成品。凡接触或盛放熟肉制品的用具和容器，要求做到每使用一次消毒一次。

3. 加强运输及销售的卫生管理　熟肉制品发送或提取时，须对车辆、容器及包装用具进行检查。运输过程中，要防止污染，须采用易于清洗消毒，没有缝隙的带盖容器装运，同时备有防晒、防雨设备。销售单位在接收熟肉制品时要严格验收，遇有不符合卫生要求的，应拒绝接收。在销售时注意用具和个人卫生，减少污染的机会。

4. 及时销售　除肉松、肉干等脱水制品外，要以销定产，随产随销，做到当天售完，隔夜者须回锅加热，夏季存放不得超过 12h。若必须保存，要在 0℃以下冷藏，最长不超过 2d，销售前应进行检验，以确保消费者安全。有些产品 (如西式火腿等) 销售前是必须包装的，应在加工单位包装后出厂。

5. 注意个人卫生　所有加工熟肉制品的操作人员，必须遵守卫生制度，养成好的卫生习惯，定期检查身体，凡有肠道疾病或带菌者及手上有外伤化脓的人员不准参加熟肉制品的生产和销售工作。

二、熟肉制品的卫生检验

(一) 感官检查

取适量试样置于洁净的白色盘 (瓷盘或同类容器) 中，在自然光线下观察色泽和状态。闻其气味，用温开水漱口，品其滋味。熟肉制品的卫生检验，多以感官检查为主。主要检查其外表和切面的色泽、组织状态、气味、有无变质、发霉、发黏以及污物沾染等。夏秋季节，应特别注意有无苍蝇停留的痕迹，这对整鸡、整鸭更为重要，因为苍蝇常产卵于鸡鸭的肛门、口、耳、眼等部位，孵化后的幼蛆很快钻入体腔或深部。此时，熟肉制品外观、色泽和气味往往正常，但内部已被蝇蛆携带的微生物污染，故应特别注意检查。

（二）理化检验

熟肉制品种类不同，检测项目也不同。常检测项目有亚硝酸盐残留量、苯并芘、铅、总砷、镉、N-二甲基亚硝胺等，按 GB 2726—2016 中规定的方法进行测定。

（三）微生物学检验

应定期进行细菌学检验。细菌学检验的项目主要包括菌落总数的测定、大肠菌群最近似数（MPN）的测定和致病菌的检验。

1. 熟肉制品样品的采取和处理 用于检验熟肉制品受外界环境污染程度或是否带有致病菌时用棉拭采样法。用板孔 $5cm^2$ 的金属制规板压在检样上，将灭菌棉拭稍蘸湿，在板孔 $5cm^2$ 的范围内揩抹多次，然后另换一个揩抹点，换另一只棉拭揩抹，如此共移压揩抹 10 次，共 $50cm^2$，一个检样用 10 支棉拭，每支棉拭揩抹后立即剪断（或烧断），均投入盛有 50mL 灭菌水的三角瓶或大试管中立即送检。检验时先充分振摇，吸取瓶、管中的液体作为原液，再按要求 10 倍递增稀释。检索致病菌不必用制规板，可疑部位直接用棉拭揩抹即可。

用于检验细菌含量判断其质量鲜度时各类熟肉制品（酱卤肉、肴肉、肉灌肠、肉松、熏烤肉、肉脯、肉干等）的采样方法：一般可采取 250g，熟禽采取整只，均放在灭菌容器内立即送检。检验时直接切取或称取 25g，放入灭菌乳钵内用灭菌剪刀剪碎后，加入灭菌海砂或玻璃砂少许研磨，磨碎后加入灭菌水 225mL，混匀，即为 1∶10 稀释液。

2. 检验方法 按 GB 4789 食品微生物学检验系列标准中规定的方法进行菌落总数、大肠菌群、致病菌的检验。

三、熟肉制品的卫生评定

（一）卫生标准

1. 感官指标 具有产品应有的色泽；具有产品应有的滋味和气味，无异味，无异臭；具有产品应有的状态，无正常视力可见外来异物，无焦斑和霉斑。

2. 细菌指标 如表 3-8 所示。

表 3-8 熟肉制品的细菌指标（GB 2726—2016）

微生物指标	采样方案[a]（若非指定，以/25g 或 25mL 表示）				检验方法	备注
	N	c	m	M		
沙门菌	5	0	0	—	GB 4789.4	
单核细胞增生李斯特菌	5	0	0	—	GB 4789.30	
金黄色葡萄球菌	5	1	100CFU/g	1 000CFU/g	GB 4789.10 第二法	
大肠埃希菌 O157：H7	5	0	0	—	GB 4789.36	仅适用于牛肉制品
菌落总数	5	2	10^4	10^5	GB 4789.2	发酵肉制品类除外
大肠菌群	5	2	10	10^2	GB 4789.3	

注：[a] 样品采集及处理按 GB 4789.1 执行。

3. 污染物指标　如表 3-9 所示。

表 3-9　熟肉制品的污染物指标（GB 2726—2016）

项　　目	指　　标
苯并芘[b]（μg/kg）	熏、烧、烤肉类≤5.0
铅（mg/kg）	肉制品≤0.5
总砷（mg/kg）	≤0.5
镉（mg/kg）	肉制品（肝制品、肾制品除外）：镉≤0.1 肝制品镉≤0.5 肾制品镉≤1.0
铬（以 Cr 计）/（mg/kg）	肉及肉制品≤1.0
N-二甲基亚硝胺（ug/kg）	肉制品（肉罐头除外）≤3.0 熟肉干制品≤3.0

注：[b] 限于熏、烧、烤肉类

4. 食品添加剂指标和食品营养强化剂指标　按 GB 2760—2014 的相关规定执行。

（二）卫生评定

（1）熟肉制品中的菌落总数、大肠菌群数不得超过国家规定指标，不得有致病菌。

（2）对于细菌菌落总数、大肠菌群数超过国家规定指标，但无感官变化和感官变化轻微的熟肉制品，或无冷藏设备需要隔夜存放的熟肉制品，应回锅加热后及时销售。

（3）熟肉制品中的理化指标不得超过国家规定指标。

（4）有外包装的熟肉制品，包装破坏外观受损者不得销售。

（5）凡有变质征象或检出致病菌者，均不得销售和食用。

任务五　肉类罐头的卫生检验

【任务描述】

肉类罐头的加工卫生、卫生检验、卫生评定。

【与其他任务的关系】

罐头是一种特殊形式的食品保藏方法。各类罐头食品便于携带、运输和贮存，备受消费者喜爱，尤其能满足野外勘探、远洋航海、登山探险、边防部队及矿山井下作业的特殊需要。对肉类罐头的加工和保存，必须加强卫生监督和检验，确保卫生质量。

一、肉类罐头的加工卫生

肉类罐头最基本的生产工艺流程是：原料验收（冻肉解冻）→原料处理→预热处理→装罐（加调味剂）→排气→密封→灭菌→冷却→保温检验→包装→入库。

（一）容器的选择与处理

罐头容器按材料的性质，大体分为金属罐、玻璃罐和软质材料容器三大类。共同要求是要有良好的机械强度、抗腐蚀性、密封性和安全无害。

1. 金属罐 最常用材料为马口铁，其次为铝材及镀铬薄钢板。马口铁为镀锡薄钢板，其镀锡的质量直接关系到罐头产品的卫生质量。一般要求镀锡中含铅量不得超过0.04%。焊锡应为低铅高锡焊料或用卡普隆尼龙黏合剂代替。肉类食品往往能使马口铁罐内壁产生硫化斑而影响外观和风味。因此，肉类罐头用的金属内壁表面常涂一层涂料。所用涂料必须抗腐蚀性强、无毒性和异味、能耐灭菌时的高温、能形成均匀连续的薄膜以及与镀锡表面有紧密的黏合力。涂料多采用树脂，常用的有酚醛树脂，环氧酚醛树脂，乙烯树脂，环氧氨基树脂等。常见马口铁罐是由罐身、盖和底三部分构成。罐身为罐镶嵌焊接，底和盖则用二重卷边法与罐身接合在一起。底、盖周边内侧涂以胶圈以保证接合的严密性。涂料应具有良好的可塑性和对热稳定性，并能抗油、抗水，而且不含有害物质。

镀铬薄钢板又称无锡钢板，可用以代替马口铁。合金铝具有良好的延伸性，质量轻，能避免硫化斑或锈蚀的形成，但强度较差，多用于制造小型冲底罐及易揭罐盖等。

2. 玻璃罐 玻璃的化学性质稳定，所以玻璃罐能保持食品原有风味，便于观察内容，并可以多次重复使用，比较经济，被广泛应用。但其机械性能较差，且不能长期保持密封性。

3. 软罐头 通常由三层薄膜复合而成。外层为聚酯薄膜，中层为不透气、不透湿、隔光线的铝箔，内层为酸性聚乙烯或乙烯聚丙烯共聚物。也有在铝薄与聚乙烯层间再加一层聚酯薄膜的，成为四层式结构。软罐头具有质量轻，体积小，柔韧，易开启，安全无毒，保存期较长，易传热，携带和食用方便等特点，在国内外发展十分迅速。

无论采用何种罐头容器，均应保持清洁。使用前，铁罐一般先用热水冲洗，然后用蒸汽消毒30～60min。玻璃罐可先用2%～3%的热碱水浸泡5～10min，然后彻底冲洗。

（二）原料肉的选择与处理

（1）原料肉须来自非疫区的健康动物，并经卫生检验合格。凡是病畜肉、急宰的动物肉、放血不良和未经充分冷却的鲜肉以及质量不好或经过复冻的肉，均不能作为生产罐头的原料肉。

（2）原料肉应保持清洁卫生，不得随地乱放或接触地面。不同种类的原料肉应分别处理，以免玷污。原料进场后要用流水清洗，以清除尘土和杂质。冷冻原料肉的洗涤可与解冻同时进行。经过处理的原料肉不得带有淋巴结、粗血管、粗大的组织膜、色素肉、奶脯肉、伤肉、血刀肉、鬃毛，爪甲及变质肉等。

（3）原料辅佐料应符合有关部门规定标准，凡生霉、生虫及腐败变质的材料都不能用于制作罐头食品。

（4）原料肉经预煮漂烫处理后，须迅速冷却至规定的温度，并立即投入下一道工序，防止堆积造成嗜热性细菌的繁殖。

（三）装罐与密封

1. 装罐 装罐时应随时剔出混入的杂物和不合格的肉块，并严格控制干物质的重量和顶隙。所谓顶隙是指罐头容器顶部未被内容物占据的空间。要注意保持密封口区的清洁，以保证密封，这对软罐头尤其重要。

2. 封罐 一般的方法是利用真空封罐机，在抽出罐内空气的同时将罐口密封。罐头的真空度一般要求不低于200mm汞柱。

（四）杀菌与冷却

杀灭罐头食品中致病性微生物和常温下可繁殖的非致病性微生物的技术方法。密封后的罐头必须经过严格灭菌，以杀灭罐内存留的绝大部分微生物，包括腐败菌、产毒菌、致病菌，并破坏食物的酶类，以利长期保藏。罐头杀菌后可能会残留少量微生物或芽孢，但它们在罐内的特殊环境中，只形成半眠芽孢，不能生长与发芽。

肉类罐头多采用高温灭菌法，即由常温逐渐升温，在15min后达到120℃，保持此温度60min，然后在20min内降至常温。为了保证灭菌的正确执行，灭菌锅应装置自动记录压力，温度和时间的仪表，并定期检查其性能。

（五）成品检验

是在罐头生产结束时，对杀菌效果和产品质量进行检查。将从杀菌锅中取出的罐头迅速冷却，在（37±2）℃条件下保温5～7d，逐个进行敲击和观察，以剔除膨听、漏汁及有鼓音的罐头。

所谓膨听就是罐头内微生物活动或化学作用产生气体，形成正压，使罐体一端或两端外凸的现象。膨听由罐头内微生物繁殖产生大量气体所引起称为生物性膨听；由于金属罐内壁受到酸性食品的腐蚀产生了气体而引起的膨听称为化学性膨听。

漏汁是内容物流出罐头以外的现象。鼓音多由排气不好或罐头漏气，以致真空度不够所造成。如出现漏汁，则为漏气的明显证据。以上情况应开罐检查处理。

（六）保持卫生

在肉罐头加工中，还应加强生产车间的卫生管理，经常保持环境清洁。车间内不得积集残肉屑，不得有蚊、蝇和其他昆虫进入。工作人员要讲究个人卫生，定期进行健康检查，确保产品卫生质量。

二、肉类罐头的卫生检验

（一）物理检验

1. 外观检验　首先检查商标纸及硬印是否完整和符合规定，确认生产日期和保质期。然后观察底和盖有无膨听现象，如有膨听现象，应确定是生物性膨听、还是化学性膨听。鉴别膨听的方法是进行37℃保温试验和敲打试验。保温试验时若膨听程度增大，可能是生物性膨听；若膨听程度不变，则可能是化学性膨听；若膨听消失，则可能是物理性膨听。敲打试验是以木槌敲打罐头的盖面。良质罐头，盖面凹陷，发出清脆实音；不良质罐头，表面膨胀，发音不清脆，发出鼓音。最后，撕下商标纸，观察外表是否清洁，接缝及卷边有无漏水、透气、汤汁是否流出以及罐体有无锈斑及凹瘪变形等。

2. 密封性检查　主要是检查卷合槽及接缝处有无漏气的小孔。肉眼往往看不见，应将商标纸除去后，洗净，放入加热至85℃的热水中3～5min，水量应为罐头体积的4倍以上，水面应高出罐头5cm。放置期间，如罐筒的任何部位出现气泡，即证明该罐头密封性不良。

3. 内容物检查

（1）组织和形态检查。把罐头放入80～90℃热水中，加热到汤汁溶化后（午餐肉、凤尾鱼等不需加热），用开罐器打开罐盖，将内容物轻轻倒入搪瓷盘，观察其形态结构，并用玻璃棒轻轻拨动，检查其组织是否完整、块形大小和块数是否符合标准（鱼类罐头须检查脊骨有无外露现象，骨肉是否连接，鱼皮是否附着鱼体，有无黏罐现象）。

(2) 色泽检查。在检查组织形态的同时，观察内容物中固形物的色泽是否符合标准要求，然后将被检罐头的汤汁收集于量筒中，静置数分钟后，观察其色泽和澄清程度。

(3) 滋味和气味检查。先闻其气味，再品尝滋味，鉴定是否具有应有的风味，有无异味。

(4) 杂质检查。用玻璃棒仔细拨动内容物，注意观察有无毛根、碎骨、血管、血块、淋巴结、草、木、砂石及其他杂质等存在。

(5) 净含量的检查。把罐头放入 80～90℃热水中，加热到汤汁溶化后，开罐倒出内容物，将空罐洗净擦干后称重。计算罐头的净含量。罐头净含量=罐头总质量-空罐的质量。

(6) 固形物含量。把罐头放入 80～90℃热水中，加热到汤汁溶化后，开罐将内容物倒在预先称重的直径 20cm、孔径 1mm 的圆筛上，圆筛下方配接漏斗，架于合适容量的量筒上，不搅动产品倾斜圆筛，沥干 3min 后，将筛子和沥干物一并称重。将量筒静置 5min，使油和汤汁分为两层，量取油层的体积乘以密度 0.9，即得油层质量，按下列公式计算固形物的质量。

$$X=\frac{(m_1-m_2)+m_3}{m_4}\times 100$$

式中：

X——固形物的质量分数，%；

m_1——沥干物加圆筛质量，g；

m_2——圆筛质量，g；

m_3——油脂质量，g；

m_4——罐头标明净含量，g。

4. 容器内壁检验 观察罐身及底盖内壁镀锡层有无腐蚀和露铁，涂膜有无脱落现象，有无铁锈或硫化铁斑点。罐内有无锡粒和内流胶现象。容器内壁应无可见的腐蚀现象，涂料不应变色、软化和脱落，可允许有少量硫化斑存在。

(二) 实验室检验

肉类罐头种类多，所需原料和加工工艺差别很大，所以理化检验项目不尽相同，一般包括重金属含量、亚硝酸盐残留量、苯并芘等检测项目。检验按 GB 7089 肉类罐头卫生标准中规定的方法进行。微生物检验是检查是否达到商业无菌要求，即罐头食品经过适度热杀菌后，不含有致病微生物，也不含有在通常温度下能在其中繁殖的非致病性微生物的状态。其检验方法按国家标准 GB/T 4789.26—2013 的规定进行。

三、肉类罐头的卫生评定

(一) 卫生标准

1. 感官指标 如表 3-10 所示。

表 3-10 肉类罐头感官指标

项 目	要 求	检验方法
容器	密封完好，无泄漏，容器外表面无锈蚀，内壁涂料无脱落	GB/T 10786—2006
内容物	具有该品种罐头食品应有的色泽、气味、滋味、形态	

2. 理化指标 如表3-11所示 。

表3-11 肉类罐头理化指标（GB 7089—2015）

项 目	指 标
每100g肉类罐头组胺a（mg）	102
无机砷（mg/kg）	≤0.05
铅（pb，mg/kg）	≤0.5
锡（sn，mg/kg） 镀锡罐头	≤250
总汞（以汞计mg/kg）	≤0.05
镉（Cd，mg/kg）	≤0.1
铬（以Cr计mg/kg）	≤1.0
亚硝酸盐（以亚硝酸钠计，mg/kg）	≤30
苯并芘[b]（μg/kg）	≤5.0

注：[a] 仅限于鲐鱼、沙丁鱼、鲹鱼罐头，[b] 仅限于烧烤和烟熏肉罐头

3. 微生物指标 应符合罐头商业无菌的要求。

（二）卫生评定

（1）经检验符合感官指标、理化指标、微生物指标的保质期内的罐头可以食用。

（2）膨听、漏气、漏汁的罐头应予废弃，如确系物理性膨听，则允许食用。

（3）外观有缺陷，如锈蚀严重、卷边缝处生锈、碰撞造成瘪凹等，均应迅速食用。

（4）开罐检查，罐内壁硫化斑色深且布满的，内容物有异物、异味等，均不得食用，应予废弃。

（5）理化指标超过标准的罐头，不得上市销售，超标严重的，应予销毁。

（6）微生物检验发现致病菌的，一律禁止食用，应予销毁。检出大肠杆菌或变形杆菌的，应进行再次杀菌后出售。

任务六 动物副产品的卫生检验

【任务描述】

食用副产品、肠衣、皮毛、生化制药原料、血液等副产品的加工卫生与卫生检验。

【与其他任务的关系】

动物副产品是指动物屠宰加工后获得的除主产品——胴体之外的一些产品，如头、蹄、内脏器官、脂肪、血液、内分泌腺体及皮毛等。每种副产品都有一定的用途和经济价值。根据其用途可分为食用副产品、医疗用副产品和工业用副产品三类。由于这些副产品都容易腐败变质，必须进行严格的卫生检验和加工处理，才能得到最有效的利用。

一、食用副产品的加工卫生与检验

（一）食用副产品的加工卫生

食用副产品包括头、蹄爪（腕、跗关节以下的带皮部分）、尾、心、肝、肺、肾、胃、肠、脂肪、乳房、膀胱、公畜外生殖器、骨、血液及可食用的碎肉等。其中头、蹄、心、肝、肾、胃、肠等食用副产品，经过适当加工后可制成有独特风味的食品，并且含有丰富的含氮浸出物和维生素等。食用副产品必须来自健康畜禽，经卫生检验后由屠宰车间送到副产品车间，在宰后2～3h内进行加工。加工时应该严格遵守卫生规则。

食用副产品多采自牛、羊、猪的屠体，其他畜禽（如兔、禽等）较少。头、蹄、尾、耳、唇等带毛的副产品，在加工时应除去残毛、角、壳及其他污染物，并用水清洗干净。牛、羊的真胃、瘤胃、网胃、瓣胃，猪的胃及肠等，在加工时应先剥离浆膜上的脂肪组织，切断十二指肠，于胃小弯处纵切胃壁，翻转倒出胃内容物，用水清洗后套在圆顶木桩上，用刀剔下黏膜层，用作生化制剂原料，其余部分用水洗净。大肠翻倒内容物后用水洗净。无毛、无黏膜、无骨的产品，如心、肝、肺、肾、脾和乳房等，加工时应分离脂肪组织，剔除血管、胆囊、气管及输尿管等，并用清水洗净血污。上述加工后的食用副产品，应置于4℃冷库中冷却，最后可作为灌肠、罐头或其他制品的生产原料，或直接送往市场鲜销。在某种情况下须冷冻、干燥或盐腌后保存。刮下的黏膜应与污秽脂肪等一起送往化制车间。各种加工过程中剔出的骨骼，可加工为食用骨粉、骨油和骨髓油，或炼制骨胶。

（二）食用副产品的卫生检验

来自屠宰车间的副产品，虽然经过了卫生检验，但在副产品车间内，仍须经常实施卫生监督和检验。因为在副产品中仍有可能存在初检时没有发现的病理变化。在每个工作点附近应设置挂架或检验台，以便放置副产品和供检验人员检查。凡是水肿、出血、脓肿和发炎的组织，以及具有增生、肿瘤、寄生虫损害、变性或其他变化的废弃组织与器官，均全部化制。所有未经初步加工或因加工质量差导致产品受到毛、粪以及其他污物污染的食用副产品，不得使用，以免引起人的食物中毒或散播疫病。

二、肠衣的加工卫生与检验

（一）肠衣的加工卫生要求

1. 肠衣原料的卫生要求　肠衣原料必须来自健康动物的屠体，并于开膛后立即收集加工，以免肠管发生自溶或腐败。若肠管于屠体中留放2h以上，不但屠体有被沙门菌或其他肠道菌污染的可能，而且也会使肠管因自溶和腐败而变成废品。对收集的肠原料，应仔细检查其颜色、质地及有无病理变化，尤其要剖检肠系膜淋巴结，发现炭疽、结核、猪瘟、猪丹毒等传染病或氢氰酸、有机磷等中毒性疾病的肠管应进行化制或销毁。

2. 肠衣加工的卫生要求　肠衣的初步加工是从原料的收集开始的，包括清除肠内容物、剔出肠系膜、分离肠外脂肪、刮除肠黏膜、清水漂洗、分路扎把、盐腌或干燥。

加工肠衣时应先将肠管各部分开，清除肠内容物，然后剔出肠系膜和肠外脂肪，最后刮除肠黏膜，刮除时刮刀用力要适当，如果使用去膜机，则两轴之间的距离务必调整适当，否则将去不掉黏膜或撕裂肠管。所用的刮刀和器械，必须经常洗涤和消毒。刮除黏膜的肠管，放置凉水中浸泡3～8h，浸泡后按口径大小和长短，分路、配码，即为成品。如果要保存或出口，则必须配码后立即作防腐处理，其方法有盐腌法和干燥法。

（1）盐腌法。用纯净的细盐，一次擦在配码后的肠衣上（通常以100m为一把，每把需要精制盐0.5kg），腌制12～24h，待盐水沥干后缠把、装桶，保存于0～10℃温度或外运。

（2）干燥法。把配码后的肠衣吹气后，挂在架子上，放置于通风处晒干，或在29～35℃的干燥室内烘干。干燥后的肠衣经排气、压扁、缠把后装箱外运或贮藏。保藏室的温度不得高于25℃，相对湿度应为50%～60%，否则易产生虫害或生霉。

肠衣加工过程中，所产生的大量废物如黏膜、浆膜、肠碎屑等应及时清除，并送化制车间化制。车间地面、设备及工作人员的用具等，按屠宰车间的卫生要求进行清洗和消毒。

（二）肠衣品质的感官检验

动物屠宰后的新鲜肠管，经加工除去内外的各种不需要的组织，剩下一层半透明的薄膜（猪肠和羊肠为黏膜下层），称为肠衣。

肠制品主要用作灌肠的肠衣，是食品的一部分，故必须严格执行卫生检验与监督。肠衣的检验以感官检查为主，注意其色泽、气味、坚韧性及有无伤痕等。良质的肠衣呈乳白色，其次为淡黄色或灰白色，不应有霉败腐臭气味，薄而坚韧，透明均匀。猪肠衣要求薄而渗水，羊肠衣则以厚些为佳，但不能有明显筋络。凡有缺陷的肠衣，应列为次品或劣品，根据不同情况处理。肠衣的感官指标如表3-12所示。

表3-12　肠衣的感官指标

指标	良　质	次　质	变　质
色泽	呈淡红色及乳白色	淡黄色、灰白色或青灰色	黄色、紫色、黑色
气味	无腐败或臭味	稍有氨味或霉味	腐臭味
质地	坚韧、无杂质及筋络	韧性稍差，略带筋络	松软、薄厚不匀，有明显筋络和杂质
伤痕	无任何伤痕	有轻微的蚀痕及少量砂眼或硬孔	有明显的破洞、啃痕及蚀痕等

（三）肠衣的常见缺陷及卫生处理

1. 腐败　主要由盐腌不当或高温所致。腐败初期，腌制大肠（主要是牛的）尚保持原来的状态，但较湿润，而小肠则已呈现出黑色斑点（硫化铁）；高度腐败时，盐腌肠管变黑、发臭、黏腻、易撕裂。初期轻度腐败时，可晾在通风处抑制腐败分解，或用0.01%～0.02%高锰酸钾溶液冲洗，显著腐败时应作工业用或化制。

2. 污染　是由肠内容物黏附肠壁所致。轻度污染去污后可以利用。重度污染而又不能去掉污垢的，作工业用或化制。

3. 褐斑　是由盐腌使用的食盐内混有铁盐（0.005%以上）和钙盐（微量）与肠蛋白质形成不溶性蛋白化合物所致。特殊的嗜盐微生物也可能参与褐斑的形成过程。带褐斑的肠段无弹性，肠管缩窄而有粗糙的岛屿样组织，用水不能洗掉。褐斑多见于温热季节。对轻度褐斑的肠衣可用2%的稀盐酸或醋酸处理，再用苏打溶液洗涤除去褐斑后利用。具有严重褐斑肠段经受不住填充物的压力，不能作食用肠衣。

为了判定肠管内的褐斑以及检查盐的质量，可进行氧化亚铁反应。即在培养皿中倾入新配制的硫酸酸化的10%黄血盐水溶液，放入泡软的健康肠和可疑被检肠段。经3～5min，被检肠段褐斑区呈青色，形成普鲁士蓝，而健康肠段无变化。

4. 红斑　腌肠在12～35℃经10d以上保存，在未被浸泡着的肠段上有的会出现红色或玫瑰色斑点，这是嗜卤素肉色球菌和一些色杆菌所引起的，使肠带有大蒜气味。此种浅在红斑，容易除掉，其病原体对人体无害，可以利用。

5. 霉败 干燥肠衣生霉，是各种霉菌在肠衣上发育的结果。如没有显著的感观变化，且能用刷子刷掉，可以利用，对人体无害。

6. 青痕 腌肠装在含有鞣酸的木桶内，鞣酸和食盐或肠衣内的铁盐化合而呈黑色。用蒸气沸水冲洗处理木桶（尤其是新桶），即可防止。

7. 肠脂肪的败坏 盐腌猪大肠的肠壁中含有15%～20%的脂肪，去脂不良的盐腌牛肠内面有3%～5%脂肪。在不良保藏条件下，肠脂肪在空气、光照、高温和微生物的作用下迅速分解（酸败），并放出特殊不良气味。去脂不良的干肠制品的脂肪分解更烈。如用肠脂肪败坏的肠衣制作腊肠，则因败坏脂肪的分解而使肠馅变为不能食用。

8. 肠产品中的昆虫 红带皮蠹（即火腿鲣节虫）和蠹鱼及其幼虫，在温暖季节，常钻入干肠制品。被昆虫穿孔及其分泌物污染过的干肠制品部分，不能用于腊肠生产。为了预防昆虫对干肠制品的损害，可用灭害灵（即除虫菊酯）处理仓库和干燥室的墙壁、地面、天花板以及肠产品的包装。

肠原料和肠制品在任何运输条件下，均应附送检验合格证明书。备有证明书的肠产品，用于生产时仍应重复检查。

三、皮、毛的加工卫生与检验

（一）皮张的加工卫生与检验

1. 皮张的加工卫生要求 由屠宰加工车间获得的各种动物皮张，在送往皮革加工厂之前，必须进行初步加工。首先除去皮张上的泥土、粪污、残留的肉屑、脂肪、耳软骨、蹄、尾骨、嘴唇等；其次是防腐，通常采用干燥法、盐腌法和冷冻法。

（1）干燥法。适用于北方干燥地区，通过自然干燥的方法除去皮中的水分。干燥时以皮肉面向外搭在木架上晾干为好，切忌在烈日下暴晒，以免皮张干燥不匀和分层。

（2）盐腌法。适用于南方潮湿地区，通过盐的高渗作用，使皮张脱水。盐腌时除注意正确执行技术操作外，还应注意盐的质量。不得用适于葡萄球菌、链球菌、八叠球菌等微生物繁殖的钙盐，最好加入占盐重3%的碳酸钠或2%的硅氟酸钠。后者效果显著，但有一定的毒性，用时要特别注意。此外，加工时盐水应清洁，不得用废盐和含卤的盐，最好用熬制盐。

（3）冷冻法。是鲜皮最简单的防腐法，适用于北方地区。但冷冻可使皮张脆硬易断，运输不便，容易风干，不宜长期贮存或长途运输。

2. 皮张的卫生检验

从事皮张鉴定工作的动物检疫检验人员必须掌握健皮、死皮和有缺陷皮张的特征，此外还需熟悉患传染病动物和死亡动物皮张的特征。皮张的质量以真皮的致密度和背皮的厚度、弹性、有无缺陷（生前的或是加工后的）等作为评定指标，皮张的质量取决于品种、年龄、性别和动物生前的役用种类及屠宰季节。

（1）健皮（正常皮张）的特征。健康动物的生皮，肉面呈淡黄色（上等肥度）、黄白色（中等肥度）或淡蓝色（瘦弱动物）。放血良好的生皮，肉面呈暗红色，盐腌法保存的生皮，颜色与鲜皮一致。皮面致密，弹性好，背皮厚度适中且均匀一致，无外伤、血管痕、虻眼、癣癞、腐烂、割破、虫蚀等缺陷。剥下数小时之内打卷的皮张，干燥后其肉面变暗，此种现象也见于用日光干燥皮张。

（2）死皮的特征。由动物尸体上剥下来的皮张称为死皮。死皮的特征是肉面呈暗红色，且往往带有较多的肉和脂肪。常因血液坠积而使皮张肉面的半部呈蓝紫色，皮下血管充血呈树枝状。

根据《病害动物和病害动物产品生物安全处理规程》（GB 16548—2006）规定禁止从需要做销毁处理的患病动物尸体上剥取皮张。从患传染病死亡的动物尸体上剥取的皮张，也属于死皮，具有死皮的一般特征，与一般死皮不同之处在于其肉面被血液高度污染而呈深暗红色。例如，炭疽病尸体染成黑红色，干燥的则为深紫红色，最后判定有待于实验室检查。

3. 皮张常见的缺陷　可分生前形成、屠宰加工和保存时形成三种情况。

（1）动物生前形成的缺陷。包括有以下几种：①烙印伤，烙印标记留在皮上所致；②针孔，治疗时由针头刺的孔洞所致；③虻眼，系牛皮蝇幼虫寄居时形成的，皮面呈小孔，向内逐渐扩大呈喇叭状，或伤口内有积脓或虫体出来已久伤口封闭；④虱疹，虫咬部分多发生湿疹状丘疹甚至小脓疱；⑤癣癞，皮面粗糙，呈小节状态，有渗出物凝固，有时则形成裂孔和空洞；⑥疮疤，外伤愈合后形成的瘢痕。

（2）屠宰加工时形成的缺陷。常见的有剥皮时切割穿孔、削痕及肉脂残留。

（3）皮张保存时形成的缺陷。包括有以下几种：①腐烂（熟烂），系剥皮后日晒或干燥过急，皮的毛面和肉面已干燥，但其中层仍处于潮湿状态，在适宜的条件下便开始腐烂，或温度较高而胶化变性；②烫伤（塌晒），主要是夏季将鲜皮铺于已晒热之地面或其他过热的物体上干燥时，或在晒皮时将皮移动，致使皮的纤维组织受热变质，皮张表现脆硬，缺乏弹性；③霉烂，皮张在贮存或运输过程中受潮时间过久，霉菌和其他细菌侵蚀所致；④油烂，系皮上脂肪未尽，干燥后脂肪融化，渗入纤维组织使之变质；⑤虫伤，皮张遭受蛀皮虫（黑色小甲虫的幼虫）的蛀食形成的深沟纹的孔洞。

（二）毛类的加工卫生与检验

1. 猪鬃　由猪体上收集的毛，统称鬃毛。其位于背部的长达 5cm 以上的鬃毛，特称为猪鬃。猪鬃是我国的主要出口物资，多产于未改良的猪种，平均每头猪可产鬃 60g 左右。收集并整理按色分类，用铁质梳除去绒毛和杂质后，按其长度分级、扎捆成束。鬃毛的根部由于带有表皮组织，如不及时处理很容易变质、腐败、发霉，影响其品质。泡烫后刮下的湿鬃毛，为了除去毛根上的表皮组织，可将其堆放 2～3d，通过发热分解促使其表皮组织腐败脱落。然后加水梳洗，除去绒毛和碎皮屑，摊开晒干，用于加工。也可采用弱苛性钠溶液蒸煮浸泡法，使表皮组织溶解，效果也较好。好的猪鬃一般色泽光亮，毛根粗壮，无杂毛、绒毛、霉毛、表皮等。

2. 毛　包括羊毛、驼毛、马毛和牛毛（特别是牦牛毛），是很有价值的轻工业原料。牲畜的产毛量和品质，取决于动物的年龄、品种、营养状况、气候及饲养管理条件等。

毛的来源可分为两种，一种是按季节从动物体剪下的毛，另一种是屠宰加工时从屠体和皮张上褪下的毛，如猪毛、马毛和牛毛等。从动物体上剪下的毛，应注意检疫和消毒，以免疫病的传染，同时也应注意毛的清洁和分级。在屠宰场所获得的毛，多是从宰后屠体浸烫褪毛时褪下的毛。这种毛经过加工、清洗和消毒，也可以作为良好的轻工业原料。

3. 羽毛　禽类的羽毛质轻松软，且富有弹性，是重要的轻工业原料，我国每年大量出口。羽毛品质的好坏，主要取决于羽毛的收集方式和加工方法。工业用羽毛应采自健康的家禽。屠宰时为了防止羽毛被血液污染，可采用口腔放血法。拔毛的方式分干拔和湿拔，以干拔的羽毛为佳，羽绒业收集羽毛多采用干拔法，屠宰加工时则多采用湿拔法。拔毛时要注意把禽体上的片毛和绒毛都拔下来，尤其是鸭、鹅的绒毛，更具有经济价值。拔下的羽毛应铺成薄层，经通风干燥后用除灰机清除泥土和灰尘，再用分毛机将绒毛、片毛、薄毛和硬梗分开，并分别贮存。

鉴定羽毛品质时，应注意是否混入血毛、食毛虫、杂毛、虱和其他杂质，也要注意有无霉变、腐败和分解现象。

四、生化制药原料的采集与卫生要求

（一）动物生化制药原料

动物生化制剂是指所有由动物脏器、腺体、组织、体液、分泌物、胎盘、毛、皮、角、蹄壳制取的供医疗或工业用的制品，而这些组织和脏器则是动物生化制剂原料。这些生化制剂，毒性低，不良反应小，疗效可靠，在现代医学中占有重要地位。自古以来我国劳动人民就有用牛黄、马宝、胆汁、胎盘、鸡内金等动物原料防治疾病的实践经验，收入《本草纲目》的 1 892 种药物中，动物来源药就占 400 多种。随着科学技术的发展，从动物体分离和提取的生化药物越来越多，动物生化制剂在整个医药工业中已占有相当比例。目前我国上市的生化药物达 170 多种（包括原料和各种制剂），国外上市的生化药物约有 140 种，另有 180 多种正在研究中。

动物屠宰后可收集的生化制剂原料有松果体、脑垂体、甲状腺、胸腺、肾上腺、胰腺、卵巢、睾丸、胎盘、脊髓、胚胎、肝、胆囊、血液、脾、腮腺、颌下腺、舌下腺、猪胃、牛羊真胃、肠、脑和眼球等。

（二）动物生化制剂原料采集的卫生要求

1. 迅速采集 生化制剂原料易变质腐败，特别是内分泌腺所含的激素极不稳定，死亡不久就失去了活力，故应在动物屠宰后尽快采集，采集腺体应与屠体解体取出脏器同时进行。一般来讲，内分泌腺体在采集地点的停留时间最长不超过 1h，有些内分泌腺体如脑垂体、胰腺、肾上腺等应在 25～40min 内采集为好。

2. 剔出病变 脏器生化制剂原料必须来自健康畜体，不得由传染病患畜屠体上取得。凡有腐败分解、钙化、化脓、硬化、囊肿、坏死、出血、变性、异味或污染的，都不得作为制药原料采集。要由专门人员用完全洁净的手和器械（刀、剪等）采取，尽可能不伤及腺体表面。采集好的原料应无病理变化。

（三）生化制药原料的初步加工卫生

生化制药原料的初步加工，主要是清除腺体周围的脂肪组织与结缔组织，清除时用力要适度，保证腺体完整，也不能挤压和揉搓腺体。经初步加工的腺体，由卫生检验人员仔细检查，有病变的腺体必须废弃。初步加工好的腺体应在－20℃左右迅速冻结固定保存，以确保激素的活力不受影响。脑垂体的采集和固定不得迟于宰后 45min，胰腺不得迟于 20～50min，松果体和肾上腺不得迟于 50～60min，其他腺体和脏器也不得迟于宰后 2h。生化制药原料的固定和保存目前采用的方法包括以下几种。

1. 冷冻干燥法 冷冻干燥法是借助冰冻干燥机在－80～－40℃温度下使原料中的水分很快结冰，并在真空状态下直接升华，使原料很快干燥完全，保存原料中的有效成分的方法。多用于科学研究和保存有价值的内分泌腺体。

2. 冷冻法　冷冻法是将原料平铺在干净的金属盘中，厚度不超过10cm，及时在−20℃左右的温度下冷冻，然后转入−18℃的冷藏库中保存的方法。此法最常用。

3. 有机溶剂脱水法　有机溶剂脱水法是用丙酮、乙醇等有机溶剂连续多次为内分泌腺体脱水，使其含水量降低到10%以下的一种保存方法。因价格昂贵，故此法只用于有较高价值和科研用内分泌腺体的保存。

4. 盐腌保存法　盐腌保存法指用食盐或硫酸铵腌制原料，阴干后保存的方法。用于价值低的原料的保存。

5. 高温烘干法　高温烘干法是指对某些耐热的脏器和内分泌腺体采用高温烘干水分而保存的方法。

五、血液收集与加工的卫生要求

动物血液约占屠宰动物活重的5%，其中含有大量营养价值完全的蛋白质、各种酶、维生素、激素及矿物质等，在食品加工、医药制造和工业生产方面有广泛的用途。

（一）血液收集的卫生要求

血液的收集因其用途不同，收集的方法也不同。用于医药和食用的血液，用空心刀从颈动、静脉或心脏穿刺放血，分别收集（容器上标以与胴体相同的编号）。收集的血液只有在宰后检验之后，根据检验结果来分别处理。工业用途的血液不必分别收集，可直接收集到血槽或密封的容器中用于加工。

（二）血液初步加工卫生要求

1. 防止其凝固　常用方法有机械脱纤法和化学抗凝法。机械脱纤法是利用木棍或带有旋转桨叶的搅拌机，用力搅拌血液脱去血液中的纤维蛋白而使血液保持液体状态的方法，脱纤工序需要2～4min。多用于医药用和工业用血液的脱纤。化学抗凝法是利用草酸盐、氯化钠、柠檬酸钠等抗凝剂使血液中的钙失去作用而使血液保持液体状态的方法。草酸盐用量为0.1%，柠檬酸钠用量为0.1%～0.3%，氯化钠用量为10%。不能及时加工或准备外运的血液，则应在脱纤或抗凝后加入防腐剂。

2. 保持卫生清洁　在血液的收集和初步加工过程中，必须按卫生要求进行操作。血液接触的设备和用具，都必须保持清洁、卫生，工作完毕后应彻底清洗和消毒。

任务七　市场肉类的动物卫生监督与检验

【任务描述】

市场肉类兽医卫生监督与检验的一般程序和方法，病、死畜禽肉的检验与处理，性状异常肉和劣质肉的检验与处理，肉种类的鉴别，肉类交易市场的动物卫生监督。

【与其他任务的关系】

市场肉类的动物卫生监督与检验以鲜、冻肉的卫生检验为基础，检验合格后直接进入流通和消费环节。

一、市场肉类动物卫生监督与检验概况

（一）市场肉类动物卫生监督与检验的意义

随着我国畜牧业的飞速发展，大量的动物产品进入市场，在经济得到繁荣的同时，人民的生活水平也得到了改善。但是，屠宰加工企业和肉品销售方式的多元化，使得市场中肉类来源广泛，有些肉类已经过动物卫生监督与检验，也有些未做过任何检验，同时不同的市场，环境和设备都不尽相同，这就给市场肉类的卫生监督和检验带来了一定困难，使得一些病、死畜禽肉和注水肉等进入了流通市场，威胁广大消费者健康的同时，也可能造成动物疫病的流行和传播，因此，为保障广大消费者的食肉安全和促进畜牧业健康稳定的发展，一定要严格加强市场肉类的动物卫生监督和检验，这在公共卫生学上也有着非常重要的意义。

（二）市场肉品动物卫生监督检验现状

我国大中城市的市场，一般都设有专门的市场肉品动物卫生监督检验站。在这些动物卫生监督检验站中，设有病理学检验室、细菌学实验室、寄生虫检验室和理化检验实验室，有条件的还设有肉品无害化处理室以及一些相关的处理设备，同时设有工作人员的办公室和休息室。在大城市，各区还设有市场肉品卫生监督检验站，并建有设备良好的中心实验室，当各区的市场肉品动物卫生监督检验站在检疫中遇到疑难问题时，可以将肉品或采集的病料送中心实验室检验。一般在较小的城市的市场，设有相对简易的肉品动物卫生监督检验站，可供病理学检查和简单的理化检验与细菌学检验。

（三）专职肉品卫生监督检验员的职责

（1）查验相关证件，对市场交易的卫生环境进行监督，凡无相关证件或环境卫生不符合条件者，不得从事肉品经营。

（2）按照《中华人民共和国动物防疫法》《中华人民共和国食品安全法》以及当地人民政府的有关规定，对上市肉类进行卫生监督检验和处理，对病死、毒死、死因不明的肉类以及未经检验或者检验不合格的肉类，一律禁止上市销售。

（3）对腐败变质、脂肪酸败、生虫、污秽不洁等性状异常的肉品和被农药化肥等污染的肉品一律予以无害化处理。

（4）以多种形式向肉品经营者和消费者，宣传动物卫生要求和人畜共患病的危害性及预防的相关知识，提高消费者的卫生安全意识。

（5）肉类的动物卫生检验要在统一地点进行集中检验，一般在市场监督检验站内进行。不得直接在交易场所进行，以免造成交叉污染。

（6）与当地畜牧兽医行政管理部门保持畅通的联系，及时掌握产地畜禽疫病的动态和屠宰检疫的状况，防止不合格肉品上市销售。

二、市场肉类动物卫生监督与检验的一般程序和方法

（一）各种动物肉的监督检验要点

市场销售的肉类主要有猪肉、牛肉、羊肉、禽肉、马属动物肉、兔肉、犬肉等，各种肉类的市场动物卫生监督检验要点如下。

1. 猪肉 重点检验部位是颌下淋巴结和咽喉部，剖检以检验慢性或局限性炭疽；视检

鼻盘、齿龈、舌面以检查是否患有口蹄疫和水疱病；剖检咬肌、腰肌、肩胛外侧肌、股内侧肌、心肌等以检验是否患有猪囊尾蚴病；采取膈肌脚以检查有无旋毛虫病。在检查猪的胴体时，应注意猪瘟、猪丹毒、猪肺疫所表现出的皮肤、肌肉、淋巴结等的病理变化。

2. 牛肉　主要剖检颌下淋巴结和咽后内侧淋巴结以及咽后外侧淋巴结，视检唇、齿龈、舌面、咽喉黏膜和上下颌骨状态，以检验是否患有口蹄疫、结核病、巴氏杆菌病和放线菌病等。

剖检腰肌、臀肌、膈肌脚、颈肌、咬肌和舌肌以检验牛囊尾蚴病。检查胴体时，注意放血不良或皮下、肌间有无浆液性或出血性胶样浸润及淋巴结的病理变化等，以检验是否患有炭疽。

3. 羊肉　主要视检唇、齿龈、舌面、头部皮肤状态，以检验是否患有口蹄疫和羊痘；视检皮下、肌间组织、胸膜状态，以检验是否患有炭疽和各种性质的炎症等。

4. 禽肉　主要检查皮下组织、天然孔、体腔浆膜、体内残留脏器和腹部脂肪状态，着重检查病死光禽。

5. 马属动物和骆驼肉　主要检查鼻中隔、鼻甲骨和颌下淋巴结，以检验是否患有鼻疽。骆驼肉还需检查咬肌、颈肌、腰肌等，以检验囊尾蚴病。

6. 兔肉　主要视检胸腔、腹腔和脂肪，以检验各种性质的炎症或黄疸。

7. 犬肉　采取膈肌脚，检查是否患有旋毛虫病。

肉品通过上述感官检验仍不能判定病理性质者，还需进行细菌学检验、理化检验及血清学检验等实验室检验。

（二）市场肉类动物卫生检验的一般程序

1. 询问情况　进行市场肉类的动物卫生监督检验时，首先向货主询问、调查、了解相关情况：如屠宰动物的来源、产地疫病流行情况等，畜禽宰前的健康状况，是否在定点屠宰场屠宰和检疫，动物运输方式等。了解上述情况，有助于判断动物的健康状况。如屠猪购于旋毛虫疫区，监督检验时还要重点检查膈肌、腰肌；在夏季中暑后急宰的猪，往往会出现放血不良，但淋巴结却无明显的病变；粗暴赶畜，在宰后体表上会出现一些伤痕和出血斑；宰前长期患病者，胴体消瘦，脂肪很少。这些情况都可为动物卫生监督检疫人员分析判断提供相关的依据。

2. 检查证件

（1）检查经营者是否具有合法经营资格，即是否取得营业执照。

（2）检查经营者是否有健康证明，即是否获得健康检查合格证。

（3）检查动物防疫合格证，动物和动物产品检疫合格证。

（4）检查经营单位卫生状况是否合格，即是否获得食品卫生许可证。

3. 检查验讫标志

（1）查验动物胴体上是否加盖或加封验讫标志。

（2）查验验讫标志与检疫证明是否相符。

4. 胴体和内脏的检查

（1）观察胴体上检疫合格验讫印章，凡涂改、伪造检疫证明者，应进行补检或重检，对印章不清或证物不符的应按未经检验肉进行处理。

（2）对于来自定点屠宰场（站）并经过动物卫生检验的肉类，首先应视检头、胴体和内脏的规定检验部位有无检验刀痕及切面状态，并检查甲状腺、肾上腺及病变淋巴结是否被摘除，以判定其是否经过检疫和证实其检疫的准确性。

(3) 当发现漏检、误检及病死畜禽肉或可疑传染病的时候，应进行全面认真的检查。

(4) 对于牛羊及马属动物，当发现放血不良，并在皮下、肌间有浆液性或出血性胶样浸润时，必须重点检查是否患有炭疽病。

(5) 对未经检验的肉品，必须全面进行补检，检查的着重点：胴体的放血刀口状态以及放血的程度，全部可检淋巴结的状态，胴体上皮肤、皮下组织、脂肪、肌肉、胸膜、腹膜、关节、骨、骨髓及连带头蹄和内脏等有无异常病理变化，禁止病、死畜禽肉上市流通或销售。

三、病、死畜禽肉的检验与处理

对上市肉品进行监督检验的动物卫生监督检验人员，应着重查明受监督检验的肉类是否来自患病的、濒死期急宰的或死后冷宰的畜禽。当怀疑为病、死畜禽肉时，应进行仔细的感官检查和剖检，不能确诊时，则进行进一步的细菌学检验或理化检验等实验室检验。

(一) 感官检查和剖检

1. 病畜肉 指患病急宰的畜肉，在对其进行感官检查和剖检时，必须考虑到以下特征：

(1) 放血刀口状态出现异常。健康的动物放血部位由于组织血管的收缩，血液大量流出，宰杀刀口会出现外翻，切面粗糙，并且其周围组织有相当大的血液浸染区，有的可深达0.5～1.0cm。而病畜急宰以后，血液流出少，其宰杀刀口一般不外翻，并且切面平整，刀口周围组织稍有或无血液浸染现象。如宰杀前经过治疗者，可在颈部注射处见到出血和药物浸润的痕迹。

(2) 放血不良。急宰牲畜的肉会表现明显的放血不良，肌肉呈黑红色或蓝紫色，肌肉切面可见到血液浸润区，并伴有血滴外溢。脂肪、结缔组织和胸膜下血管显露，有时会将脂肪染成淡红色。剥皮肉表面常有渗出的血液形成的血珠。

(3) 坠积性淤血。濒死期动物在急宰前常较长时间侧卧，血液循环障碍，由于重力作用引起体内血液的下沉，卧地侧的皮下组织和成对器官的卧地侧部分器官呈现紫红色血液坠积区，下沉的血液最初滞留于血管内，使血管呈树枝状淤血。

(4) 淋巴结的病变。急宰动物的淋巴结，由于所患疫病的不同而可能出现肿大、充血、出血、坏死或其他一些病理变化。如猪患咽型炭疽病时，可见颌下淋巴结肿大、出血，切面为均匀的深砖红色，质地粗糙无光泽，切面上会出现有暗红色或紫黑色凹陷的坏死病灶；患猪肺疫时，颌下淋巴结常有明显的水肿，切面流出大量的液汁，并有出血；患猪瘟时，淋巴结切面则比较干燥，无淋巴液流出现象，出血程度一般比较严重，切面呈大理石样外观；患猪丹毒时，全身淋巴结充血肿胀，切面多汁，呈浆液性出血性炎症。

2. 死畜肉 屠畜病死后冷宰所得到的肉，感官检验和病理剖检特征与病畜肉的检验是基本相同的，只是变化程度更为明显。

(1) 放血刀口状态明显异常。屠畜病死后冷宰所得到的肉，其放血刀口不外翻，切面平整光滑，刀口周围组织无血液浸染现象。

(2) 极度放血不良。肌肉呈黑红色，且带有蓝紫色彩，切面有黑红色血液浸润，并流出血滴。血管中充满血液，分布走向明显露出。胸腹膜下血管充盈，胸腹膜表面呈现紫色，脂肪呈红色，剥皮肉的表面有较多的血珠。

（3）坠积性淤血明显。病死后冷宰的屠畜，在其肉尸一侧的皮下组织、肌肉及浆膜，呈明显的坠积性淤血，可见血管怒张，血液浸润的组织呈大片紫红色区。在侧卧部位的皮肤上有淤血斑，又称为尸斑。

（4）淋巴结病变显著。病死后冷宰的屠畜，其肉尸中淋巴结的病理变化非常明显，大多数的淋巴结肿大，切面呈紫玫瑰色。此外，应注意区分由于所患疫病的不同，淋巴结可表现出多种不同的病理变化。

3. 病、死禽肉 病禽屠宰后由于放血不良，皮肤呈红色、暗红色或淡蓝紫色，而鸡冠、肉髯呈紫黑色。颈部、翅下、胸部等的皮下血管淤血，肌肉切面呈暗红色或紫色，湿润多汁，有时有血滴流出。死禽肉放血极度不良，或完全没放血，肌肉切面呈紫黑色，且在皮肤表面可见到紫色斑点。

病禽宰杀刀口无血液浸染现象，死禽多数无宰杀刀口。

病、死禽常拔毛不净，毛孔突出，尸体消瘦，个体一般较小，肉尸一侧往往有坠积性淤血。

（二）细菌学检验

畜禽在感官检验和剖检时，一旦发现有病、死畜禽肉的特征，应立即采取病料，进行触片、染色、镜检，确定疫病种类。这在及时发现传染源，控制疫病扩大传播范围和保障消费者的食肉安全方面，都具有非常重要的意义。

1. 操作方法

（1）无菌操作，取病理变化明显的淋巴结、实质器官和组织，进行触片。

（2）将干燥并经火焰固定的触片，分别用革兰染色液和美蓝染色液进行染色（也可将自然干燥的组织触片，经瑞氏染色法进行染色）。当怀疑为结核病时，可采用抗酸染色法染色。用普通光学显微镜进行镜检。

2. 常见细菌的染色镜检特征

（1）炭疽杆菌。为革兰阳性大杆菌，菌体两端钝圆，呈单个或短链状排列，瑞氏染色可见有明显的荚膜。猪淋巴结触片中见到菌体两端钝圆并有荚膜的炭疽杆菌时即可确诊。

（2）红斑丹毒丝菌。为革兰阳性的一种纤细的小杆菌，菌形细长，直形或稍弯曲，单个、成对或成小堆排列，无芽孢和荚膜。

（3）巴氏杆菌。为革兰阴性的两极浓染的卵圆形小杆菌。当检查猪的病料时，镜检可以得到比较满意的结果，而检查牛羊的组织触片及慢性病例或腐败材料的时候，往往不易发现典型的巴氏杆菌，只作为参考，确诊尚需进行细菌分离培养或动物接种试验。

（4）气肿疽梭菌。为革兰阳性菌，两端钝圆，单个或成对存在，病变部肌肉涂片，菌体呈杆状或梭形，芽孢位于菌体中央或偏向一端，不形成荚膜，周身有鞭毛。

（5）链球菌。为革兰阳性有荚膜的球菌，大小不一，多呈双球状或短链状排列。

（6）结核杆菌。经抗酸染色法染色后，结核杆菌染成鲜红色，有分支，其他细菌呈蓝色。

（三）理化检验

病、死畜肉的理化检验在鉴别上具有一定的辅助作用，方法较多，操作简单，易在市场肉类监督检验中应用，而且结果比较可靠的，主要有以下几种检验方法。

1. 放血程度检验

（1）滤纸浸润法。

①操作方法。取干滤纸条（宽0.5cm，长5cm），将其插入被检肉的新切口处1～2cm深，经2～3min后观察结果。

②结果判定。放血不良：滤纸条被血液浸润且超出插入部分2～3mm；严重放血不良：滤纸条被血液严重浸润且超出插入部分5mm以上。

（2）愈创木脂酊反应法。

①操作方法。用镊子将肉固定后，用检验刀切取前肢或后肢瘦肉1～2g，置于小瓷皿中；用吸管吸取愈创木脂酊（5g愈创木脂溶于100mL 75%乙醇中）5～10mL，注入瓷皿中，此时肌肉不发生任何变化；加入3%过氧化氢溶液数滴，此时肉片周围会产生泡沫。

②结果判定。放血良好：肉片不变颜色，肉片周围溶液呈淡蓝色环，或无变化；放血不全：数秒钟内肉片颜色呈深蓝色，全部溶液也呈深蓝色。

2. 过氧化物酶反应 健康动物的新鲜肉中存在有过氧化物酶，而患病动物肉一般无过氧化物酶或者含量极低，当肉浸液中有过氧化物酶存在时，可将过氧化氢分解，产生新生态氧，而将指示剂联苯胺氧化成为蓝绿色化合物，经过数分钟后则变成褐色。

（1）操作方法。

①称取样品精肉10g，剪碎，置于200mL烧杯内，加入蒸馏水100mL，浸泡15min，并不断振摇，然后过滤，制成肉浸液，待检。

②取2支试管，1支加入2mL肉浸液，另1支加入2mL蒸馏水作空白对照。

③向两试管中分别加入0.2%联苯胺乙醇溶液5滴，充分振荡。

④分别向两试管中滴加1%过氧化氢溶液2滴，轻摇混匀，并立即观察在3min内颜色变化的速度与程度。

（2）结果判定。

①健康新鲜肉。肉浸液在0.5～1.5min内呈蓝绿色，而后变成褐色。

②病死畜禽肉。颜色一般不发生变化，但有时较迟出现淡蓝绿色，却很快变为褐色。

3. 硫酸铜肉汤反应 健康畜禽肉的肉汤中，离子主要以两性形式存在，在一定pH溶液中，总电荷为零。因而在电泳中，蛋白质既不向阴极移动，也不向阳极移动，尽管有电解质（硫酸铜）参与反应，但不能与其结合，因而溶液澄清透明。而病、死畜禽肉，由于生前体内组织蛋白已发生了分解，因此肉中的pH高于健康动物，在电解质（硫酸铜）的参与下，可使溶液中的阴离子与电离后的金属离子（Cu^{2+}）作布朗运动时形成难溶于水的蛋白盐。

（1）肉汤的制备。称15g肌肉样（去除脂肪和结缔组织）剪碎，置100mL锥形瓶中，加蒸馏水50mL，摇匀后加塞，置55～60℃水浴中恒温加热10min，趁热过滤，冷却至室温后备用。

（2）操作方法。取上述肉汤滤液2mL置于试管中，加入5%硫酸铜溶液5滴，混匀静置，观察反应。同时应做空白对照试验。

（3）结果判定。肉汤澄清透明、无絮状沉淀或肉汤呈轻度混浊为健康畜禽肉，如肉汤中出现絮状沉淀或冻胶状则为病死畜禽肉。

（四）病、死畜禽肉的处理

在对市场肉类进行动物卫生监督检验中一旦发现病、死畜禽肉，应按以下方法进行处理。

（1）病、死畜禽肉一律不准上市销售。若检出烈性传染病（如炭疽、口蹄疫等）时，要在动物卫生监督工作人员的监督下就近进行销毁。对污染的场地及所有被污染的车辆、工具、衣物等进行彻底消毒，并报告上一级畜牧兽医行政主管部门，严密监视疫情动态。

（2）对一般疫病急宰后的畜禽肉，可按农业农村部《病死及病害动物无害化处理技术规范》有关规定进行处理。

（3）对销售病、死畜禽肉的固定摊点，除按规定对肉类进行销毁处理外，还应按有关规定对相关人员进行相应的处理，并吊销其营业执照，若因此引起食源性感染或食物中毒的，还应追究法律责任。

四、性状异常肉和劣质肉的检验与处理

（一）气味异常肉

1. 气味异常肉的鉴定

（1）饲料气味。由于动物生前长期饲喂带有浓郁气味的饲料，如独行菜、亚麻子饼、鱼粉、萝卜及芸香类植物等，使肉有饲料气味；绵羊长期饲喂萝卜，其肉具有强烈的口臭味；饲喂以甜菜根为主的饲料时，则肉具有肥皂味或油酵气味；长期饲喂泔水的猪，其肉和脂肪发出使人厌恶的废水气味；用鱼粉、鱼鳞骨或鱼罐头厂的废渣喂猪时，其肉常常有鱼腥味。

（2）药物气味。宰前不久给动物经口或注射过具有芸香或其他异常气味的药物，如乙醚、氯仿、松节油、克辽林、樟脑、甲酚制剂等，可使肉和脂肪带有药物气味。

（3）性气味。未去势或晚去势（晚阉割和隐睾）的公畜肉，尤其是公山羊肉和公猪肉，常发出难闻的性气味。这种气味主要是由睾酮引起的，随着去势时间的延长而逐渐减轻或消失。性气味可因加热引起挥发，因此可应用煮沸试验法，或在生产线上应用烙铁烫法鉴定。

（4）病理气味。屠宰动物生前的某些病理过程，可使肉具特殊气味。如肉用动物患气肿疽或恶性水肿时，肉常带有陈腐的油脂气味；患蜂窝织炎、肌肉脓肿或脓毒败血症时，肉常带有脓臭气味；患有肾炎、膀胱破裂及尿毒症时，肉常带有尿臭味；患酮血症时，肉常带有酮臭气味和怪甜味；患胃肠道疾病，胃肠破裂或肠气肿时，肉具有粪臭味或氨味；砷制剂中毒的动物胴体有大蒜味；自体中毒和严重营养不良的动物，胴体常有腥臭味。

（5）酸臭气味。由于冷凉条件不好，如悬挂过密或堆叠放置，胴体间空气不流通，肉内部温度不易散发，导致肉不能很快冷却，而引起自体溶解，发生肉的酸臭性发酵。尤其在夏天，由于天气炎热、气温高，早晨宰杀的猪肉如冷凉不好，不到中午就发生所谓“热夹气”，肉滑腻，色灰红或微灰绿，弹性有些降低，带酸臭。该种肉氨的定性试验呈阴性反应，硫化氢试验为阳性，肉汁呈强酸性反应（pH 5.4～5.6）。

（6）氨臭。肉发生氨臭，原因有下述几种：①宰后片猪肉和分割肉，未经充分冷凉而立即堆叠，导致自体溶解，蛋白质分解产生氨气且肉色变黑；②在腐败细菌的作用下，肉蛋白质分解产生氨气；③肉品从外界污染氨臭，如冷藏库的冷气管道跑气。

（7）附加气味。将肉与特殊气味的化学物品如油漆、汽油、消毒药物等，和有异常气味

的食品如鱼虾、烂水果、葱蒜等同室贮藏或同车运输时，因吸附作用使肉有异常的附加气味。

2. 气味异常肉的处理 首先应排除禁忌证如气肿疽、恶性水肿、中毒等。对其他原因引起的异味肉，可先进行通风驱味48h，若有明显改善或仅局部有异常气味的胴体，可进行局部修割，去掉异味部位后，不受限制出场。若驱味效果不佳，经煮沸试验仍有不良气味的胴体，不宜新鲜食用，应再加工或工业用。

（二）色泽异常肉

1. 色泽异常肉的鉴定 屠畜宰后检验中常见的色泽异常肉有黄脂肉、黄疸肉、红膘肉、白肌肉、白肌病肉、色素沉着肉等。

(1) 黄脂肉。又称为黄膘肉，是指皮下或腹腔脂肪发黄，质地较硬，稍呈混浊，而其他组织器官不发黄的一种色泽异常肉。一般认为，黄脂肉是饲料中黄色素沉积于脂肪组织所发生的一种非正常黄染现象，发生的原因是长期饲喂黄玉米、芜菁、棉籽饼、南瓜、胡萝卜等饲料，或饲喂鱼粉、蚕蛹、鱼肝油下脚料等。有人认为，某些品种的猪易发生是与遗传因素有关。它们都仅仅是脂肪有黄色素沉着，而呈黄色甚至黄褐色，尤以背部和腹部皮下脂肪最为明显。黄脂肉随放置时间延长，颜色会逐渐减退或消失。

(2) 黄疸肉。是由体内胆红素生成过多或排泄障碍所引起。大量溶血或胆汁排除受阻，导致大量胆红素进入血液、组织液，把全身各组织染成黄色，除脂肪组织发黄外，全身皮肤（白皮猪）、巩膜、结膜、黏膜、浆膜、关节囊液、腱鞘及内脏器官均染成不同程度的黄色，以关节囊液、组织液、皮肤和肌腱黄染对黄疸和黄脂的鉴别具有重要的意义。此外，绝大多数黄疸病例（80%以上）的肝和胆道都呈现明显的病变，与传染病并发的黄疸，肝、肾等器官有病理变化。黄疸肉存放时间愈长，其颜色愈深，这也是区别黄脂肉的重要特征（表3-13）。

表3-13 黄脂肉和黄疸肉的鉴别

项 目	黄脂肉	黄疸肉
着色部位	皮下、腹腔脂肪	全身各部位皮肤、脂肪、可视黏膜、巩膜、关节液、肌腱、实质器官等
发生原因	与饲料及猪的品种有关	溶血或胆汁排泄受阻
放置后变化	放置时间稍长，颜色变淡或消退	放置时间愈长，颜色愈黄愈深
氢氧化钠鉴别法	上层乙醚为黄色，下层液无色	上层乙醚为无色，下层液黄色或黄绿色
硫酸鉴别法	滤液呈阴性反应	滤液呈绿色，加入硫酸，适当加热变成淡蓝色

(3) 红膘肉。是指皮下脂肪由于充血、出血或血红蛋白浸润而呈现粉红色。除某些传染病（如急性猪丹毒、猪肺疫）外，还可由背部受到冷、热等机械性刺激而引起，特别在烫猪水温超过68℃时，常可见到皮下和皮肤发红。在此情况下，应仔细检查内脏和主要淋巴结有无病理变化。

(4) 白肌肉（PSE肉）。也称“水煮样肉”，主要特征是肉的颜色苍白，质地柔软，有液体渗出，病理变化多发生于半腱肌、半膜肌和背最长肌。发生的原因多是猪在宰前应激所致，即宰前机体受到强烈刺激（如驱赶、恐吓、冲淋、电击）后，肾上腺素分泌增多，导致肌肉中肌糖原的磷酸化酶活性增强，在缺氧状态下糖的无氧酵解过程加速，产生大量乳酸，使肉的pH下降（pH降至5.7以下，健康动物新鲜肉的pH为5.8～6.2），再加上宰前高温和僵直热使肌纤维膜变性，肌浆蛋白凝固收缩，肌肉游离水增多而渗出，从而使肌肉色泽变淡，质地变脆，切面多汁。

（5）白肌病肉。主要发生于幼龄动物，特征是骨骼肌和心肌发生变性和坏死，病变常发生于负重较大的肌肉群，主要是后腿的半腱肌、半膜肌和股二头肌，其次是背最长肌。发生病变的骨骼肌呈白色条纹或斑块，严重的整个肌肉呈弥漫性黄色，切面干燥，似鱼肉样外观，左右两侧肌肉常呈对称性发生。一般认为，白肌病肉是缺乏维生素E和微量元素硒，或维生素E利用障碍而引起的一种营养代谢病。

（6）黑干肉（DFD肉）。DFD肉的特征为肌肉颜色暗红，质地硬实，切面干燥。猪肉病变最常见于股部肌肉和臀部肌肉。黑干肉的发生是由于生猪屠宰前长时间处于紧张状态，使肌肉中糖原大量消耗，肉成熟时产生的乳酸少，宰后肌肉的pH相应偏高（6.1），肌肉蛋白保留了大部分电荷和结合水，肌纤维膨胀，对光反射而呈现深红色。

2. 色泽异常肉的处理

（1）黄脂肉胴体放置24h颜色变淡或消失时，肉可食用，可上市销售。放置24h色素消退不快或有异味不允许上市，其胴体、内脏可经高温处理后销售。

（2）黄疸肉确认后一律不得上市，其胴体如膘情良好，肌肉无异味，可进行腌制或熬油。若胴体消瘦，放置24h黄色退化不显著，肉尸内脏一律销毁。怀疑是传染病引起的黄疸应进一步送检，胴体和内脏按相关规定处理。

（3）红膘肉如系传染病引起，应结合该传染病处理规定处理，如内脏淋巴结没有明显病理变化的红膘肉，将胴体及内脏高温处理后出场。

（4）白肌肉味道不佳，加热烹调时营养损失很大，口感粗硬，不宜鲜售。如果感官上变化轻微，在切除病变部位后，胴体和内脏可不受限制出场。病变严重，有全身变化时，在切除病变部位后，胴体和内脏可做复制品出售，但不宜做腌腊制品的原料。

（5）白肌病肉全身肌肉有变化时，胴体作工业用或销毁；病变轻微而局部的，经修割后可食用。

（6）黑干肉不影响食用。但因酮体不耐贮藏，不宜鲜销，可在加工后食用。

（三）注水肉

注水肉是指宰前向畜禽等动物活体内注水，或屠宰加工过程中向屠体及肌肉内注水后的肉。注水方式有多种，直接注水肉，即在宰后不久用注射器连续给肌肉丰厚部位注水；间接注水肉，即在宰前向活体动物的胃肠内连续灌水，或者切开股动脉、颈动脉放血后，通过血管注水或向尚未死亡的畜禽心脏内注入大量的水，使之通过血液循环进入组织中；有的是将胴体在水中长期浸泡，或往分割肉的肉卷中掺水，然后冷冻。注水肉不仅侵害了消费者的经济利益，而且还严重地影响了肉品的卫生安全，属于严重的不法行为。

1. 注水肉的鉴定

（1）视检。

①肌肉。凡注过水的新鲜肉或冻肉，在放肉的场地上将肉移开，下面会显得特别潮湿，甚至出现积水，将肉吊挂起来后向下滴水。注水肉质嫩而发胀，表面湿润，不具有正常猪肉的鲜红色和弹性，而呈淡红色，表面光亮。

②皮下脂肪及板油。正常猪肉的皮下脂肪和板油质地洁白，而注水肉的皮下脂肪和板油

呈现轻度充血、粉红色，新鲜切面的小血管有血水流出。

③心。正常猪心冠脂肪洁白，而注水猪的心冠脂肪充血，心血管怒张，有时在心尖部可找到注水口，剖检心，于切面处可见心肌纤维肿胀，挤压时有水流出。

④肝。严重淤血、肿胀，边缘增厚，呈暗褐色，切面有鲜红色血水流出。

⑤肺。明显肿胀，表面光滑，呈浅红色，用手压之气管中有泡沫状液体流出，切开肺叶可见有大量淡红色液体流出。

⑥肾。经心脏或大动脉注水后，肾肿胀，淤血，呈暗红色，切面可见肾乳头呈深紫红色，剖之可见肾盂部积液。

⑦胃肠。经心脏或大动脉注水后，胃肠的黏膜充血，胃肠壁增厚。

(2) 触检。用手触摸注水肉，缺乏弹性，有湿润感，指压后凹痕恢复很慢或不能完全恢复，常伴有多余水分流出。注水冻肉，通常有滑溜感。

(3) 刀切检验法。待检肉用手术刀将肌纤维横切一个深口，数分钟后切口可见有水渗出，正常肉看不见切口渗水。注水冻肉，刀切时往往有冰碴感。

(4) 加压检验法。取长 500～1 000g 的待检精肉块，用干净的塑料纸包盖起来，上面压 5kg 的哑铃或其他重物，待 10min 后观察，注水肉会有较多血水被挤压出来，而正常肉则无血水流出或仅有几滴血水流出。

(5) 试纸检验法。将定量滤纸剪成 1cm×10cm 的长条，在待检肉的新切口处插入 1～2cm 深，停留 2～3min，然后观察被肉汁浸润的情况（本法不宜检查冻肉）。正常肉只有插入部分的滤纸条湿润，不越出插入部分或越出不超过 1mm；轻度注水肉，滤纸条被水分和肉汁湿透，且越出插入部分 2～4mm，纸条湿的速度快、均匀一致；严重注水肉，滤纸条被水分和肉汁浸湿，均匀一致，超过插入部分 4～6mm 以上。

2. 注水肉检验后的处理

(1) 凡注水肉，不论注入的水质如何、掺入何种物质，均予以没收，化制处理。

(2) 对经营者给予经济处罚，造成后果者，同时追究其相关的法律责任。

(四) 公、母猪肉

1. 公、母猪肉的鉴定

(1) 看皮肤。淘汰公、母猪的皮肤一般都比较粗糙，松弛而缺乏弹性，多皱襞，且较厚，毛孔粗。公猪上颈部和肩部皮肤特别厚且有黑色素及皱襞，母猪胴体在皮肉结合处较疏松。

(2) 看皮下脂肪。公、母猪胴体的皮下脂肪含量较少，且有较多的白色疏松结缔组织。肥膘较硬，公猪的背部脂肪特别硬。母猪皮下脂肪呈青白色，皮与脂肪之间常见有一薄层呈粉红色，俗称“红线”。

(3) 看乳房。公猪最后一对乳房大多并在一起；母猪的乳头长而硬，乳头皮肤粗糙，乳头孔很明显，而育肥猪的乳头短而软，乳头孔不明显。

(4) 看肌肉特征。一般来说，公、母猪的猪肉，色泽较深，一般呈深红色，肌纤维较粗，肌间脂肪比较少。而育肥猪的瘦肉呈鲜艳的红色，肌纤维粗细适中，肌间脂肪较多。

(5) 嗅性气味。老公、母猪肉一般有都有强烈臊气味，且以唾液腺、脂肪和臂部肌肉最明显。除直接嗅检外，也可用加热方法来鉴定。

(6) 寻找生殖器官残迹和阉割疤。仔细检查时，可发现公猪肉有时还可见到阴囊被切的疤痕；母猪则可见子宫韧带的固着疤痕；如果是淘汰的公、母猪经阉割催肥后出售，公猪在阴囊部位可见较大而明显的阉割疤痕，阴茎萎缩不明显，若已预先摘除，则仍可见发达的阴茎退缩肌和球海绵肌；而母猪则可在腹侧发现较大的阉割疤。

（7）看腹部特征。母猪的腹围较育肥猪宽一些，并且其腹直肌往往筋膜化，而公猪的腹直肌则特别发达。

2. 检验后处理

（1）公、母猪肉挂牌标明，可上市销售。

（2）未生育的小母猪肉在割掉乳腺部分后，初产母猪育肥 4 个月后，其肉可鲜销。

（3）性气味轻或晚阉猪肉，在割除筋腱、脂肪、唾液腺后，可作灌肠等复制品原料。

（4）公、母猪肉脂肪可炼食用油。

五、肉种类的鉴别

在市场的肉类交易中，肉类品种繁多，而有些不法的经营者为了获取更多的经济利益，常常会"挂羊头，卖狗肉"，或者以低价位的肉品充当高价位的肉品来出售的方式欺骗消费者，所以进行肉品种类的鉴别是十分必要的。而进行肉品种类的鉴别主要是根据肉的外部形态、各种动物骨骼解剖学结构不同的特点以及不同肉品的理化特性等进行鉴别。肉种类鉴别的重点是在牛肉和马肉，羊肉、猪肉和狗肉以及兔肉和禽肉之间，其中以牛肉和马肉，羊肉、猪肉和狗肉之间的鉴别为主。

（一）外部形态学特征比较

不同动物肉品及脂肪的形态学特征受动物品种、年龄、性别、育肥度、使役、饲料以及放血程度和屠畜应激反应等因素的影响，都不相同。作为肉类品种鉴别的参考，牛肉与马肉，羊肉、猪肉与狗肉，兔肉与禽肉的外部形态学比较如表 3-14、表 3-15、表 3-16 所示。

表 3-14　牛肉与马肉形态学特征的比较

肉品种类	肌　　肉			脂　　肪		气　　味
	色　　泽	质　　地	肌纤维性状	色泽和硬度	肌间脂肪	
牛肉	淡红色、红色或深红色（老龄牛），切面有光泽	质地坚实，有韧性，嫩度较差	肌纤维较细，肌肉断面有颗粒感	黄色或白色（幼龄牛和水牛），硬而脆，揉搓时易碎	明显可见，横断面大理石样花纹	具有牛肉固有的气味
马肉	深红色、棕红色，老龄马颜色更深	质地坚实，韧性较差	肌纤维比牛肉粗，肌肉切面颗粒明显	浅黄色或黄色，软而黏稠	成年马少，营养好的马较多	具有马肉固有的气味

表 3-15　羊肉、猪肉与狗肉形态学特征的比较

肉品种类	肌　　肉			脂　　肪		气　　味
	色　　泽	质　　地	肌纤维性状	色泽和硬度	肌间脂肪	
绵羊肉	淡红色、红色或暗红色，肌肉丰满，肉粘手	质地坚实	肌纤维较细短	白色或微黄色，质硬而脆，油发黏	少	具有绵羊肉固有的膻味

（续）

肉品种类	肌肉			脂肪		气味
	色泽	质地	肌纤维性状	色泽和硬度	肌间脂肪	
山羊肉	红色、棕红色，肌肉发散，肉不粘手	质地坚实	比绵羊粗长	除油不粘手外，其余同绵羊	少或无	膻味浓
猪肉	鲜红色或淡红色，切面有光泽	嫩度高	肌纤维细软	纯白色，质硬而黏稠	富有脂肪，瘦肉切面呈大理石样花纹	具有猪肉固有的气味
狗肉	深红色或砖红色	质地坚实	比猪的粗	灰红色，柔软而黏腻	少	具有狗肉固有的气味

表 3-16　兔肉和禽肉形态学特征的比较

肉品种类	肌肉			脂肪		气味
	色泽	质地	肌纤维性状	色泽和硬度	肌间脂肪	
兔肉	淡红色或暗红色（放血不全或老龄兔）	质地松软	细嫩	黄白色、质软	沉积极少	具有兔肉固有的土腥味
禽肉	淡黄色、淡红、灰白或暗红等色，急宰肉多呈淡青色	质地坚实，较细嫩	纤维细软，水禽的肌纤维比鸡的粗	黄色、质甚软	肌间无脂肪沉积	具有禽肉固有的气味

（二）骨的解剖学特征比较

不同动物的骨骼都有着固定的种类特征，因此通过骨的解剖学特征来鉴别肉种类是准确而可靠的方法，几种动物骨骼的特征如表 3-17、表 3-18 所示。

表 3-17　牛骨与马骨的比较

部位	牛	马
第一颈椎	无横突孔	有横突孔
胸骨	胸骨柄肥厚，呈三角形（水牛为卵圆柱形），不突出于第一肋骨，胸骨体扁平形，向后逐渐变宽	胸骨柄两侧压扁，呈板状，且向前突出，胸骨体的腹嵴明显，整个胸骨呈舟状
肋骨	13 对，扁平，宽阔，肋间隙小，水牛更小	18 对，肋骨窄圆，肋间隙大
腰椎	6 个，横突长而宽扁，向两侧呈水平位伸出，以 2～5 最长，1～5 横突的前角处有钩突，黄牛钩突不明显	6 个，横突比牛短，3～4 最长，后 3 个向前弯，无钩突
肩胛骨	肩胛冈高，肩蜂明显而发达	肩胛冈低，无肩峰
臂骨	大结节非常大，有一条臂二头肌沟，三角肌粗隆	大、小结节的体积相似，有 2 条臂二头肌沟，三角肌粗隆发达
前臂骨	尺骨比桡骨细，且比桡骨长，有 2 个前臂间隙，上间隙非常明显	尺骨短，近端粗，远端尖细，只有一个前间隙

（续）

部　位	牛	马
坐骨结节	奶牛为等腰三角形，水牛为长三角形，有2个突起，内下方窄，延为坐骨弓	只有1个结节，为上宽下窄的长椭圆形
股骨	无中转子和第三转子，小转子圆形突出	有中转子和第三转子，小转子呈嵴状
小腿骨	腓骨近端退化，只有一个小凸起，远端形成踝骨	腓骨大，呈细柱状，下端与胫骨远端的外踝愈合，有小腿间隙
指（趾）骨	有2趾，每趾有3节	有1趾，3节

表3-18　羊骨、猪骨和犬骨的比较

部　位	羊	猪	犬
寰椎	无横突孔	横突孔在寰椎可见，向寰椎翼后缘突出	有横突孔，寰椎翼前方有翼切迹
胸骨	无胸骨柄，胸骨体扁平	胸骨柄向前钝突，两侧稍扁呈楔形，胸骨体扁平	胸骨柄为尖端向前的三角形，胸骨体两侧略呈圆柱状
肋骨	与胸骨相连处呈锐角，楔形。肋骨13对，真肋8对	肋扁圆，14～15对，7对真肋，第1肋的下部很宽，封闭胸廓前口的下部	第1肋与胸骨相连处呈前弧形，肋13对，真肋9对，最后肋常为浮肋
腰椎	6个，横突向前低，末端变宽，棘突低宽	5～7个，一般为6个，横突稍向下弯曲，前倾，棘突稍前倾，上下等宽	7个，横突较细，微伸向前下方，棘突上窄下宽
肩胛骨	肩峰明显	肩峰不明显，冈结节非常发达，向后弯曲	肩峰呈钩状，肩胛冈高，将肩胛骨外表面分成两等分
臂骨	大结节较直，且比小结节高出得多	大结节发达，臂二头肌沟深	骨干呈螺线形扭转，大小结节高度一致
前臂骨	微弯曲，尺骨比桡骨长且细	尺骨弯曲且比桡骨长，前臂间隙很小	较直，尺骨比桡骨长而稍细
坐骨结节	扁平且外翻，呈长三角形	明显向后尖突	与马的坐骨结节相似
股骨	大转子略低于股骨头，第三转子不明显，髁上窝浅	大转子与股骨头呈水平位，无第三转子，髁上窝不明显	大转子低于股骨头，无第三转子无髁上窝
小腿骨	腓骨近端退化成1个小隆突，远端变为踝骨	胫骨和腓骨长度相等，腓骨比胫骨细，上半部呈菱形	胫骨和腓骨长度相等
掌（跖）骨	2个大掌骨愈合成1块，背面有血管沟，无小掌（跖）骨	大掌（跖）骨1对，小掌（跖）骨位于大掌（跖）骨后两侧	有4个大掌（跖）骨和一个很小的小掌（跖）骨
指（趾）骨	1对主指（趾）骨。悬指骨退化变形	1对全指（趾）骨和1对悬指（趾）骨	4个主指（趾），悬指（趾）非常小

（三）淋巴结特征鉴别

对淋巴结特征的比较，主要用于牛肉与马肉的鉴别。牛淋巴结是单个完整的淋巴结，多呈椭圆形或长圆形，切面呈灰色或黄色，有时往往有灰褐色或黑色的色素沉着。马淋巴结是由多个大小不同的小淋巴结联结成的淋巴结团块，呈扭结状，比牛的淋巴结小，切面色泽灰白或黄白。

（四）脂肪熔点的测定

由于各种动物脂肪中所含有的饱和脂肪酸和不饱和脂肪酸的种类和数量不同，其熔点也不同，因此，可作为鉴别肉种类的依据。

1. 直接加热测定法 从肉品检肉中取脂肪数克，剪碎，放入烧杯中加热，待熔化后，加适量冷水（10℃以下），使液态油脂迅速冷却凝固。插入一支水银温度计，使液面刚好淹没其水银球。将烧杯放在电热板上加热，并随时观察温度计水银柱上升和脂肪熔化情况。当脂肪刚开始熔化和完全熔化时，分别读取温度计所示读数，即为被检脂肪的熔点范围。

2. 毛细管测定法 将毛细管直立插入已熔化的油样中，当管柱内油样达 0.5～1.5cm 高时，小心移入冰箱内或冷水中冷却凝固，取出后，将毛细管固定于温度计上，并使油样与水银球在同一水平面上，然后将其插入盛有冷水的烧杯中，使温度计水银球浸没于液面下 3～4cm 处。文火加热，并不断轻轻搅拌，使水温传热均匀并保持水的升温速度为每分钟 0.5～1℃，直至接近预计的脂肪熔点时，分别记录毛细管内油样刚开始熔化和完全澄清透明时的温度。将毛细管取出，冷却。再按上述方法复检 3 次，取平均温度，即为该脂肪样品的熔点。

3. 结果判定 各种动物脂肪的熔点与凝固点温度如表 3-19 所示。

表 3-19 各种动物脂肪的熔点与凝固点温度

脂肪名称	熔点温度（℃）	凝固点温度（℃）
猪脂肪	34～44	22～31
马脂肪	15～39	15～30
牛脂肪	45～52	27～38
水牛脂肪	52～57	40～49
羊脂肪	44～55	32～41
犬脂肪	30～40	20～25
鸡脂肪	30～40	—
兔脂肪	35～45	—

六、免疫学方法鉴别

使用免疫学鉴别的方法较多，用于市场上肉种类鉴别的方法，首推沉淀反应和琼脂扩散反应。前者是一种单相扩散法，即以相应动物的特异性蛋白作为抗原接种家兔，以获得特异性抗体，再用这种已知的抗血清检测未知的肉样。后者是一种双相扩散法，不仅能检测单一肉样，还能同时与有关抗原作比较，分析混合肉样中的抗原成分。琼脂扩散反应在形成沉淀线之后不再扩散，并可保存。

七、肉类批发交易市场的动物卫生监督

（一）肉类批发交易市场的动物卫生监督

肉类批发交易市场是肉类流通的重要环节，量大而面广。但是，肉类产品不同于其他任何商品，肉类的卫生情况与广大消费者的身体健康和食用安全有着密切的关系。为了保障人民的身体健康，必须加强对肉类交易市场以及肉类交易过程的动物卫生监督。

1. 肉类批发交易市场的卫生要求

（1）基本卫生条件。

①根据《中华人民共和国动物防疫法》的有关规定，从事肉类批发的市场，必须申报领

取动物防疫条件合格证，市场批发的经销商需获有健康体检合格证。

②具有便于交易、布局合理的交易大厅，大厅外要有足够的场地，以便于进出和停放交通车辆，需有两道门以上，便于进出流动。

③在交易大厅内要根据交易的内容划分不同的区域，如猪白条肉交易厅，小包装肉类交易厅，其他肉类交易厅等。

④地面要保持清洁，便于冲洗和消毒，每天交易完后地面要进行消毒、冲洗，为便于冲洗、消毒四周墙壁宜用不易腐蚀的白色瓷砖等材料贴壁。

⑤屋顶要留有一定的高度，便于空气流通。

⑥灯光用白色的光源，便于进行肉的检验。

⑦设有悬挂横梁，便于肉品悬挂，或有堆放的固定场所，堆放地点须有清洁的木垫，肉品不得落地，以免造成交叉污染。

⑧市场中须配有一支专门的兽医卫生监督检验队伍，并设有相应的检验室，具备常规的实验室检验设备。

⑨交易大厅外面设有专用的存放病害肉的地方，便于隔离。

⑩设有专用的冷冻（藏）设备和场所，便于交易完后剩余肉品的存放。

（2）消毒方法。

①漂白粉消毒法　将漂白粉配成含有效氯0.3%～0.4%的水溶液进行喷洒消毒。

②次氯酸钠消毒法用2%～4%的次氯酸钠溶液加入2%碳酸钠，喷洒消毒。

③其他有效的消毒方法。

2. 肉类批发交易市场的防疫工作要求

（1）摊位光线充足、通风、避雨、整洁，并设有防尘、防蝇和防鼠设施，场地宽敞平整，有车辆冲洗消毒设施等。

（2）配备经县级以上兽医行政管理部门考核合格的专职动物卫生检疫人员。

（3）建立肉类动物卫生检疫检验报告制度，按期向辖区动物卫生监督部门报告。

（4）建立防疫消毒制度，每天清洗内外环境，定期消毒和消灭“四害”，保持内外环境的卫生。

3. 肉类经营者的法定要求

（1）肉品经营者应当持有动物防疫条件合格证、食品卫生许可证、营业执照以及本人健康体检合格证。

（2）经营场所应当保持清洁卫生，容器清洁，肉品不落地，地面保持干净，有畅通的下水系统，经营者个人衣着整洁卫生，挂牌经营。

（3）进场肉品必须有畜禽产品检疫检验证明；来自外省的肉品不可直接进入市场销售，须进行补检，凡无证、无章，来路不明的肉品，一律不得进场交易和上市销售。

（4）肉品进场后，应当有吊钩悬挂，做到头蹄、胴体和内脏不落地，货主主动向动物卫生监督管理部门报检，经复检合格后，签发一猪一证，方可批发、销售。

（5）发现病害的肉类，在停止销售的同时，应及时向兽医卫生监督检验人员报告，并协助进行无害化处理。

（6）不得将病、死畜禽肉及变质的肉品带入市场销售。

（7）接受有关执法部门的监督和管理。

（二）肉类批发交易市场的动物卫生监督处理

（1）对持有合法有效的动物产品检疫证明、证物相符、附有检疫标志、符合检疫要求的动物产品，准许交易。

（2）有下列情形的动物产品禁止进入市场：①来自封锁疫区内与所发生动物疫病有关的动物产品；②病死或死因不明的动物产品；③依法应当检疫而未经检疫或者检疫不合格的动物产品；④腐败变质、霉变或污秽不洁、混有异物和其他感官性状不良等不符合国务院兽医主管部门有关动物防疫规定的动物产品。

（3）发现动物产品异常的，隔离（封存）留验；检查发现检疫标志、检疫证明等不全或不符合要求的，要依法补检或重检；对涂改，伪造、转让动物产品检疫合格证明的，依照食品安全法、动物防疫法等有关规定予以处理处罚。

（4）对批发市场违章经营者的处罚：①责令停业整顿。②按照有关规定进行相应的处罚。③情节严重的根据《中华人民共和国动物防疫法》的规定，吊销动物防疫条件合格证。

实训二 黄脂肉与黄疸肉的鉴别

【实训目的】掌握黄脂肉和黄疸肉的感官检查，碱法和酸法的操作方法及判定标准；掌握黄脂肉与黄疸肉的卫生评定。

【实训材料】5%氢氧化钠溶液、乙醚、50%乙醇溶液、浓硫酸。

【方法步骤】

（一）感官检查

详见本项目任务七的有关内容。

（二）氢氧化钠-乙醚法

1. 原理 脂肪中胆红素能与氢氧化钠结合，生成黄色的胆红素钠盐，可溶于水，在氢氧化钠水层中呈现黄色，为黄疸。天然色素属于脂溶性物质，不溶于水，只溶于乙醚，在乙醚层中呈现黄色，为黄脂。

2. 操作方法 取猪肥膘或脂肪组织2g于平皿中剪碎，置于试管中，向试管内加入5%氢氧化钠溶液5mL，煮沸约1min，使脂肪全部溶化，并不时振摇试管，防止液体溅出。取下试管，置于流水下冲淋，使之冷却至40～50℃（手触摸有温热感），小心加入乙醚2～3mL，摇匀，加塞静置，待溶液分层后观察其颜色的变化，并同时作空白对照试验。

3. 判定标准

（1）若上层乙醚液为黄色，下层液无色，则系天然色素所致，证明是黄脂。

（2）若上层乙醚液无色，下层液体染成黄色或黄绿色，则存在胆红素，为黄疸。

（3）若上、下两层均为黄色，则表明检样中两种色素同时存在，既有黄疸，也有黄脂。

（三）硫酸法

1. 原理 胆红素在酸性环境（pH 1.39）下显绿色或蓝色反应。故可在肉浸液中加入硫酸后使之显色而进行定性检查。

2. 操作方法 取被检脂肪5～10g，剪碎，置于具塞锥形瓶中，加入50%乙醇溶液约40mL，振摇浸抽10～15min，将浸出液过滤，量取滤液8mL置于试管中，滴加浓硫酸10～

20 滴，振摇混匀，观察溶液颜色变化。

3. 判定标准　当溶液中存在胆红素时，滤液呈现绿色，如继续加入硫酸，经适当加热，则变为淡蓝色。若无胆红素时，则溶液无颜色反应。

【实训报告】　采取样品，进行感官检验和实验室检验，对检验结果进行综合评价。

实训三　病、死畜禽肉的检验

【实训目标】掌握病、死畜禽肉实验室检验的操作方法和卫生评价。

【实训材料】

1. 细菌学检验

器材：显微镜、具盖搪瓷盘、酒精灯、灭菌镊子、灭菌剪子、灭菌载玻片。

药品：革兰染色液、瑞氏染色液。

2. 放血程度检验

器材：新华滤纸（0.5cm×5cm）、镊子、检验刀、搪瓷盘；检验刀、镊子、瓷皿、吸管、吸球、10mL 量筒，每组一套。

药品：5%愈创木脂酊（称取 5g 愈创木脂，加入 75%乙醇至 100mL 溶解后备用）、3%过氧化氢溶液（量取 30%过氧化氢 3mL，用蒸馏水稀释至 30mL，现用现配）。

3. 细菌毒素检验

器材：天平、水浴锅、灭菌的剪子和镊子、小试管 3 支、三角瓶、大平皿或广口瓶（带玻璃珠）、吸管 4 支，每组一套。

药品：

（1）鲎试剂（TAL 试剂）。将冻干制品，临用时从冰箱内取出，锯开安瓿，加入稀释液 0.5mL 溶解后备用（可保存 2 周）。

（2）去离子蒸馏水。

（3）大肠杆菌内毒素的制成品，临用前从冰箱取出。

（4）氢氧化钠。

（5）健康新鲜肉浸液。除去肉样中的脂肪、筋腱绞碎，称取 10g，置于 250mL 锥形瓶中，加入 100mL 中性蒸馏水，不时振摇，浸渍 15min 后过滤，滤液待测。

（6）生理盐水。

【方法步骤】

（一）细菌学检验

1. 操作方法

（1）利用无菌操作的方法，取有病理变化的淋巴结、实质器官和组织制备触片（每个检样制备两个以上的触片）。

（2）将自然干燥并经火焰固定的触片，用革兰染色液进行染色（也可将自然干燥的组织触片经瑞特氏染色法进行染色），油镜下检查。

2. 判定标准　根据微生物或动物性食品微生物学检验标准进行炭疽杆菌、猪丹毒杆菌、巴氏杆菌、链球菌等各种致病菌的判定。

（二）放血程度检验

1. 滤纸浸润法

（1）操作方法。

①检验者用镊子将被检肉固定后，用检验刀切开肉。

②取制备好的滤纸条插入被检肉新鲜切口1～2cm深。

③经2～3min后观察。

（2）判定标准。

①放血不全。滤纸条被血样液浸润且超出插入部分2～3mm。

②严重放血不全。滤纸条被血样液严重浸润且超出插入部分5mm以上。

2. 愈创木脂酊反应法

（1）操作方法。

①检验者用镊子将被检肉固定后，用检验刀切取前肢或后肢肉片1～2g，置于瓷皿中。

②用吸管吸取愈创木脂酊5～10mL，注入瓷皿中，此时肌肉不发生任何变化。

③加入3%过氧化氢溶液数滴，此时肉片周围产生泡沫。

（2）判定标准。

①放血良好。肉片周围溶液呈淡蓝色环或无变化。

②放血不全。数秒钟内肉片变为深蓝色，周围组织全呈深蓝色。

（三）细菌毒素检验

1. 原理 鲎试剂中含有内毒素敏感因子凝固酶原、凝固蛋白等凝固素。微量的内毒素可将其依次激活，产生胶冻样凝集现象，其程度与被检物中内毒素含量成正比。本法不但可以定性，还可以依据凝集的最小需要量，推算出检样中内毒素含量。此反应敏感，特异性高，简便快速。

2. 操作方法

（1）检验液的制备。检验者以无菌法从被检肉中心剪取3cm^{3}肉一块，用去离子蒸馏水冲洗表面后，置于经处理的平皿中剪成肉泥，称取10g置于广口瓶中，加入去离子蒸馏水90mL混匀，在5℃下放置15min（每5min振荡一次）后再静置2min，取上清液过滤备用。

（2）取3支小试管，第1支加入检样液0.1mL，第2支加大肠杆菌内毒素稀释液0.1mL作阳性对照，第3支加去离子蒸馏水0.1mL作空白对照。

（3）依次向上述3个试管中加入鲎试剂0.1mL稀释液，立即用透明胶带封好试管口，防止污染和蒸发。

（4）轻轻摇匀后将试管置于37℃水浴中保温1h，取出试管慢慢倾斜成0°～45°，观察结果。

3. 判定标准

（1）完全凝固。试管中凝胶完全凝固不变形，为强阳性（＋＋＋）。

（2）80%凝固。倾斜试管，凝胶稍变形，但不流动，为阳性（＋＋）。

（3）40%凝固。倾斜试管，凝胶呈半流动状态，具有黏性，为弱阳性（＋）。

（4）无凝固。倾斜试管，凝胶不凝固，为阴性（－）。

实训四　注水肉的检验

【实训目标】了解动物肉品是否注水；掌握注水动物肉品的各种检验方法。

【实训材料】

1. 放大镜检验法　检验刀、镊子、放大镜、20mL 注射器各 1 个、大瓷盘 2 个，每组 1 套。

2. 滤纸贴附法　检验刀、镊子各 1 个、将滤纸剪成 1cm×8cm 大小的纸条若干、每组 1 套。

3. 燃纸检验法　检验刀、镊子各 1 个、吸水纸、瓷盘 2 个，每组 1 套。

4. 加压检验法　干净塑料袋、重 5kg 的哑铃或铁块。

5. 熟肉率检验法　锅、电炉、检验刀、秤、量筒（500～1 000mL）各 1 个，每组 1 套。

6. 肉的损耗检验法　吊钩、秤。

7. SY-01 型肉类注水测定仪检测法　SY-01 型肉类注水测定仪。

【方法步骤】

（一）感官检查

1. 视检

（1）肌肉。注水肉色泽比较淡，呈淡红色、湿润、肌纤维肿胀。经过浸泡注水的白条鸡，冠髯膨胀，胸肌呈苍白色，皮肤变软，毛孔胀大呈浅白色。

（2）皮下脂肪及板油。正常猪肉的皮下脂肪及板油色泽洁白，质地较柔软。而注水肉的皮下脂肪和板油呈现轻度的充血、粉红色，新鲜切面的小血管有血液流出。

（3）心脏。正常猪心冠脂肪洁白，而注水猪心冠脂肪充血、心血管怒张，有时可在心尖部找到注水孔，心肌纤维肿胀，挤压时有血水流出。

（4）肝。注水的肝严重淤血、肿胀、边缘增厚，呈暗褐色，切面有鲜红色血水流出。

（5）肺。注水肺明显肿胀、呈淡红色、表面光滑，切面有大量血水流出。

（6）肾。注水肾肿胀、淤血、呈暗红色，切面肾实质呈深紫色。

（7）胃肠。注水的胃肠黏膜充血、胃肠壁增厚，呈砖红色。

2. 触检　用手触压注水肉，缺乏弹性，指压后凹痕恢复很慢或难以恢复，指压时有血水流出。

（二）放大镜观察法

1. 操作方法

（1）将正常肉、注水肉或光禽放到搪瓷盘内，以备检验人员观察。

（2）检验人员用镊子固定住被检肉样，用检验刀顺着肌纤维方向切开肌肉后用放大镜观察。

2. 判定标准

（1）正常肉。肌纤维排列均匀，结构致密紧凑无断裂、无变细增粗等形态变化，色泽呈鲜红或浅红色，看不到血液和渗出液。

（2）注水肉。肌纤维肿胀、粗细不匀、结构纹理不清、有大量血水和渗出液。

（三）滤纸贴附法

1. 操作方法

（1）检验者用镊子将被检肉样固定，用检验刀切开肌肉。

（2）立即将滤纸条插入切口内 2cm 深贴紧肉面 1～2min。

（3）观察滤纸条被浸润情况，将滤纸条揭下后用两手均匀往外拉，检验其拉力。

2. 判定标准

（1）正常肉。滤纸条稍湿润且有油渍，揭后耐拉。

（2）注水肉。滤纸条立即被水分和肌肉汁浸湿，均匀一致，超过插入部分 2～5mm（注水越多，湿得越快、超过部分越高）揭后不耐拉，易断。

（四）燃纸检验法

1. 操作方法

（1）检验者用镊子将被检肉样固定，用检验刀顺着肌纤维切开肌肉。

（2）将吸水纸贴于肉的新鲜切面上，取下后点火燃烧。

2. 判定标准

（1）正常肉。吸水纸贴后有油渍，点火后易燃烧。

（2）注水肉。吸水纸贴后立即湿润，点火后不易燃烧。

（五）加压检验法

1. 操作方法

（1）取 10cm×10cm×5cm 的正常肉块和注水肉分别装在干净塑料袋内扎紧。

（2）将哑铃或铁块压在塑料袋上，10min 后观察袋内情况。

2. 判定标准

（1）装正常肉的塑料袋内无水或仅有几滴血水。

（2）装注水肉的塑料袋内有水被挤出。

（六）熟肉率检验法

1. 操作方法

（1）称取正常肉和注水肉各 0.5kg 重的肉块，放在锅内，加 2 000mL 水。

（2）水煮沸后继续煮 1h，捞出晾凉后称取熟肉重量。

2. 计算

熟肉率=（熟肉重/鲜肉重）×100%

3. 判定标准

（1）正常肉>50%。

（2）注水肉<50%。

（七）肉的损耗检验法

1. 操作方法

（1）取相同体积的正常肉和注水肉各 1 块，分别称重。

（2）将其分开挂在 15～20℃通风良好的阴凉处的吊钩上，24h 后分别称重。

2. 计算

$$损耗率=\frac{晾前肉重-晾后肉重}{晾前肉重}\times 100\%$$

3. 判定标准

(1) 正常肉 0.5%～0.7%。

(2) 注水肉 4.0%～6.0%。

(八) SY-01 型肉类注水测定仪检测法

1. 原理

应用电导原理进行测量。正常情况下，瘦肉中含水量一般在 70%左右，正常肉电导度 S<1/51V，电阻 R>51Ω，加入不洁水质的肉电导度 S≥1/51V，电阻 R≤51Ω。

2. 操作方法

将检测探头插入被检部位的精瘦肉中，按下测量键。表头指针所指为检测结果。

3. 判定标准

(1) 正常肉。表头指针停在蓝色带上。

(2) 注入少量水的肉。表头指针停在黄色带上。

(3) 严重注水肉。表头指针停在红色带上。

实训五　免疫学方法鉴别肉种类

【实训目标】 掌握免疫学方法鉴别不同种类肉的操作技术。

【实训材料】

1. 沉淀反应

器材：显微镜、灭菌剪刀、灭菌镊子、电炉、琼扩打孔器、恒温箱、锥形瓶（250mL）、玻璃小漏斗、吸管（2mL）、毛细管、载玻片、中性滤纸。

药品：牛蛋白原沉淀素血清、马蛋白原沉淀素血清（若要测其他动物肉，也应有相应的血清准备）、灭菌生理盐水、硝酸（密度 1.2g/cm^3）。

2. 琼脂扩散反应　牛蛋白原沉淀素血清、马蛋白原沉淀素血清（若要测其他动物肉，也应有相应的血清准备）、琼脂平板。

【方法步骤】

(一) 沉淀反应

1. 原理　本试验是一种单相扩散法，以相应动物的血清作抗原接种家兔，然后分离兔血清作为特异抗体。用这种已知的抗血清测未知的肉样浸出液（抗原），凡能在 10min 内以 1∶1 000 的稀释度与同源抗原呈现显著沉淀反应的抗血清，即认为是适用的。

2. 操作方法

(1) 待检肉浸出液的制备。将除去脂肪和结缔组织的肌肉剪碎，按 1∶10 的比例加入灭菌生理盐水内，浸泡 1～3h，并不断搅拌，将浸出液通过双层滤纸过滤。按下述方法测定其稀释度：于 1mL 的浸出液内加入 1 滴密度为 1.2g/cm^3 的硝酸，并煮沸，如出现轻度乳白色，证明其中含有 1∶1 000 蛋白质，说明适于反应用。如发生混浊或沉淀，证明蛋白质含量高于 1∶300，应作适当稀释。如无乳白色而完全透明，则说明其中含蛋白质过少，须将盐水的比例减少，重新制造浸出液。如果肉浸液呈蔷薇色，则应置于 70℃水浴上加热 30min，过滤，滤液待测。

（2）反应方法。

①沉淀管法。取沉淀小试管，分别加入0.1mL特异沉淀素血清（勿使产生气泡），用毛细吸管吸取等量待检肉浸液，沿管壁徐徐流下重叠于各试管的血清层上，在室温下静置15～30min后，对光观察结果。阳性者于两液面之间出现白色沉淀轮环。然后振摇混合，于次日检查管底有无沉淀。

②平板法。在载玻片上置数滴特异血清，并放入37℃恒温箱内干燥（制成的玻片可放于干燥处长期保存）。进行检验时，将数滴透明抗原（肉浸液）加在干燥的血清上，并用玻璃棒搅拌，此后将玻片放入湿盒内（用湿纱布垫在盒底即可），置于37℃温箱中30min，取出后，在300倍显微镜下观察。阳性反应者可见混浊的云雾状物。

（二）琼脂扩散反应

1. 原理 本试验是一种双相扩散法，不但能检测单一肉种，还能同时与有关抗原作比较，便于分析混合肉样的抗原成分，比单相扩散更为敏感。琼脂扩散反应形成沉淀线以后不再扩散，并可保存作为永久记录。

2. 操作方法 在琼脂平板上打孔，中间1个孔，周围6个孔，孔间距离为4mm，孔直径为4mm。将制备好的被检肉浸液（同沉淀反应法）分别注入外周的5个孔内，第6个孔注入已知肉浸液作为阳性对照，中央孔加入已知特异性抗血清。每次加样时，均以刚好加满为宜。加样完毕后，将琼脂平板放入湿盒中，于25℃恒温箱或15℃室温下，8～72h内观察结果。

3. 判定标准 阳性反应在中央孔和外周孔之间形成一白色沉淀线。

【实训报告】采集检样进行检验，对结果进行分析、评价，写出实训报告。

【思考与练习】

1. 肉的概念是什么？副产品的概念是什么？
2. 什么是成熟肉？成熟肉和僵直肉有哪些特征？
3. 肉腐败变质的原因及变质肉的特征是什么？
4. 什么是肉的自溶，其特征是什么？
5. 肉新鲜度感官检验的方法及标准是什么？
6. 什么是冷冻肉？冷藏冻肉的卫生要求有哪些？
7. 冻肉在保藏过程中有哪些异常变化？
8. 腌腊肉制品加工的卫生要求有哪些？
9. 腌腊肉制品卫生检验的主要内容是什么？
10. 熟肉制品加工的卫生要求有哪些？
11. 熟肉制品卫生检验的主要内容是什么？
12. 肉类罐头加工的卫生要求有哪些？
13. 肉类罐头感官检验的主要内容有哪些？
14. 食用副产品加工的卫生要求有哪些？
15. 如何检验食用副产品？

16. 如何采集动物生化制剂原料?
17. 肠衣加工的卫生要求有哪些?
18. 皮张和各种毛类加工的卫生要求及检验要点是什么?
19. 市场肉类的卫生监督是如何进行的?
20. 市场肉类监督的程序和检查的要点有哪些?
21. 如何鉴别公猪肉，母猪肉，病、死畜禽肉? 又如何进行处理?
22. 如何检验注水肉? 对注水肉是如何进行处理的?
23. 常见的气味和滋味异常肉有哪些? 如何进行鉴定及卫生处理?
24. 黄脂肉与黄疸肉如何进行鉴别与处理?
25. 白肌肉和白肌病肉如何进行鉴别与处理?
26. 如何鉴别肉的种类?

其他动物产品的卫生检验

项目目标

1. 专业能力

（1）了解乳的化学组成和物理性状，熟悉影响乳品质的各种因素，掌握鲜乳和乳制品的卫生检验。

（2）了解蛋的形态结构与化学组成，熟悉蛋在保藏时的变化及贮存保鲜方法，掌握蛋和蛋制品的卫生检验方法。

（3）了解鱼在保藏时的变化，熟悉水产品的卫生检验方法，掌握水产品的卫生评价方法。

2. 方法能力

（1）具有较好的学习新知识和新技术的能力。

（2）具有查找与乳、蛋、鱼相关的法律法规等相关资料并获取信息的能力。

3. 社会能力

（1）具有良好的职业道德；爱岗敬业、认真负责。

（2）具有一定的语言及文字表达能力。

任务一　乳与乳制品的卫生检验

【任务描述】

乳的概念，鲜乳的生产加工卫生，鲜乳及乳制品的卫生检验。

【与其他任务的关系】

乳是重要的动物产品之一。为提高乳品的卫生质量，确保消费者的安全，必须加强乳与乳制品的卫生监督管理和检验工作。

一、乳的概述

（一）乳的概念

乳是哺乳动物分娩后从乳腺中分泌出来的一种白色或稍带黄色并具特有香味的不透明的液体。由于生理、病理或其他因素的影响，乳的成分和性质会发生变化。根据成分变化情况可将乳分为初乳、常乳、末乳和异常乳。

1. 初乳　母畜在产犊后最初 1 周内所分泌的乳称为初乳。初乳呈黄色，浓厚而有特殊气味，其化学成分与常乳有着明显的差异。蛋白质含量高达17%，超出常乳数倍之多，球蛋白和清蛋白含量较高，有利于迅速增加幼畜的血浆蛋白；初乳中还含有大量的白细胞、酶、溶菌素、维生素等，有利于提高幼畜的抗病能力；另外，初乳中无机盐的含量较高，而乳糖含量较低；初乳中的镁，有轻泻作用，可促进胎粪排出。总之，初乳对幼畜生长发育极为有利。

2. 常乳　初乳期过后到干奶期前这一时期所产的乳称为常乳。常乳成分及性质基本趋向稳定，是加工乳制品的原料。

3. 末乳　母畜停止泌乳前1周左右所产的乳称为末乳。末乳中各种成分的含量，除脂肪外均较常乳高。末乳具有苦而微咸的味道，解脂酶增多，又带有油脂的氧化味，不宜贮藏，加工时也不可与常乳混合，否则会影响产品质量。

4. 异常乳　动物泌乳过程中由于动物本身的生理、病理原因以及其他外来因素造成乳的成分及性质发生变化的乳，统称为异常乳。异常乳常分为生理异常乳、病理异常乳和成分标准异常乳。生理异常乳一般是指初乳、末乳以及营养不良乳；病理异常乳包括乳腺炎乳和酒精阳性乳；成分标准异常乳是指掺水、掺杂及添加防腐剂的乳。不论哪一类异常乳，均不能作为乳制品的原料乳。

（二）乳的化学组成和物理性状

1. 乳的化学组成　乳的化学组成十分复杂，但主要是由水分、脂肪、蛋白质、乳糖、盐类、维生素和酶等组成。正常乳的各种成分含量大致稳定，但会受到品种、泌乳期、健康状况、饲料及挤乳等因素的影响而有所变化。其中脂肪的变动最大，蛋白质次之，乳糖则很小。乳的营养价值和质量主要取决于乳中的干物质。

（1）水分。乳中的水分大部分以游离形式存在，其他物质都以不同的分散度分散其中，使乳成为由真溶液、胶体溶液和悬浮液组成的一种混合体或复合式分散系。结合水占2%～3%，以氢键和蛋白质的亲水基结合存在，不易与所结合的物质分开。

（2）脂肪。以微细的球状存在于乳中，其中含有磷脂、甾醇、脂溶性维生素等，具有很高的营养价值。乳脂肪球外有一层磷脂蛋白质，使乳浊态相当稳定，在强酸、强碱或机械搅拌下才被破坏。

（3）蛋白质。主要为酪蛋白，占乳蛋白的80%以上；其次为乳清蛋白，占18%～20%。乳清蛋白又分为乳清白蛋白、乳清球蛋白。

①酪蛋白。不溶于水和酒精，加热不凝固，可被弱酸和皱胃凝乳酶凝固。在牛乳中以酪蛋白酸钙的形成存在。酪蛋白是制造干酪和干酪素的主要原料。

②乳清白蛋白。可溶于水，常温下不能被酸凝固。与酪蛋白的主要区别是不含磷，而含大量的硫，不能被皱胃酶凝固。

③乳清球蛋白。常乳中含量不超过0.2%，初乳中可高达12%。该蛋白与机体免疫力有关，但与血清免疫球蛋白不是同一种蛋白质。

（4）酶。乳中存在着各种酶，其中大部分由乳腺分泌产生，还有部分来自血液，另一部分由乳中微生物在其生长繁殖时产生或由乳腺白细胞崩解而来。乳中常见的酶有：还原酶、过氧化物酶、过氧化氢酶、磷酸酶、蛋白分解酶、脂酶、淀粉酶、溶菌酶等。

还原酶是由乳中的微生物产生的，其活性随微生物数量增加而增高，故可通过测定这种酶的活力来判断乳的细菌污染程度。

（5）维生素。乳中含有人类营养所必需的各种维生素。其中维生素 A、维生素 D、维生素 E 等脂溶性维生素，存在于乳脂中。其他属水溶性的维生素，存在于乳清中，乳中各种维生素含量因个体及饲料不同而有所差异。经巴氏消毒后，除维生素 B_2、维生素 PP 外，其他维生素都受到不同程度的损失。但酸乳制品，由于细菌能合成维生素，维生素含量较鲜乳丰富。

（6）盐类。乳中的矿物质大部分与有机酸和无机酸结合，以可溶性的盐类形式存在，其中主要是以无机磷酸盐及有机柠檬酸盐的状态存在。乳中主要的无机物有磷、钙、镁、氯、硫、铁、钠、钾等的盐类。此外，还含有微量元素，如 I、Cu、Zn 等。

（7）气体。生乳中气体主要为二氧化碳、氧及氮等，其总量为乳容积的 5.7%～8.6%。加热或冷却可使乳中二氧化碳气体逸出，碳酸减少，酸度降低，乳的风味变好。

（8）色素。乳中的色素物质一部分由机体合成，一部分则来自饲料，如叶绿素、叶黄素和胡萝卜素等。叶黄素、胡萝卜素能溶于乳脂中，使奶油带黄色。核黄素能溶于乳清。水牛乳及羊乳制成的奶油呈浅灰色，是由于乳中的胡萝卜素已转变为维生素 A。

2. 乳的物理性状　乳的物理性状包括色泽、气味、滋味、稠度、相对密度、密度、pH、酸度、冰点与沸点等。这些性状与乳品质有极大关系。

（1）色泽。正常新鲜牛乳是一种白色或略带黄色的不透明液体，乳的色泽与季节、饲料及泌乳牛的品种有一定关系。

（2）气味。乳中存在有挥发性脂肪酸及其他挥发性物质，如丙酮酸、醛类等，所以牛乳带有令人愉快的特殊香味。

（3）滋味。新鲜牛乳略带甜味，这种甜味来源于乳糖。除甜味外，还因含氯离子而稍带咸味。乳的苦味则来自 Ca^{2+}、Mg^{2+}。异常乳如乳腺炎乳，因氯的含量高而有较浓厚的咸味。

（4）稠度。也称黏度。乳的稠度实际上是指乳中各分子的变形速度与切变应力之间的比例关系。乳中的蛋白质、脂肪含量越高，稠度也越高。此外，乳的稠度也受脱脂和杀菌过程的影响。初乳、末乳、病牛乳的稠度都较高。温度对稠度的影响也较大，温度愈高，牛乳的稠度愈低。

（5）pH 与酸度。正常牛乳的 pH 为 6.5～6.7，平均 pH 为 6.6。乳的酸度通常是指以酚酞作指示剂中和 100mL 牛乳所需 0.1mol/L 氢氧化钠的体积，以°T 表示，正常牛乳的酸度通常为 16～18°T，这种酸度称为自然酸度。自然酸度与贮存过程中微生物繁殖所产生的乳酸无关，主要由乳中的蛋白质、柠檬酸盐、磷酸盐及 CO_2 等酸性物质所形成。另外，牛乳在存放过程中，由于微生物分解乳糖产生乳酸而酸度升高，特称发酵酸度。自然酸度与发酵酸度之和，称为总酸度。通常所说的牛乳酸度是指其总酸度。乳的酸度增高，可使乳对热的稳定性降低，也会降低乳的溶解度和保存期，对乳品加工及乳品质量有很大影响。所以乳酸度是乳品卫生质量的重要指标，在贮藏鲜乳时为防止酸度升高，必须迅速冷却，并在低温下保存。

（6）相对密度与比重。乳的相对密度是指乳在 20℃时的质量与同体积水在 4℃时的质量之比。乳的比重是指乳在 15℃时的质量与同体积同温度水的质量之比。在同一温度下乳相对密度和乳比重的值差异很小，乳的相对密度较比重小 0.002。正常乳的相对密度在 1.028～1.032，平均为 1.030，而乳的平均比重则为 1.032。乳相对密度的大小由乳中无脂干物质的含量决定，乳中无脂干物质愈多，则相对密度愈高，乳中脂肪增加时，相对密度变小。因此，在乳中掺水或脱脂，都会影响乳的相对密度和比重。此外，乳的相对密度与比重还随温度而变化。在10～25℃范围内，温度每变化1℃乳相对密度相差0.000 2。

（7）冰点与沸点。因牛乳含有乳糖、蛋白质和无机盐等，冰点较低，一般为－0.525～－0.565℃，平均约为－0.545℃。牛乳的冰点较稳定，掺水后冰点就会变化，乳中每掺加1%水分时，冰点上升约0.005℃。牛乳的沸点在一个标准大气压下为100.55℃左右，牛乳的沸点受乳中固形物多少的影响，当牛乳浓缩50%时，沸点可上升0.5℃，将达到101.05℃。

（三）影响乳品质的各种因素

乳品质的优劣，受多种因素制约。包括品种、年龄、饲养管理、泌乳期、健康状况、挤乳情况、微生物污染、残毒污染等。

1. 品种　在影响乳品质的诸因素中，乳畜的品种对乳的化学组成影响最大。我国的水牛、牦牛、黄牛所产的乳汁浓厚，干物质和乳脂率高，而荷兰牛、杂交黑白花牛则相反。一般来说，泌乳量高的牛，其干物质和乳脂率相对较低。

2. 年龄　乳畜的年龄及分娩次数，对泌乳量和乳的成分有明显影响。在壮年期内产的乳，量大而乳脂率高。牛在第7胎以后，乳脂率多呈下降趋势。

3. 饲养管理　科学合理的饲养管理不仅能提高产乳量，而且还可以增加乳中干物质的含量。例如，当饲料中含有足够的蛋白质时，均能使干物质和乳中蛋白质含量维持在一个较高的水平上。另外，饲料的种类及品质，对乳的色泽、风味、维生素的含量等均有较大影响。当乳畜食入艾类、野葱、洋葱、大蒜等具有刺激味的植物后，其乳汁也往往具有不良刺激气味和苦涩味。

4. 泌乳期　在乳畜同一个泌乳期的不同时间，乳的组成、性质和产量存在明显差异。由于常乳的成分及性质稳定，常作为加工乳制品的原料。基于初乳中免疫球蛋白含量十分丰富的特点，近年来国内市场上出现了利用初乳作为原料生产的功能保健食品——免疫乳制品。作为一般的通用性食品，末乳不宜作为生产乳制品的原料。

5. 健康状况　当乳畜发生疾病如乳腺炎、乳房肿胀时，乳中的成分会产生明显的变化，最常见的变化是干物质、脂肪、乳糖等含量急剧下降，而矿物质和氯离子的含量却有所增加。至于发生其他疾病，如炭疽、肺结核、口蹄疫以及传染性流产等，都会导致乳中成分的改变，甚至成为人类疾病的传染来源。

6. 挤乳情况　挤乳次数、挤乳前后的乳房按摩、挤乳员的变动等，都会引起产乳量、乳脂含量的变化。试验证明，每日3次挤乳与2次挤乳比较，前者的产乳量可提高20%～25%，并且脂肪含量也有所提高。在相同饲养管理条件下，采取乳房按摩可增加10%左右的产乳量。而挤乳员的突然变更，挤乳量也会受到影响。

7. 微生物污染　乳是微生物生长繁殖的良好培养基。刚挤出的乳中含有溶菌酶，能抑制细菌的生长。生乳保持抑菌作用的时间与乳中菌数和温度有关。菌数少、温度低，抑菌作用维持时间就长。例如生乳的抑菌作用在0℃、10℃、30℃下可分别保持48h、24h、3h。故挤出的乳应及时冷却。此外，在挤乳、乳加工中要十分重视卫生管理工作，否则将导致微生物在乳中大量繁殖，使牛奶酸败变质，危害消费者健康。

8. 残毒污染　农牧业生产中所使用的各种兽药、农药和其他化学制剂均有可能直接或间接污染乳汁，进而给人体带来危害。所以对农药的使用，应予以限制；乳畜经治疗后，休药期内的乳汁不得作为商品出售；化学物残留量超过允许限量的乳不得作为食品或食品工业原料。

二、鲜乳的生产加工卫生

（一）鲜乳的生产卫生

为了杜绝鲜乳被污染，应严格遵守生产卫生制度。

1. 饲养场卫生

（1）场址的选择和布局。饲养场应设在无污染源的地区，并远离学校、工厂、医院和住宅区等人口密集区。场内应设有畜舍、运动场、饲料间、冷藏间、兽医室、病畜隔离治疗室等。

（2）场区卫生管理。奶牛场的卫生应符合《奶牛场卫生规范》（GB/T 16568—2006）的规定，建立良好的消毒制度。场内应有粪便处理设施，应符合《粪便无害化处理技术规范》（NY/T 1168—2006）的规定。畜舍应保持清洁、干燥，通风良好，光线充足，垫草经常更换，粪便及时清理，并有防蝇措施；畜舍门前的消毒池内，经常更换消毒剂。

2. 饲养管理 乳畜的饲草和饲料应干净、无杂质、无腐烂变质现象。各种饲料的收购和贮藏应符合《饲料卫生标准》（GB 13078—2017）的规定，饮水应符合我国农业行业标准《无公害食品 畜禽饮用水水质》（NY 5207—2008），饲养用具应清洁卫生。

3. 防疫与检疫 目前，我国乳类以牛乳为主，牛群的健康是优质卫生牛乳的先决条件，因此鲜乳及制品的卫生监督和检验要从对乳牛的检疫和免疫做起。按照中华人民共和国国家标准《奶牛场卫生规范》（GB/T 16568—2006）的规定，乳牛场在每年春秋两季对全群牛进行布鲁菌病、结核病的实验室检验，检疫密度不得低于90%。对健康牛群中的阳性牛，采取扑杀、深埋或焚毁的方式处理；对非健康牛群中阳性牛或可疑阳性牛，采取隔离、淘汰的措施进行净化。对口蹄疫、蓝舌病、牛白血病、副结核病、牛肺疫、牛传染性鼻气管炎和黏膜病进行临床检查，必要时进行实验室检验。除按国家标准执行各病的检疫要求外，兽医卫生人员应经常进行牛群疫病的临床检查，并按免疫要求进行预防接种。

4. 工作人员卫生 饲养人员和挤乳人员取得健康合格证后才能上岗工作。如果工作人员患有痢疾、伤寒、弯曲菌病、病毒性肝炎（包括带菌者）、活动性肺结核、布鲁菌病、化脓性或渗出性皮肤病以及患有其他有碍于食品卫生的疾病和人畜共患病时，不得从事乳牛的饲养、乳品生产和加工等工作。工作人员应保持个人卫生，挤乳前清洗手臂，工作时必须穿戴口罩、工作服、工作帽和工作鞋（靴），经常修剪指甲，具备良好的卫生习惯。

5. 容器和设备卫生 盛乳的容器应采用表面光滑、便于清洗、耐碱、无毒、小口的不锈钢桶或塑料桶。容器使用后必须用清洁水彻底刷洗，然后用0.5%～1%氢氧化钠液刷洗，再用清水冲洗干净，最后用蒸汽消毒2～3min，倒置沥干后备用。贮存和运输原料的贮乳槽和乳罐车用后，立即用水清洗，0.5%～1%的氢氧化钠液刷洗，蒸汽消毒3～5min。

6. 取乳卫生

（1）畜体卫生。为获得卫生合格的鲜乳，必须保持乳牛体表的清洁。为此在挤奶前要洗刷牛体，洗刷时要注意由下而上，由后而前，逆毛洗刷，重点是后躯、后肢内侧及乳房周围。此操作要在挤乳前1h结束。还须注意乳房的清洁，挤乳前应采用50℃温水清洗乳房，用0.2%高锰酸钾或0.3%过氧乙酸消毒，再用温水清洗。每隔3个月将乳房及邻近的体毛修剪一次。

（2）畜舍卫生。畜体的卫生状态在很大程度上取决于畜舍的卫生状况。畜舍中灰土及尘埃的飞扬，昆虫的大量存在，会使畜体带有大量细菌，并通过挤乳而污染乳汁。所以畜舍必须保持干燥、通风，垫草应常换，粪便应及时清理，饲槽要保持清洁，限制非工作人员进入畜舍。在撒布驱虫剂时，须防止药剂污染乳。

（3）挤乳卫生。乳头导管中常存在较多的微生物，故应把最初的几把乳废弃或挤入专用容器中，另行处理，以减少乳的含菌量。

7. 贮存与运输　冷却能够抑止微生物的生长繁殖，因此，冷却后的乳应尽可能保存于低温处，并防止温度升高。新取出的乳应在2h内，冷却至4℃。乳的运输是乳品生产的重要环节，必须防止温度升高。特别是在夏季，应将运输安排在夜间或清晨，并用隔热材料遮盖。运输的容器必须清洁卫生，并加以消毒，容器应闭锁严密，且应装满乳，防止因振荡而发生乳脂分离。

（二）鲜乳的初加工卫生

1. 原料乳的验收　原料乳（生乳）必须来自健康动物，各项指标均应符合《食品安全国家标准　生乳》（GB 19301—2010）。

2. 乳的净化　原料乳在杀菌之前，应先经过净化，以便除去杂质，降低微生物的含量，有利于乳的消毒。

（1）过滤净化。刚挤出的乳，必须尽快过滤，以便除去物理性杂质。在乳牛场，常用纱布、滤袋或不锈钢滤器过滤。滤布和滤器使用后必须清洗和消毒，干燥后备用。

（2）离心净化。在乳品厂常用离心净乳机净化乳，以便除去不能被过滤的极小的杂质和附着在杂质上的微生物和乳中的体细胞，能显著提高净化效果。

3. 乳的冷却　刚挤出的乳，温度为36℃左右，适合微生物生长；如果不及时冷却，乳中微生物大量增殖，乳会变质凝固，酸度增高。迅速冷却乳既可抑制微生物的繁殖，又可延长乳中抑菌酶的活性。乳冷却得越早、温度越低，乳越新鲜。所以，刚挤出的乳过滤后必须尽快冷却到4℃，并在此温度下保存。此外，经杀菌后的乳也应尽快冷却至4～6℃。

4. 乳的杀菌与灭菌　乳及时进行杀菌或灭菌，可防止腐败变质，长时间保持新鲜度，目前常用的杀菌和灭菌方法有以下几种：

（1）巴氏杀菌法。采用较低温度（一般60～82℃），在规定的时间内对食品进行加热处理，达到杀死微生物营养体的目的。这是一种既能达到消毒目的又不损害食品品质的方法。这种杀菌（消毒）方式不能杀死细菌芽孢，仅能破坏或除去致病菌、有害微生物。

①低温杀菌法。将乳加热至62～65℃，维持30min。因此法所用时间长，虽可保持乳的状态和营养，但不能有效地杀灭某些病原微生物，目前已较少使用。

②高温短时间杀菌法。这是最常见的杀菌法。将乳加热至72～75℃维持15～20s，或80～85℃维持10～15s。这种方法，可杀灭大部分微生物，但会引起部分蛋白质及少量磷酸盐沉淀。

（2）超巴氏杀菌法。将乳加热至125～138℃维持2～4s，然后在7℃以下保存和销售。超巴氏杀菌产品并非绝对无菌，不能在常温下保存和分销。

（3）超高温瞬时灭菌法。采用高温、短时间，使液体食品中的有害微生物死亡的灭菌方法。该法不仅能保持食品风味，还能将病原菌（包括细菌芽孢）等有害微生物杀死。灭菌温度一般为135℃以上，灭菌时间一般为数秒。此方法可杀灭全部微生物，但对乳有一定影响，部分蛋白质被分解或变性，色、香、味不如巴氏杀菌乳。

（4）保持灭菌（二次灭菌）法。将乳液预先杀菌或不杀菌，包装于密闭容器内，在不低于110℃下灭菌10min以上。该法可引起部分蛋白质分解或变性，色、香、味不如巴氏杀菌乳。

5. 乳的包装 包装材料必须符合食品卫生要求，没有任何污染，并要避光、密封和耐压。灭菌乳的包装应采用无菌罐装系统，包装材料必须无菌。包装容器的灭菌方法有饱和蒸汽灭菌、双氧水灭菌、紫外线辐射灭菌、双氧水和紫外线联合灭菌等。

6. 乳的贮存和运输

（1）贮存。巴氏杀菌乳的贮存温度应为2～6℃，灭菌乳应储存在干燥、通风良好的场所。贮存成品的仓库必须卫生、干燥，产品不得与有害、有毒、有异味或对其产生不良影响的物品同库贮存。

（2）运输。成品运输时应用冷藏车，车辆应清洁卫生，专车专用。在运输中应避免剧烈振荡和高温，应防尘、防蝇，避免日晒、雨淋。不得与有害、有毒、有异味的物品混装运输。

三、鲜乳的卫生检验

（一）样品的采集

将乳桶中的乳充分混匀，按1∶1 000进行取样，每份样品不得少于250mL。所取样品分为3份，分别供检验、复检和备查用。取样温度高于20℃时，应在2～6℃下冷藏。用于理化检验的乳，每100mL样品可加入1～2滴甲醛进行防腐。

（二）感官检验

取适量试样置于50mL烧杯中，在自然光下观察色泽和组织状态，闻其气味，用温开水漱口，品尝滋味。

（三）理化检验

鲜乳的理化检验主要包括冰点、相对密度、脂肪、酸度、蛋白质等。

1. 冰点 样品管中放入一定量的乳样，置于冷阱中，于冰点以下制冷。当被测乳样制冷到－3℃时，进行引晶，结冰后通过连续释放热量，使乳样温度回升至最高点，并在短时间内保持恒定，为冰点温度平台，该温度即为该乳样的冰点值。操作方法参照《食品安全国家标准　生乳冰点的测定》（GB 5413.38—2016）。

2. 相对密度 使用密度计检测试样，根据读数经查表可得相对密度的结果。操作方法参照《食品安全国家标准　食品相对密度的测定》（GB 5009.2—2016）。

3. 蛋白质 可采用凯氏定氮法、分光光度法、燃烧法测定。操作方法参照《食品安全国家标准　食品中蛋白质的测定》（GB 5009.5—2016）。

4. 脂肪 可采用乙醚和石油醚抽提样品的碱水解液，通过蒸馏或蒸发去除溶剂，测定溶于溶剂中的抽提物的质量。也可在乳中加入硫酸破坏乳胶质性和覆盖在脂肪球上的蛋白质外膜，离心分离脂肪后测量其体积。操作方法参照《食品安全国家标准　食品中脂肪的测定》（GB 5009.6—2016）。

5. 杂质度　生乳经过滤板过滤、冲洗，根据残留于过滤板上的可见带色杂质的数量确定杂质质量。操作方法参照《食品安全国家标准　乳和乳制品杂质度的测定》（GB 5413.30—2016）。

6. 非脂乳固体　分别测出乳中的总固体含量、脂肪含量，再用总固体含量减去脂肪和蔗糖等非乳成分含量，即为非脂乳固体含量。操作方法参照《食品安全国家标准　乳和乳制品中非脂乳固体的测定》（GB 5413.39—2010）。

7. 乳酸度　以酚酞为指示液，用0.100 0mol/L氢氧化钠标准溶液滴定100g试样至终点所消耗的氢氧化钠溶液体积，经计算确定试样的酸度。操作方法参照《食品安全国家标准　食品酸度的测定》（GB 5009.239—2016）。

（四）微生物检验

乳中微生物限量检测，即测定菌落总数。鲜乳在一定条件下培养后，所得每毫升检样中形成的微生物菌落总数。操作方法参见《食品安全国家标准　食品微生物学检验　菌落总数测定》（GB 4789.2—2016）。

（五）乳房炎乳检验

乳腺炎乳中，血清白蛋白、免疫球蛋白、细胞数、钠、氯、pH、电导率等均有增加的趋势；而脂肪、无脂乳固体、酪蛋白、β-乳球蛋白，α-乳白蛋白、乳糖、酸度、比重、磷、钙、钾、柠檬酸等均有减少的倾向。因此，检测乳腺炎乳的方法较多，例如氯糖数的测定法、凝乳检测法、血与脓的检测、体细胞计数、电导率测定、溴麝香草酚蓝法、过氧化氢酶法、羟基（烷基）硫酸盐检测法等方法。

（六）掺假掺杂乳检验

乳中掺假是某些不法经营者为增加乳量或掩盖其缺点而向乳中加入非乳物质的恶劣行为。牛乳中掺入的非乳物质会降低牛乳的食用价值，还会影响牛乳的卫生质量，加速乳的酸败，甚至会使乳带毒。掺假乳的检验可根据牛乳的比重、滴定酸度、含脂率及冰点等综合指标来进行。

1. 相对密度的测定　正常牛乳的比重在1.028～1.032，掺水或脱脂可使比重下降，同时乳酸度及乳中各种成分相应降低。但是，掺水并掺入电解质、非电解质或胶体物质的，其比重可以达到正常水平，因此难以发现。

2. 酸度　正常牛乳的滴定酸度小于18°T，微生物的生长繁殖会使酸度升高。乳中加水或加入中和剂后，酸度降低。

3. 乳脂率的测定　正常牛乳的含脂率不低于3%，并且比较稳定。乳中加入非乳物质，则乳脂率降低。

4. 冰点测定　乳的冰点一般比较稳定，加入水或电解质等都会使冰点下降。

5. 乳中三聚氰胺的测定　其原理是用乙腈作为原料乳中的蛋白质沉淀剂和三聚氰胺提取剂，强阳离子交换色谱柱分离，高效液相色谱-紫外检测器或二极管阵列检测器检测，外标法定量。操作方法参见GB/T 22400—2008《原料乳中三聚氰胺快速检测——液相色谱法》。

（七）抗生素残留乳检验

可用TTC试验来判定。往检样中先后加入菌液和TTC指示剂（2，3，5-氯化三苯四氮唑），如检样中有抗生素存在，则会抑制细菌的繁殖，TTC指示剂不被还原、不显色；反之，则细菌大量繁殖，TTC指示剂被还原而显红色，从而可以判定有无抗生素残留。

（八）鲜乳的卫生评价

鲜乳应符合中华人民共和国国家标准《食品安全国家标准　生乳》（GB 19301—2010）的要求。

1. 感官要求　呈均匀一致液体，无凝块、无沉淀、无正常视力可见异物，呈乳白色或微黄色，具有乳固有的香味，无异味。

2. 理化指标　应符合表 4-1 的规定。

表 4-1　鲜乳理化指标

项　　目	指　　标
冰点[a,b]/（℃）	−0.500～−0.560
相对密度/（20℃/4℃）	≥1.027
蛋白质/（g/100g）	≥2.8
脂肪/（g/100g）	≥3.1
杂质度/（mg/kg）	≤4.0
非脂乳固体/（g/100g）	≥8.1
酸度/（°T） 牛乳[b] 羊乳	 12～18 6～13

注：[a] 挤出 3h 后检测，[b] 仅适用于荷斯坦奶牛。

3. 污染物限量　应符合表 4-2 的规定。

表 4-2　鲜乳污染物限量

项　　目	指　　标
铅（Pb）/（mg/kg）	≤0.05
总汞/（mg/kg）	≤0.01
总砷/（mg/kg）	≤0.1
铬（Cr）/（mg/kg）	≤0.3
亚硝酸盐/（mg/kg）	≤0.4

4. 真菌毒素　黄曲霉毒素≤0.5μg/kg。

5. 微生物限量　菌落总数≤2×10^6。

6. 农药残留限量和兽药残留限量　农药残留限量应符合《食品安全国家标准　食品中农药最大残留限量》（GB 2763—2016）及国家有关规定和公告。兽药残留限量应符合国家有关规定和公告。

四、乳制品的卫生检验

（一）乳制品的加工卫生

1. 发酵乳的加工卫生　生产发酵乳的原料要新鲜，不得含有有害物质，尤其是抗生素和防腐剂。原料乳经 95℃、30min 杀菌，或 90℃、35min 杀菌后立即冷却，然后加入纯化的发酵剂。产品贮存温度为 2～6℃；用 3～6℃冷藏车运输，避免强烈震动。

2. 奶粉的加工卫生　原料乳的杀菌应采用高温短时间杀菌法，即可破坏乳中的酶、杀灭微生物，又可防止或推迟脂肪的氧化。真空浓缩后应立即采用清洁的热风进行喷雾干燥。奶粉温度降至25℃以下才可包装。包装材料要求密封、避光、符合卫生要求。

3. 奶油的加工卫生　原料乳应为来自健康动物的常乳，其酸度不超过22°T，不得含有抗生素。分离后的稀奶油采用间歇式或连续式杀菌法处理。杀菌后立即冷却至2～10℃，使其达到物理成熟。生产酸奶油时，原料经杀菌、冷却，加入纯化的乳酸菌，在低温下发酵，防止出现金属味和酒精味；加工中要防止微生物污染。产品的贮存温度不得超过－15℃，运输产品时应使用冷藏车。

（二）乳制品的卫生检验

1. 发酵乳的卫生检验

（1）样品的采取。按生产班次或日期分批取样，不足1万瓶的，抽取2瓶，1万～5万瓶者每增加1万瓶增取1瓶，5万瓶以上者每增加2万瓶增取1瓶。样品应保存于2～10℃的冷藏箱内。不合格的发酵乳，不得出售，一律废弃。

（2）检验方法。

①感官检验。检验方法同鲜乳检验。

②理化检验。检验项目包括脂肪，非脂乳固体，蛋白质，酸度。检验方法同鲜乳检验。

③微生物限量。检验项目包括大肠菌群、金黄色葡萄球菌、沙门菌、酵母菌、霉菌。操作方法分别参照《食品安全国家标准　食品微生物学检验　大肠菌群计数》（GB 4789.3—2016）平板计数法、《食品安全国家标准　食品微生物学检验　金黄色葡萄球菌检验》（GB 4789.10—2016）定性检验、《食品安全国家标准　食品微生物学检验　沙门菌检验》（GB 4789.4—2016）及《食品安全国家标准　食品微生物学检验　霉菌和酵母计数》（GB 4789.15—2016）。

2. 奶粉的卫生检验

（1）样品的采取。

①箱桶包装。无菌操作，用采样扦自容器的四角及中心各采一扦，搅匀后，取总量的1/1 000做检验用。开启数为总数的1%。

②听、瓶、袋、盒装。按照批号，从其不同堆放部位，采取总数的1/1 000做检验用，但不得少于2件。尾数超过500件的，须增取1件。

（2）检验方法。

①感官检验：检验方法同鲜乳检验。

②理化检验：检验项目及方法同发酵乳的理化检验。

③微生物限量：检验项目及方法同发酵乳的微生物限量。

3. 奶油的卫生检验

（1）样品采取。按奶油搅拌器分批采样，每批产品取两件。大包装产品应从箱内的不同部位取样。

（2）检验方法。

①感官检验。检验方法同鲜乳检验。

②理化检验。检验项目包括水分，脂肪，酸度，非脂乳固体。

水分：利用食品中水分的物理性质，在101.3kPa（一个标准大气压），温度101～105℃下采用挥发方法测定样品中干燥减失的质量，包括吸湿水、部分结晶水和该条件下能挥发的物质，再通过干燥前后的称量数值计算出水分的含量。操作方法参见《食品安全国家标准 食品中水分的测定》(GB 5009.3—2016)。

脂肪与酸度：检验方法同鲜乳的理化检验。

③微生物限量。检验项目包括菌落总数、大肠菌群、金黄色葡萄球菌、沙门菌、霉菌。检验方法同发酵乳。

(三) 乳制品的卫生评价

1. 发酵乳 发酵乳应符合《食品安全国家标准 发酵乳》(GB 19302—2010) 的要求。

(1) 感官要求。色泽均匀一致，呈乳白色或微具有发酵乳特有的滋味、气味。组织细腻、均匀，允许有少量乳清析出；风味发酵乳具有添加成分特有的组织状态。

(2) 理化指标。应符合表 4-3 的规定。

表 4-3 发酵乳理化指标

项　　目	指　　标
脂肪[a]/ (g/100g)	≥3.1
非脂乳固体/ (g/100g)	≥8.1
蛋白质/ (g/100g)	≥2.9
酸度/ (°T)	≥70.0

注：[a] 仅适用于全脂产品。

(3) 污染物限量。应符合表 4-4 的规定。

表 4-4 发酵乳污染物限量

项　　目	指　　标
铅 (Pb) / (mg/kg)	≤0.05
总汞/ (mg/kg)	≤0.01
总砷/ (mg/kg)	≤0.1
铬/ (mg/kg)	≤0.3

(4) 真菌毒素。黄曲霉毒素 M_1≤0.5μg/kg。

(5) 微生物限量。应符合表 4-5 的规定。

表 4-5 发酵乳微生物限量

项　　目	采样方案[a] 及限量 (若非指定，均以 CFU/g 或 CFU/mL 表示)			
	n	c	m	M
大肠菌群	5	2	1	5
金黄色葡萄球菌	5	0	0	—
沙门菌	5	0	0	—
酵母	≤100			
霉菌	≤30			

注：[a] 样品的分析及处理按 GB 4789.1—2016 和 GB 4789.18—2010 执行。

2. 乳粉 乳粉应符合《食品安全国家标准 乳粉》(GB 19644—2010) 的要求。

(1) 感官要求。呈均匀一致的乳黄色，具有纯正的乳香味，呈干燥均匀的粉末。

（2）理化指标。应符合表 4-6 的规定。

表 4-6　乳粉理化指标

项　　目	指　　标
蛋白质/（%）	非脂乳固体[a] 的 34%
脂肪[b]/（%）	26.0
复原乳酸度/（°T） 牛乳 羊乳	 18 7～14
杂质度/（mg/kg）	16
水分/（%）	5.0

注：[a] 非脂乳固体（%）＝100%－脂肪（%）－水分（%），[b] 仅适用于全脂乳粉。

（3）污染物限量。应符合表 4-7 的规定。

表 4-7　乳粉污染物限量

项　　目	指　　标
铅（Pb）/（mg/kg）	≤0.5
总砷/（mg/kg）	≤0.5
铬/（mg/kg）	≤2.0
亚硝酸盐/（mg/kg）	≤2.0

（4）真菌毒素限量。黄曲霉毒素≤0.5μg/kg。

（5）微生物限量。应符合表 4-8 的规定。

表 4-8　乳粉微生物限量

项　　目	采样方案[a] 及限量（若非指定，均以 CFU/g 或 CFU/mL 表示）			
	n	c	m	M
菌落总数[b]	5	2	50 000	200 000
大肠菌群	5	1	10	100
金黄色葡萄球菌	5	2	10	100
沙门菌	5	0	0	—
酵母	≤100			
霉菌	≤30			

注：[a]样品的分析及处理按 GB 4789.1—2016 和 GB 4789.18—2010 执行。
[b]不适用于添加活性菌种（好氧和兼性厌氧益生菌）的产品。

3. 奶油　奶油应符合《食品安全国家标准　稀奶油、奶油和无水奶油》（GB 19646—2010）的要求。

（1）感官要求。呈均匀一致的乳白色、乳黄色或相应辅料应有的色泽。具有奶油应有的滋味和气味，无异味。均匀一致，允许有相应辅料的沉淀物，无正常视力可见异物。

（2）理化指标。应符合表 4-9 的规定。

表 4-9 奶油理化指标

项　　目	指　　标
脂肪[a]/（%）	≥10.0
酸度/（°T）	≤30.0

注：[a] 无水奶油的脂肪（%）=100%－水分（%）。

（3）污染物限量。铅（Pb）≤0.3mg/kg。

（4）真菌毒素限量。黄曲霉毒素≤0.5μg/kg。

（5）微生物限量。应符合表 4-10 的规定。

表 4-10 奶油微生物限量

项　　目	采样方案[a] 及限量（若非指定，均以 CFU/g 或 CFU/mL 表示）			
	n	c	m	M
菌落总数[b]	5	2	10 000	100 000
大肠菌群	5	2	10	100
金黄色葡萄球菌	5	1	10	100
沙门菌	5	0	0	—
霉菌	≤90			

注：[a]样品的分析及处理按 GB 4789.1—2016 和 GB 4789.18—2010 执行；

[b]不适用于发酵奶油。

【相关知识链接】

一、乳的营养价值

乳中含丰富的营养成分，包括乳脂肪、蛋白质、糖类、矿物质、维生素等。乳脂肪是最重要的营养成分与能量物质，消化率高达 95%，它含有较多人体所需的必需脂肪酸，适合各类人群食用。乳含有优质全价蛋白质，其蛋白质中含有人体需要的全部必需氨基酸，极易被人体消化和吸收，利用率很高。乳中的主要碳水化食物是乳糖，可调节胃酸，促进胃肠道消化。乳中还含有多种矿物质，对人体最有营养价值的是钙，其次是磷。乳品还是人体维生素 B_2 的良好来源。

二、乳及乳制品卫生检验的意义

乳及乳制品的卫生质量受生产、加工和流通过程中许多因素的影响，若处理不当，则乳的理化性质和卫生状况就会发生改变，使其营养价值降低、感官性质改变，甚至不能食用。因此，要生产优质乳品，必须加强饲养管理和乳品加工中的卫生监督，避免不利因素的影响。

实训一　鲜乳的常规指标检验

【训练目标】

了解乳的感官性状，掌握乳的常规理化检验方法。

【实训材料】

乳，1%酚酞乙醇溶液，0.1mol/L 氢氧化钠标准溶液，2.5%美蓝溶液，1%碘化钾溶液，1%淀粉溶液，1%～2%过氧化氢溶液，锥形瓶，碱式滴定管，量筒，乳稠计，无菌试管，无菌移液管，无菌棉塞等。

【训练内容与步骤】

(一) 感官检验

1. 操作方法　取适量试样置于 50mL 烧杯中，在自然光下观察色泽和组织状态，闻其气味，用温开水漱口，品尝滋味。

2. 判定标准　如表 4-11 所示。

表 4-11　鲜乳感官要求

项　目	要　求
色泽	呈乳白色或微黄色
滋味、气味	具有乳固有的香味，无异味
组织状态	呈均匀一致液体，无凝块、无沉淀、无正常视力可见异物

(二) 常规理化检验

1. 牛乳新鲜度的检验——酸度测定（滴定法）

(1) 操作方法。准确吸取乳样 10mL，置于锥形瓶中，加入水 20mL 及 1%酚酞乙醇溶液 3～4 滴，混匀。用 0.1mol/L 氢氧化钠标准溶液滴定至出现粉红色半分钟内不消失为止。

(2) 计算。

$$乳的酸度（°T）=V\times 10$$

(3) 判定标准。鲜乳酸度为 12～18°T。

2. 乳的相对密度测定

(1) 操作方法。取已混匀并调节温度为 10～20℃的乳样小心加入 250mL 量筒中至容积的 4/5 处，小心将乳稠计插入乳样至乳稠计示度约 1.030 刻度处，让其自由浮动，并沿管壁插入温度计一支。待乳稠计静止 2～3min 后分别读取乳稠计和温度计示度。

(2) 计算。

$$乳的相对密度=（R+0.002）+（T-20）\times 0.000\,2$$

式中，R 为乳稠计示度，T 为温度计示度。

(3) 判定标准。正常牛乳的相对密度≥1.027。

3. 乳中还原酶试验——美蓝褪色试验

(1) 操作方法。用灭菌吸管吸取被检乳 5mL 注入灭菌试管中，加入 2.5%美蓝溶液 5 滴(0.25mL)，用棉塞塞紧，充分混合后置 37℃温箱中。经 20min、40min、2h、5.5h 各观察一次，并分别记录结果。

（2）判定标准。根据乳中美蓝褪色所需时间即可粗略判定乳的细菌污染程度和乳的等级，如表 4-12 所示。

表 4-12　美蓝褪色试验结果判定表

美蓝褪色时间	细菌污染程度（个/mL）	乳等级
5.5h 以上	≤500 000	一级乳
2～5.5h	≤4 000 000	二级乳
40min～2h	≤20 000 000	三级乳
40min 以内	>20 000 000	劣质乳

4. 生牛乳消毒效果的测定——过氧化物酶的测定

（1）操作方法。取 2～3mL 被检乳于试管中，滴加 1%碘化钾溶液及 1%淀粉溶液各 2～3 滴，混匀后滴加 1 滴新配制的 1%～2%过氧化氢溶液，立即观察。同时做空白对照。

（2）判定标准。未经消毒的生乳呈深蓝色，消毒不充分的生乳呈浅蓝色，消毒充分的乳不发生任何颜色变化。

【实训报告】

对样品进行检验，并对检验结果做出评价。

实训二　乳腺炎乳检验

【训练目标】

通过实训，掌握乳腺炎乳的检验方法，并能进行正确判定。

【实训材料】

鲜乳，十水碳酸钠（$Na_2CO_3 \cdot 10H_2O$），蒸馏水，无水氯化钙，氢氧化钠，溴甲酚紫，硫酸铝，铬酸钾，硝酸银等。

【训练内容与步骤】

（一）溴甲酚紫法

1. 配制试剂　称取 60g 十水碳酸钠（$Na_2CO_3 \cdot 10H_2O$）溶于 100mL 蒸馏水中，另取 40g 无水氯化钙溶于 300mL 蒸馏水中。二者须均匀搅拌、加温、过滤，然后将两种滤液倾注一起，混合、搅拌、加温和过滤，于第二次滤液中加入等量的 15%氢氧化钠溶液，继续搅拌、加温和过滤即为试液。加入溴甲酚紫于试液内，有助于结果的观察。试剂宜放在棕色瓶内保存。

2. 操作方法　吸取乳样 3mL 于白色平皿内，加 0.5mL 试液，立即回转混合，10s 后观察结果。

3. 判定标准　如表 4-13 所示。

表 4-13　溴甲酚紫法检验乳腺炎乳结果判定

结　果	判　定
无沉淀及絮片	－（阴性）

（续）

结　　果	判　　定
稍有沉淀	±（可疑）
肯定有沉淀（片条）	＋（阳性）
发生黏稠性团块并继之分为薄片	＋＋（强阳性）
有持续性黏稠性团块（凝胶）	＋＋＋（强阳性）

（二）氯糖数的测定

1. 配制试剂　配制20%硫酸铝溶液，0.2mol/L氢氧化钠溶液，10%铬酸钾溶液，0.028 17mol/L硝酸银溶液。

2. 操作方法　用吸管吸取乳样20mL于200mL容量瓶中，加入10mL 20%硫酸铝溶液及8mL 0.2mol/L氢氧化钠溶液，混合均匀，加水至刻度，摇匀后过滤。取100mL滤液，用0.028 17mol/L硝酸银溶液滴定至砖红色（1mL 0.028 17mol/L硝酸银溶液相当于1mg氯）。滴定前须用石蕊试纸测定溶液酸碱性，如果呈酸性，则须事先用氢氧化钠溶液中和到中性。

3. 计算

$$\text{氯（\%）}=\frac{V\times10}{1.030\times1\,000}$$

式中　V——滴定时用去硝酸银的量（mL）；

1.030——正常乳密度；

$V\times10$——每100mL牛乳中含氯量（mg）。

$$\text{氯糖数}=\frac{X\times100}{L}$$

式中　X——氯的百分含量（%）；

L——乳糖的百分含量（%）。

4. 判定　健康牛乳中的氯糖数不超过4，乳腺炎乳的氯糖数则增高。

【实训报告】

对样品进行实验室检验，并对检验结果做出评价。

实训三　乳中抗生素残留检验

【训练目标】

通过实训，掌握用TTC试验检测乳中抗生素残留的方法，并能进行正确判定。

【实训材料】

嗜热乳酸链球菌，2.4% TTC指示剂，水浴锅，试管等。

【训练内容与步骤】

（一）检验程序

抗生素残留的检验程序如图4-1所示。

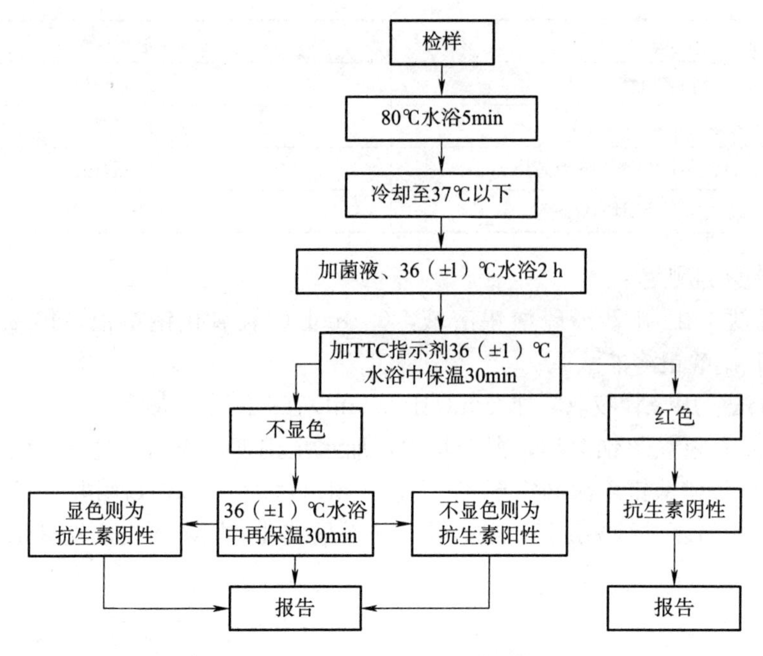

图 4-1　抗生素残留的检验程序

（二）操作方法

1. 菌液制备　将嗜热乳酸链球菌接种入灭菌脱脂乳，置于 36（±1)℃培养箱中保温 15h，然后再用灭菌脱脂乳以 1∶1 比例稀释备用。

2. 操作步骤　取乳样 9mL 放入试管中。置 80℃水浴中保温 5min，冷却至 37℃以下，加入菌液 1mL，置 36（±1)℃水浴中保温 2h，加入 4% TTC 指示剂 0.3mL，置 36（±1)℃水浴中保温 30min。观察牛乳颜色的变化。

（三）判定结果

加入 TTC 指示剂并于水浴中保温 30min 后，如检样呈红色反应，说明无抗生素残留，即报告结果为阴性；如检样不显色，再继续保温 30 分钟作第二次观察，如仍不显色，则说明有抗生素残留，即报告结果为阳性，反之则为阴性。显色状态判断标准如表 4-14 所示。

表 4-14　显色状态判断标准

显色状态	判　断
未显色者	阳性
微红色者	可疑
桃红色→红色	阴性

【实训报告】

详细记录实训过程，根据观察结果进行分析判断。

实训四　乳中掺假掺杂物的检验

【训练目标】

通过实训，掌握对乳中掺假和掺杂物的检验方法，并能做出准确判断。

【实训材料】

10%重铬酸钾溶液，0.5%硝酸银溶液，0.04%溴麝香草酚蓝乙醇溶液，碘化钾，淀粉，蒸馏水，2%碘溶液，醇醚混合液，试管，滴管等。

【训练内容与步骤】

（一）掺水乳检验

1. 原理　正常乳中氯化物含量较低，一般不超过0.14%，加入天然水之后，使乳中氯化物的含量增高。在乳中加入重铬酸钾和硝酸银，利用硝酸银与氯化物反应完后，剩余的硝酸银与重铬酸钾发生反应，生成黄色的铬酸银沉淀。由于乳中氯化物含量不同，乳的颜色也有差异。

2. 操作方法　取样品2mL于试管中，加入10%重铬酸钾溶液2滴，摇匀，再加入0.5%硝酸银溶液4mL，摇匀，观察颜色反应。

3. 判定标准　掺水乳呈不同程度的砖红色。

（二）掺碱乳的检验

1. 原理　乳中掺入碱后，使氢离子浓度发生变化，与酸碱指示剂相遇，显示出与正常乳不同的颜色反应。

2. 操作方法　取牛乳5mL注入试管中，然后用滴管沿试管壁加5滴0.04%溴麝香草酚蓝乙醇溶液，将试管小心地倾斜转动2～3次，使试管内液体充分接触，应避免两种液体相互混合。最后轻轻地把试管垂直放到试管架上，经2min后观察两液面间色环的出现及其颜色。同时用不掺碱的鲜乳对照。

3. 判定标准　如表4-15所示。

表4-15　掺碱乳结果判定表

鲜乳中含碱的浓度/%	接触面环层的颜色
0.03	黄绿色
0.05	淡绿色
0.1	绿色
0.3	深绿色
0.5	青绿色
0.7	淡青色
1.0	青色
1.5	深青色

（三）掺过氧化氢乳的检验

1. 原理　过氧化氢（双氧水）酸性条件下能使碘化钾氧化而析出碘，遇淀粉显蓝色。

2. 操作方法　配制碘化钾淀粉溶液，将 3g 淀粉用 10mL 水混匀，边搅拌边加沸水到 100mL，再加入 3g 纯碘化钾。取 5mL 乳样于试管中，加碘化钾淀粉溶液 0.5mL，充分混合，观察上述乳中颜色变化。

3. 判定标准　如乳略变蓝色，则表示乳中有过氧化氢。

(四) 掺淀粉乳的检验

1. 原理　淀粉遇碘变成蓝色，据此进行检验。

2. 操作方法　配制碘溶液，2g 碘与 4g 碘化钾溶于 100mL 水中。取乳样 5mL 移入试管中，再加入碘溶液 2～3 滴，观察被检乳颜色的变化。

3. 判定标准　有淀粉存在时，乳立即出现蓝色，否则不变色。

(五) 掺豆浆乳的检验

1. 原理　乳中含有皂素，可溶于酒精中，与氢氧化钠反应生成黄色溶液。

2. 操作方法

取乳样 2mL 注入试管中，吸取醇醚混合液 3mL 加入试管内，再加入 25%氢氧化钠溶液 5mL，充分混合，在 5～10min 内观察试管内乳样颜色的变化。同时用正常乳样做对照。

3. 判定标准

乳中掺有豆浆时，呈黄色，无豆浆乳不变色。

【实训报告】

对样品进行实验室检验，并对检验结果做出评价。

任务二　蛋与蛋制品的卫生检验

【任务描述】

蛋的基本形态结构，蛋的化学组成，蛋在保藏过程中的变化，鲜蛋贮存保鲜方法，鲜蛋的新鲜度检验，蛋的卫生标准及商品评定，蛋制品的卫生检验。

【与其他任务的关系】

蛋是重要的动物产品之一。为提高蛋与蛋制品的卫生质量，确保消费者的安全，必须加强和规范蛋与蛋制品的卫生监督管理和检验工作。

一、蛋的形态结构与化学组成

(一) 蛋的形态结构

禽蛋呈卵圆形，一头较大为蛋的钝端，另一头较小为蛋的锐端，其平面上的投影为椭圆形。蛋的纵径大于横径，纵向较横向耐压，所以在运输过程中应大头朝上，以减少破损。蛋的大小因蛋禽的种类、品种、年龄、营养状况等条件的不同而异。通常鸡蛋重 40～70g，鸭蛋 60～90g，鹅蛋 100～230g。蛋主要由蛋壳、蛋白及蛋黄三部分组成（图 4-2）。

1. 蛋壳　蛋壳是蛋的外层硬壳，它使蛋具有固定的形状，并起保护作用。蛋壳的厚度和颜色，因禽的种类而有较大差异。通常鸡蛋壳的平均厚度为 0.35mm，鸭蛋壳为 0.43mm，鹅蛋壳为 0.62mm。鸡蛋壳呈白色或深浅不同的褐色，鸭蛋壳和鹅蛋壳一般呈青

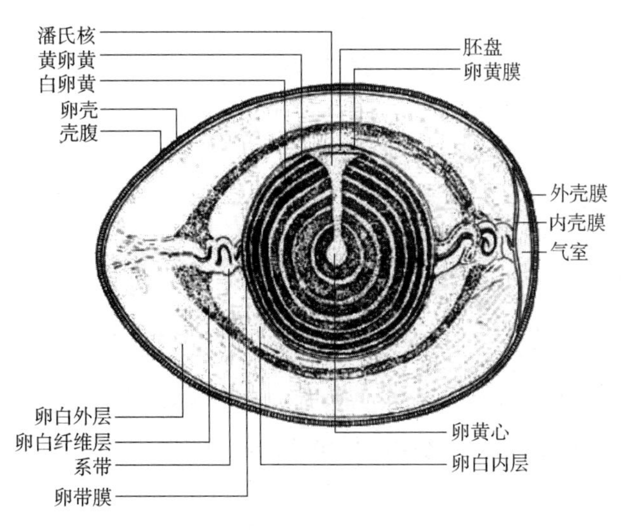

图 4-2　禽蛋的结构

灰色或白色。壳是由外蛋壳膜、石灰质蛋壳和壳下膜构成。

（1）外蛋壳膜。又称壳外膜。是蛋壳外面由胶性黏液干燥而成的一层薄膜，所以又称为胶样膜或粉霜。它是由母禽输卵管分泌的一种透明可溶性无定形结构的胶质黏液干燥而成。完整的薄膜有阻止微生物的侵入，防止蛋内水分蒸发和二氧化碳逸散、避免蛋重减轻的作用。胶样膜易溶于水，不耐摩擦，久藏受潮或水洗，可使其溶解而失去保护作用。外蛋壳膜的有无及性状可作为判断蛋新鲜度的指标之一。

（2）蛋壳。又称石灰质蛋壳，是包裹在鲜蛋内容物外面的一层硬壳。其主要成分是碳酸钙（约占 94%），其次有少量的碳酸镁、磷酸钙、磷酸镁及角质蛋白质。蛋壳的厚度一般为 0.2～0.4mm。由于禽的品种、气候条件和饲料等因素的差异，蛋壳的厚度略有不同。蛋壳上有 1 000～1 200 个气孔，这些气孔在蛋壳表面的分布不均匀，大头较多，小头较少。蛋产后贮存时蛋内的水分和气体可由气孔排出，而使蛋的重量减轻。微生物在外蛋壳膜脱落时，可以通过气孔侵入蛋内，引起蛋的腐败。

（3）壳下膜。是由两层紧紧相贴的膜组成的。其内层紧接蛋白，称蛋白膜；外层紧贴石灰质蛋壳，称内蛋壳膜。蛋白膜和内蛋壳膜是由很细的纤维交错成的网状结构。内蛋壳膜的纤维较粗，网状结构空隙大，细菌可通过进入蛋内。蛋白膜纤维结构致密细致，细菌不能直接通过进入蛋内，只有在细菌分泌的蛋白酶将蛋白膜破坏之后，才能进入蛋内。所有霉菌的孢子均不能透过这两层膜进入蛋内，但其菌丝体可以透过，并能引起蛋内容物发霉。

蛋产出时，由于外界温度比家禽体温低，蛋内容物收缩，空气从气孔进入蛋内，使蛋的钝端壳下的两层膜分离形成气室，随着存放时间的延长，蛋内水分蒸发，气室也会不断增大，因此，气室大小可作为判断蛋新鲜度的指标之一。

2. 蛋白　蛋白也称蛋清，无色透明，是蛋白膜下的黏稠胶体物质，占蛋重的 45%～60%。鲜蛋中蛋白由外向内分为四层。第一层为外稀蛋白层，贴附在蛋白膜上，占蛋白总体积的 23.2%；第二层为中层浓厚蛋白层，占蛋白总体积的 57.3%；第三层为内层稀薄蛋白层，占蛋白总体积的 16.8%；第四层为系带膜状层，占蛋白总体积的 2.7%。蛋白按其形态分为两种，即稀薄蛋白和浓厚蛋白。

浓蛋白呈浓稠胶状，含有溶菌酶，在保存期间，由于受温度和蛋内蛋白酶的影响，浓蛋白逐渐变稀，所含溶菌酶也随之消失。细菌易侵入造成蛋污染变质。稀蛋白呈水样胶状，自由流动，不含溶菌酶。随着保存时间的延长和温度的变化，浓蛋白减少而稀蛋白增加，使蛋的品质降低。

在蛋白中，位于蛋黄两端各有一条白色带状物，称为系带。其作用是固定蛋黄位于蛋的中心。系带为白色不透明胶体，呈螺旋状结构。新鲜蛋白系带色白而有弹性，含有溶菌酶，含量是蛋白中溶菌酶的2～3倍。随着温度的升高和贮藏时间的延长，系带在酶的作用下会发生水解，逐渐失去弹性和固定蛋黄的作用，造成蛋黄贴壳。因此系带状况也是鉴别蛋的新鲜程度的重要指标之一。

3. 蛋黄　蛋黄由蛋黄膜、胚胎和蛋黄液所组成。新鲜蛋黄呈球形，两端由系带牵连，位于蛋的中央。它是一种浓厚、不透明、呈半流动的黄色黏稠物，由无数含有脂肪的球形细胞所组成。

(1) 蛋黄膜。是包在蛋黄外面的透明薄膜，结构微细而紧密，具有很强的韧性，使蛋黄紧缩呈球形。陈旧的蛋黄膜，韧性丧失，轻轻震动蛋黄膜即可破裂，出现散黄现象。因此，蛋黄膜的韧性大小和完整程度，是蛋是否新鲜的重要标志。

(2) 蛋黄液。是一种黄色的半透明乳胶液，约占蛋重的32%，比重为1.028～1.030。蛋黄液呈多层次的色泽，中央为淡黄色，周围由深黄色蛋黄液和浅黄色蛋黄液交替组成。

(3) 胚盘。是一直径3～3.5mm大小的灰白色斑点，位于蛋黄上侧表面的中央部，未受精胚胎呈椭圆形，受精胚胎为正圆形。受精胚在较高的温度保存时胚胎发育，从而影响蛋的品质和降低蛋的贮藏性。

(二) 蛋的化学组成

蛋是具有很高营养价值的动物性食品之一，含有蛋白质、脂肪、糖类、类脂、矿物质及维生素等。这些营养成分的比例、含量与品质，因家禽的种类、品种、年龄、饲料、产蛋季节等而有所不同。

1. 蛋白质　蛋中含有多种蛋白质，其中占比例最大的是蛋白中的卵白蛋白和蛋黄中的卵黄磷蛋白。这些蛋白都是全价蛋白，含有人体所必需的各种氨基酸，除蛋氨酸和胱氨酸略有不足外，皆符合人体需要，生物价高达94%。所以常把鸡蛋的氨基酸组成比例当作最高的质量标准，也作为蛋白质质量高低的参照标准。熟鸡蛋易消化，能有效地被人体吸收。

2. 脂肪　蛋中99%的脂肪存在于蛋黄中，占蛋黄重的30%～33%，其中甘油酯约占20%，磷脂约占10%。磷脂主要包括卵磷脂、脑磷脂和神经磷脂等，它们对神经系统的发育具有重要意义。卵磷脂中还有一定量的胆固醇，其含量占蛋黄的1.2%～1.5%。

3. 糖类　蛋中的糖类，主要是葡萄糖，也有少量乳糖。

4. 矿物质　蛋中含有多种矿物质，主要有钾、钠、钙、镁、磷、铁，还含有微量锌、铜、锰、碘等。其中以磷、钙、铁的含量较多，而且易被吸收。尤其是铁，可以作为人体铁的重要来源。

5. 维生素　蛋中含有丰富的维生素，其中维生素A、维生素B_1、维生素B_2等含量较高，还含有一定量的泛酸、维生素D、维生素E、维生素K、维生素C等。

6. 酶　蛋中含有多种酶类，如蛋白分解酶、溶菌酶、淀粉酶、蛋白酶、脂解酶和过氧化氢酶。蛋白分解酶对蛋白质有分解作用，溶菌酶有一定的杀菌作用。

7. 色素　蛋黄中含有丰富的色素，从而使蛋黄呈浅黄乃至橙黄色。其中主要为叶黄素、其次胡萝卜素、核黄素、玉米黄质。这些色素不能在禽体内合成，由饲料转移而来。

二、蛋的卫生检验

（一）蛋在保藏时的变化

蛋在保藏过程中，由于外界温度、湿度、包装材料的状态、收购时蛋的品质和保存时间等的影响，会使蛋发生物理、化学、生理及微生物学变化。

1. 物理变化

（1）质量变化。蛋在贮存中，由于蛋壳表面有气孔，使蛋内容物中的水分、二氧化碳不断逸出，重量逐渐减轻。蛋的重量损失与保管的温度、湿度、蛋壳气孔大小、空气流通情况等因素有关。在气温高湿度小气流快时蛋的失重大。

（2）气室变化。鲜蛋气室的变化和质量损失有明显关系。随着蛋质量的减轻，气室相对增大。故可根据气室大小判断蛋的新鲜度。

（3）水分的变化。贮存过程中蛋内水分会发生变化，主要是蛋白水分的减少。蛋白水分除一部分蒸发外，另一部分水分因渗透压差向蛋黄内移动，使蛋黄中含水量增加。蛋内水分变化受贮存时间和温度的影响。

2. 化学变化　蛋在贮存期间，pH不断发生变化，尤其是蛋白pH变化较大。一般情况下，鲜蛋白的pH为7.8～8.0。在贮存初期，由于CO_2的快速蒸发，可使pH上升到8.5左右，但随着贮存时间延长，蛋白质被蛋白酶分解，产生小分子的酸性物质，反而使pH下降，可降到7左右。蛋黄的pH也发生缓慢变化。蛋随贮存时间延长，蛋内含氨量、游离脂肪酸、可溶性磷酸都会不同程度地增加。

3. 生理变化　蛋在贮存期间，若贮存温度较高，则使受精蛋的胚胎周围形成血丝，以至发育形成雏禽；若是未受精蛋，可使胚胎出现膨胀现象。

4. 微生物学变化　在室温条件下，经过1～3周蛋内溶菌酶就会失去活性。当微生物侵入蛋内生长繁殖时，释出蛋白水解酶，使蛋白逐渐水解，导致蛋白黏度消失，蛋黄的位置改变。蛋黄膜失去韧性而破裂，形成散黄蛋。而后蛋白质先被分解为氨基酸，继而形成酰胺、氨和硫化氢等，使蛋产生强烈的臭气，并形成某些有毒性的活性物质。由于氨和硫化氢不断积聚，最终引起蛋壳的爆裂。蛋液中常见的微生物有变形杆菌、沙门菌、假单胞杆菌等。其中以沙门菌的卫生学意义最大，蛋中的沙门菌主要存在于蛋黄中。

（二）蛋的贮存保鲜方法

1. 冷藏保鲜法　冷藏保鲜法是我国目前应用最广的一种鲜蛋贮存方法。其优点是能使鲜蛋的理化性质变化小，从而保持蛋的原有风味和外观。本法能大规模贮存鲜蛋，费用也较低。贮存鲜蛋的冷库温度为0℃左右。每昼夜的温差不得大于1℃，相对湿度为80%～85%。为了保持库温恒定，鲜蛋在入库前要进行预冷，使蛋温降至2～3℃再入库。每次进库量不超过总容量的15%。

2. 浸渍法　浸渍法就是选用适宜的溶液，将蛋浸在其中，使蛋与空气隔离，蛋内水分不易向外蒸发，加之溶液具有防腐作用，从而达到保鲜的目的。浸渍法有石灰水浸渍、萘氨盐浸渍和苯甲酸渍法等，还有的采用混合液浸渍法。

（1）石灰水浸渍保鲜法。生石灰与水按1∶5混合，制成20%的生石灰乳浊液，静置澄清，冷却，将澄清液稀释10倍，转入大缸或水泥池内备用。将经过检验挑选的新鲜鸡蛋轻轻放入盛有2%石灰水的缸内或水泥内，使其慢慢沉下，不要放得过满，让石灰水高出蛋面10～20cm。蛋放完后立即捞出漂浮在水面上的杂质，若发现浮蛋则随即捞出。经过24～36h后，氢氧化钙与空气中二氧化碳接触而生成的碳酸钙硬质薄膜将覆盖在石灰水表面。它能隔绝空气，防止外界细菌污染，减少溶液蒸发，利于保持蛋的品质。缸和池上盖以清洁而透气的盖子。

（2）混合液浸渍保鲜法。每50L清水中加生石灰1.5kg、石膏0.2kg、白矾0.15kg，可贮存鲜蛋50kg。蛋浸入后1～2d，液面上形成一层薄膜，具有密封作用，隔绝外界空气和微生物侵入。若未结成薄冰状膜，要检查原因，重新配制混合液。若液面薄冰膜凝结不牢或有小洞不凝结，并闻到石灰味，说明溶液可能变质。处理措施是按每50L液体补加2.5kg左右的石膏和白矾溶液，如仍不能改变上述情况，应及时把蛋捞出，重新配制混合液体。混合液浸渍法是比较经济可行的保鲜方法之一。

3. 涂膜法 是在蛋的表面涂上一层可溶性、易干燥的物质，形成一层保护膜，阻止微生物侵入蛋内，减少蛋内水分蒸发和二氧化碳挥发，抑制蛋白酶的活性，延缓鲜蛋内的生化反应速度，从而达到延长蛋保存期限的目的。

（1）泡花碱涂膜保鲜法。将称量好的泡花碱放入缸（池）内，先用少量水将泡花碱充分搅拌溶解，再将其余的水全部倒入缸（池）内，搅拌混匀。然后用波美比重计测量，调至4度。待贮存的鲜蛋经检验后剔除次劣蛋。用2%～3%的泡花碱液清洗干净，然后将其移入装有泡花碱液的容器内，泡花碱液应超过蛋面5～10cm，以隔绝空气。

（2）液体石蜡涂膜保鲜法。将经过挑选和消毒的新鲜蛋放入盛有医用液体石蜡的器具里，1～2min，待基本沥干后，将其移入事先准备好的臭氧密封室内，以使蛋壳上的一层液体石蜡与臭氧发生氧化而形成一层由氧化物构成的薄膜，这层薄膜具有杀菌作用。

4. 气调法 方法较多，主要介绍二氧化碳气调法、充氮气调法、化学保鲜剂气调法。

（1）二氧化碳气调贮蛋法。用聚乙烯塑料薄膜做成一定体积的塑料帐，将经过检验消毒的鲜蛋放在底板塑料膜上预冷2d，使蛋温与气库温基本一致，再将吸湿剂（硅胶）、漂白粉分装在袋内，均匀地放在垛顶箱。然后套上塑料帐，用烫塑器把塑料帐与底板上的塑料膜烫牢，再用真空泵抽气，使帐子紧贴蛋箱，然后充入二氧化碳气体，使其浓度达到20%～30%。定期检查二氧化碳浓度。

（2）充氮气调法。其方法是将鲜蛋保存在较高浓度的氮气环境中，切断氧气与蛋的接触，阻止好氧微生物的繁殖，从而延长保鲜期。

（3）化学保鲜剂气调法。利用化学保鲜剂通过化学脱氧而获得气调效果，达到贮蛋保鲜目的。化学保鲜剂一般是由无机盐、金属粉和有机物质组成。将待贮存的鲜蛋经检验后，放入聚乙烯塑料袋中，将保鲜剂装入透气性小袋中，立即放进塑料袋内并密合袋口即可。

（三）蛋的新鲜度检验

1. 样品的采取 由于经营鲜蛋的环节多，数量大，往往来不及逐一进行检验，故可采取抽样的方法进行检验。

采样数量，50件以内者，抽检2件；50至100件者，抽检4件；101至500件者，每增加50件增抽1件（所增不足50件者，按50件计）；500件以上者，每增加100件增抽1件（所增不足100件者，按100件计算）。

2. 感官检验　主要用眼看、手摸、耳听、鼻嗅等方法进行综合判定。

（1）检验方法。逐个拿出待检蛋，仔细观察其形态、大小、色泽、蛋壳的完整性和清洁度等情况；用手指摸蛋的表面和掂重，必要时可把蛋握在手中使其互相碰撞以听其响声；还可嗅闻蛋有无异常气味，最后将蛋打破轻轻倒入平皿内，观察蛋白和蛋黄的状态。

（2）新鲜度判定。

①新鲜蛋。蛋壳表面常有一层粉状物，蛋壳完整而清洁，无粪污、无斑点；蛋壳无凹凸而平滑，壳壁坚实，相碰时发出清脆音而不发出哑声；手感发沉。

②破蛋。裂纹蛋（哑子蛋）即鲜蛋受压或震动使蛋壳破裂成缝而壳内膜未破，将蛋握在手中相碰发出哑声。硌窝蛋即鲜蛋受挤压或震动使鲜蛋蛋壳局部破裂凹下而壳内膜未破。流清蛋即鲜蛋受挤压、碰撞而破损，蛋壳和壳内膜破裂而蛋白液外流。

③劣质蛋。外观往往在形态、色泽、清洁度、完整性等方面有一定的缺陷。如腐败蛋外壳常呈乌灰色；受潮发霉蛋外壳多污秽不洁，常有大理石样斑纹；经孵化或漂洗的蛋，外壳异常光滑，气孔较显露。腐败变质的蛋甚至可嗅到腐败气味。

3. 灯光透视检验　利用照蛋器的灯光透视来检查。此法简便易行，是检验蛋新鲜度常用的方法之一。

（1）检验方法。

①照蛋。在暗室里或弱光的环境中，将蛋的大头紧贴照蛋器的洞口上，使蛋的纵轴与照蛋器约成30°倾斜，先观察气室大小和内容物透光程度，然后上下左右移动，根据内容物移动来判断气室的稳定状态和蛋黄、胚盘的稳定程度，以及蛋内有无污斑、黑点和游动物等。手提快速灯光照蛋器如图4-3所示。

②气室测量。蛋在贮存过程中，由于蛋内水分不断蒸发，致使气室空间日益增大。因此，测定气室的高度，有助于判定蛋的新鲜程度。气室测量尺如图4-4所示。

图4-3　手提快速灯光照蛋器

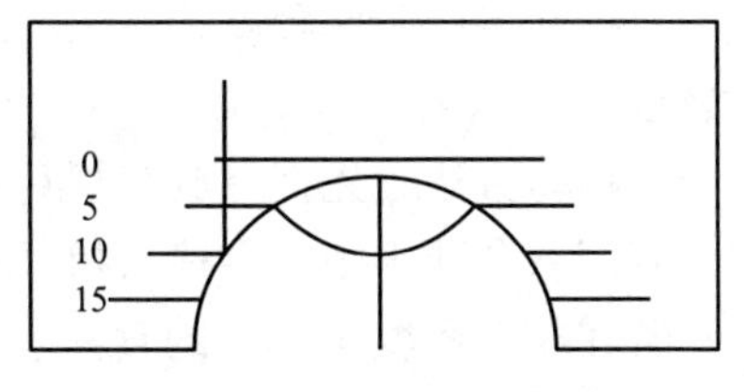

图4-4　气室测量尺

（2）新鲜度判定。

最新鲜蛋：透视全蛋呈橘红色，蛋黄不显现，内容物不流动，气室高度4mm以内。

新鲜蛋：透视全蛋呈红黄色，蛋黄所在处颜色稍深，蛋黄稍有转动，气室高度5～7mm。此系产后2周以内的蛋。

普通蛋：内容物呈红黄色，蛋黄阴影清楚，能够转动，且位置上移，不再居于中央。气室高度10mm以内，且能移动。系产后2～3个月的蛋。

可食蛋：因浓蛋白完全水解，类蛋黄显见，易摇动，且上浮而接近蛋壳（靠黄蛋）。气室移动，高度达 10mm 以上。

次品蛋：①热伤蛋。鲜蛋因受热时间较长，胚胎变大，但不发育。照蛋可见胚胎增大，但无血管。②早期胚胎发育蛋。受精蛋因受热或孵化而使胚胎发育。照蛋时，轻者呈现鲜红色小血圈，稍重者血圈扩大，并有明显的血丝。③红贴壳蛋。蛋在贮存时未翻动或受潮所致。蛋白变稀，系带松弛。因蛋黄比重小于蛋白，蛋黄上浮，且靠边贴于蛋壳上。照蛋时见气室增大，贴壳处呈红色。打开后蛋内壁可见蛋黄粘连痕迹，蛋黄与蛋白界限分明，无异味。④轻度黑贴壳蛋。红贴壳蛋形成日久，贴壳处变黑，照蛋时贴壳部分呈黑色阴影，其余部分仍呈深红色。打开后可见贴壳处有黄中带黑的粘连痕迹，蛋黄与蛋白界限分明，无异味。⑤散黄蛋。蛋受剧烈震动或蛋贮存时空气不流通，受热受潮，蛋白变稀，蛋黄膜破裂。照蛋时蛋黄不完整或呈不规则云雾状。打开后黄白相混，但无异味。⑥轻度霉蛋。蛋壳外表稍有霉迹。照蛋时见壳膜内壁有霉点，打开后蛋液内无霉点，蛋黄蛋白分明，无异味。⑦绿色蛋白蛋。透视时蛋白发绿，蛋黄完整；打开后除蛋白颜色发绿外，其他与鲜蛋无异，这是饲料原因造成的。

变质蛋和孵化蛋：①重度黑贴壳蛋。由轻度黑贴壳蛋发展而成，其粘贴着的黑色部分超过蛋黄面积 1/2 以上，蛋液有异味。②重度霉蛋。外表霉迹明显，照蛋时见内部有较大黑点或黑斑。打开后蛋膜及蛋液内均有霉斑，蛋白液呈胶冻样霉变，并带有严重发霉气味。③泻黄蛋。蛋贮存条件不良，细菌侵入所致。引起蛋黄膜破裂而使蛋黄与蛋白相混。照蛋时蛋内透光度差，呈灰黄色。打开后蛋液呈灰黄色，变稀，有令人不愉快气味。④黑腐蛋。又称老黑蛋、臭蛋。是由上述各种劣质蛋和变质蛋继续变质而成。蛋壳呈乌灰色，甚至因蛋内产生的大量硫化氢气体而膨胀破裂。照蛋时全蛋不透光，呈灰黑色，打开后蛋黄蛋白分不清，呈暗黄色、灰绿色或黑色水样弥漫状，并有恶臭味或严重霉味。⑤晚期胚胎发育蛋。照蛋时，在较大的胚胎周围有树枝状血丝、血点，或者已能观察到小雏的眼睛，或者已有成形的死雏。

4. 相对密度检测 鲜鸡蛋的平均比重为 1.084 5。蛋在贮存过程中，由于蛋内水分不断蒸发和 CO_2 的逸出，使蛋的气室逐渐增大，因而相对密度降低。所以，通过测定蛋的相对密度，可推知蛋的新鲜程度。利用不同相对密度的盐水，观察蛋在其中沉浮情况，便知蛋的相对密度。

（1）检验方法。先把蛋放在相对密度 1.073（约含食盐 10%）的食盐水中，观察其沉浮情况。若沉入食盐水中，再移入相对密度 1.080（约含食盐 11%）的食盐水中，观察其沉浮情况；若在相对密度 1.073 的食盐水质漂浮，则移入 1.060（约含食盐 8%）的食盐水中，观察沉浮情况。

（2）新鲜度判定。

①在相对密度 1.073 的食盐水中下沉的蛋，为新鲜蛋。

②在相对密度 1.080 的食盐水中仍下沉的蛋，为最新鲜蛋

③在相对密度 1.073 和 1.080 的食盐水中都不下沉的蛋，而只在相对密度为 1.060 食盐水中下沉的蛋，表明介于新陈之间，为次鲜蛋。

④如在上述 3 种食盐水中都悬浮不沉，则为陈蛋或腐败蛋。

5. 哈夫单位测定 哈夫单位系蛋白高度对蛋重的比例指数，即蛋白品质和蛋白高度的对数有直接关系，以此来衡量蛋品质的好坏。哈夫单位越高，表示黏稠度愈大，蛋的品质越好。

（1）检验方法。蛋白高度用垂直测微器测量。把蛋打开，倒在水平的玻璃台上，并测定浓蛋白的最宽部分的高度。测微器的轴慢慢地下降到和蛋白表面接触，量出刻度数。并称量蛋重。

（2）判定标准。100以上最好，30以下最劣。哈夫单位72以上为特级；哈夫单位60～72为甲级；哈夫单位30～59为乙级；哈夫单位29以下为丙级。

6. 蛋黄指数的测定　蛋黄指数（又称蛋黄系数）是蛋黄高度除以蛋黄横径所得的商。蛋越新鲜，蛋黄膜包得越紧，蛋黄指数越高；反之，蛋黄指数越低。

（1）操作方法。把鸡蛋打在一个洁净、干燥的平底白瓷盘内，用蛋黄指数测定仪量取蛋黄最高点的高度和最宽处的宽度。注意不要弄破蛋黄膜。

（2）判定标准。新鲜蛋的蛋黄指数一般为0.36～0.44。

7. pH的测定　蛋在贮存过程中，由于蛋内CO_2逸出，加之蛋白质在微生物和酶的作用下，产生氨和氨态化合物，使蛋内pH上升。因此测定蛋白和全蛋的pH，有助于蛋新鲜度的检验。

（1）操作方法。将蛋打开，取1份蛋白（全蛋或蛋黄）与9份蒸馏水混合，用酸度计测定其pH。

（2）判定标准。新鲜蛋的pH为蛋白7.2～7.6，蛋黄5.8～6.0，全蛋6.5～6.8。

（四）蛋的卫生标准及商品评定

1. 蛋的卫生标准　应符合《食品安全国家标准　蛋与蛋制品》（GB 2749—2015）的卫生要求。

（1）感官指标。灯光透视时，呈微红色；去壳后，蛋黄呈橘黄色至橙色，蛋白澄清透明，无其他异常颜色。蛋液具有固有的蛋腥味，无异味。蛋壳清洁完整，无裂纹、无霉斑，灯光透视时蛋内无黑点及异物。去壳后，蛋黄凸起完整并带有韧性，蛋白稀稠分明，无正常视力可见外来物。

（2）污染物指标。如表4-16所示。

表4-16　鲜蛋的污染物指标

项　目	指　标
铅（Pb）/（mg/kg）	≤0.2
镉（Cd）/（mg/kg）	≤0.05
汞（Hg）/（mg/kg）	≤0.05

（3）农药残留限量和兽药残留限量。农药残留符合《食品安全国家标准　食品中污染物限量》（GB 2762—2017）的限量要求，兽药残留限量符合国家有关规定和公告，如《食品安全国家标准　食品中兽药最大限量》（GB 31650—2019）。

（4）微生物限量。致病菌限量应符合《食品安全国家标准　食品中致病菌限量》（GB 29921—2013）的要求。

2. 商品评定　蛋在分级时注意蛋的清洁度、色泽、气室大小、重量和形状等。蛋的内部状况应注意蛋的新鲜度。世界各国对蛋的分级级别、分级标准及分级方法不相同。有的按重量分，有的按蛋壳、气室、蛋白、蛋黄及胚胎等分级，也有按哈夫单位划分等级的。我国鲜蛋的分级标准，依据蛋的重量、蛋壳、气室、蛋白、蛋黄和胚胎状况等质量标准进行分级，并参照不同的销售对象和用途，适合我国实际情况。

（1）内销鲜蛋的质量评定。

①一级蛋。鸡蛋、鸭蛋、鹅蛋均不分大小，以新鲜、清洁、干燥、无破损为主要标准（仔鸭蛋除外）。在夏季，鸡蛋虽有少量小血圈、小血筋，仍可看作一级蛋。

②二级蛋。质量新鲜，蛋壳上的泥污、粪污、血污面积不超过50%。

③三级蛋。新鲜雨淋蛋、水湿蛋（包括洗白蛋）、仔鸭蛋（每10个不足400g不收）和污壳面积超过50%的鸭蛋。

（2）出口鸡蛋的分级标准。依据蛋的重量以及蛋壳、气室、蛋白、蛋黄、胚胎的状况而分为三级，如表4-17所示。

表4-17 出口鸡蛋分级标准

项　目	一级蛋	二级蛋	三级蛋
单个蛋重	60g以上	50g以上	38g以上
10个蛋重	不少于600g	500g以上	380以上
蛋壳	清洁、坚固、完整	清洁、坚固、完整	污蛋不大于全蛋的1/10
气室	高度5mm以上者不超过全蛋的10%	高度5mm以上者不超过全蛋的10%	高度7～8mm，不超过全蛋的1/4
蛋白	色清明、浓厚	色清明、较浓厚	色清明、稍稀薄
蛋黄	不显露	略明显，但仍坚固	明显而移动
胚胎	不发育	不发育	微有发育

三、蛋制品的卫生检验

（一）干蛋品的加工卫生与检验

干蛋品系指鲜鸡蛋经打蛋、过滤、消毒、喷雾干燥或经发酵、干燥制成的蛋制品。分干全蛋、干蛋黄和干蛋白3种。

1. 干蛋品的加工卫生

（1）半成品加工的卫生要求。

①原料蛋的检验。进行感官检验和照蛋检验，剔除不合格的次劣蛋。

②原料蛋的清洗和消毒。经检验挑选出来的新鲜蛋，在流水槽中洗净蛋壳，然后放在含1%～2%有效氯的漂白粉液（或0.04%～0.1%过氧乙酸液）中浸泡5min，再于45～50℃并加有0.5%硫代硫酸钠的温水中浸洗除氯。

③晾蛋。将消毒后的蛋送至晾蛋室晾干，晾蛋室的所有工具均应清洁无菌。

④去蛋壳。去蛋壳有手工打蛋和机械去蛋壳两种方法。手工打蛋时，操作人员应严格遵守卫生制度，防止蛋液人为的污染。去蛋壳后所得的全蛋液或蛋白液、蛋黄液即为半成品，可分别加工为冰全蛋、冰蛋白、冰蛋黄。

（2）成品加工的卫生要求。

①干蛋粉加工的卫生要求。干蛋粉（包括全蛋粉、蛋白粉、蛋黄粉）的加工可采用压力喷雾或离心喷雾法进行喷雾干燥，即先将蛋液经过搅拌过滤，除去蛋壳及杂质，并使蛋液均匀，然后喷入干燥塔内，形成微粒与热空气相遇，瞬时即可除去水分，落入底部形成蛋粉，

最后经晾粉、过筛即为成品。但生产蛋白粉时，需将蛋白液进行发酵，以除去其中的糖类及其他杂质，发酵方法可参照下述干蛋白的加工。

②干蛋白（蛋白片）加工的卫生要求。a. 发酵。加工干蛋白时，对半成品需进行发酵。发酵的目的是除去混入蛋白中的蛋黄、胚盘、黏液质、糖类及其他杂质，使干燥时便于脱水，增加成品的溶解度，提高打擦度，防止成品色泽变深等。b. 中和。蛋白液经发酵后呈酸性，在烘制干燥过程中会产生气泡，酸度高也不耐贮藏，因此，需用氨水中和到 pH 达 7.0～7.2。c. 烘干。用浅盘水浴干燥。将经过发酵、中和后的蛋白液注入烘盘中。蛋白液经 12～24h 的蒸发后，逐渐凝固成一层薄片，再经 2～3h 薄片变厚，至其中心厚度达 1.5～2mm 时，即可揭第 1 次蛋白片；再经 1～2h，揭第 2 次，依次类推，直至清盘为止。d. 热晾和拣选。烘干后的蛋白片，还有很多水分，必须平铺在布盘上，放在温度为 40～45℃的温室内热晾 4～5h，至蛋白片发碎裂声，水分降至 15%左右时，进行拣选。拣选是将大片捏成约 1cm 长的小块，并将碎屑、厚块、潮块等拣出，分别处理。e. 焐藏和包装。拣选后的大片，称重后倒入木箱，上盖白布或木盖，放置 48～72h，使水分均匀，这个过程就称为焐藏。最后检验水分和打擦度，合格后即可包装。

2. 干蛋品的卫生检验　干蛋品的卫生检验包括感官检验、污染物检验、农药残留和兽药残留检验、微生物检验。感官检验方法参照《食品安全国家标准　蛋与蛋制品》（GB 2749—2015）。污染物检验方法中，铅的检验参照《食品安全国家标准　食品中铅的测定》（GB 5009.12—2017），镉的检验参照《食品安全国家标准　食品中镉的测定》（GB 5009.15—2014），汞的检验参照《食品安全国家标准　食品中总汞及有机汞的测定》（GB 5009.17—2014），铬的检验参照《食品安全国家标准　食品中铬的测定》（GB 5009.123—2014）。农药残留检验参照《食品安全国家标准　食品中农药最大残留限量》（GB 2763—2016）。微生物检验中，致病菌检验参照《食品安全国家标准　食品微生物学检验　沙门菌检验》（GB 4789.4—2016），菌落总数检验参照《食品安全国家标准　食品微生物学检验　菌落总数测定》（GB 4789.2—2016），大肠菌群检验参照《食品安全国家标准　食品微生物学检验　菌落总数测定》（GB 4789.2—2016）。

（二）冰蛋品的加工卫生与检验

鲜蛋去壳后，所得的蛋液经一系列加工工艺，最后制成冷冻和保鲜的蛋制品称为冰蛋品。冰蛋分冰全蛋、冰蛋黄和冰蛋白 3 种。冰蛋保持了鲜鸡蛋原有的成分，可在－18℃冷库内长期贮存。

1. 冰蛋品的加工卫生

（1）半成品加工的卫生要求。半成品加工卫生要求与干蛋品相同。

（2）成品加工的卫生要求。

①搅拌过滤。对半成品蛋液，工厂均采用搅拌器搅拌均匀，再通过 0.1～0.5cm^2 的筛网，滤净蛋液内的蛋壳碎片、壳内膜等杂质。

②预冷。及时预冷可以阻止细菌繁殖，保证产品质量，并缩短速冻时间。预冷在冷却罐内进行，罐内装有蛇形管，蛇形管内通以冷盐水不停地循环，使罐内的蛋液很快就降温至 4℃左右。

③装听（桶）。蛋液冷却至 4℃时即可装听（桶），装听（桶）后即可送入速冻间冷冻。

④速冻。将装有蛋液的听或桶送至速冻间冷冻排管上速冻。速冻间温度要保持在－20℃

以下，时间不超过72h，听（桶）内中心温度达－18～－15℃时，速冻即可完成。

⑤冷藏。将速冻后的听（桶）用纸箱包装后冷藏。冷藏库的温度须在－15℃以下。

2. 冰蛋品的卫生检验 冰蛋品的卫生检验与干蛋品的卫生检验基本相同，但不检验沙门菌。

（三）再制蛋的加工卫生与检验

再制蛋是指蛋加工过程中不去壳、不改变蛋形的制成品，包括皮蛋、咸蛋、糟蛋3种。

1. 皮蛋加工卫生与检验

（1）皮蛋的加工卫生。

①原料蛋的挑选。加工皮蛋的原料蛋一般选用鸭蛋，也有用鸡蛋和鹅蛋的。原料蛋质量的好坏直接关系着成品皮蛋的质量，因此，在加工皮蛋前必须对原料蛋进行认真地挑选。挑选的方法一般采用感官检验、照蛋检验和大小分级。

②辅料的卫生要求。鲜蛋在辅料的作用下，通过一系列的化学反应后而成为皮蛋。加工皮蛋的辅料主要有纯碱（或生石灰，或烧碱）、食盐、红茶末、植物灰（或干黄泥）、谷壳。加工含铅皮蛋时，还有氧化铅（黄丹粉）作为辅料。所有辅料都必须保持清洁、卫生。氧化铅的加入量要按有关规定执行，以免皮蛋中铅超出国家卫生标准，危害人体健康。

（2）皮蛋的卫生检验。皮蛋的卫生检验与干蛋品的卫生检验相同。

2. 咸蛋的加工卫生与检验

（1）咸蛋加工的卫生要求。

①原料蛋的挑选。加工咸蛋的原料应选择蛋壳完整的新鲜蛋，只有用新鲜的原料蛋才能加工出品质优良的咸蛋。因此，加工咸蛋用的鲜蛋应经过严格检验，具体检验方法与皮蛋加工的原料蛋挑选方法相同。

②辅料的卫生要求。咸蛋加工的主要辅料是食盐。食盐的作用是增加蛋的耐藏性，并使其具有一定的风味。黄泥和草木灰能使食盐在较长的时间内均匀地向蛋内渗透，并可阻止微生物向蛋内进入，也有助于防止咸蛋在贮存、运输、销售过程中的破损。

加工咸蛋的食盐要求纯净，氯化钠含量高（96%以上），必须是食用盐，禁止使用工业盐加工咸蛋。草木灰和黄泥要求干燥，无杂质，受潮霉变和杂质多的不能使用。加工用水达到生活饮用水卫生标准。

（2）咸蛋的卫生检验。咸蛋的卫生检验与干蛋品的卫生检验基本相同，但不检验沙门菌。

3. 糟蛋的加工卫生与检验

（1）糟蛋加工的卫生要求

①原料蛋的卫生要求。通过照蛋检验，剔除各种次劣蛋和变质蛋，选用新鲜、大小均匀的鸭蛋为原料，一般要求每1 000枚鸭蛋重65～75kg，并且按重量分级，以便成熟时间一致。将挑选的新鲜鸭蛋用清水刷洗净，蛋壳不得留有泥沙、禽粪、杂质和其他污物。洗净后单层放置，晾干水分。

②辅料的卫生要求。加工糟蛋的辅料主要有糯米及其酒糟、食盐、红砂糖。糯米是制作酒糟的原料，应选用优质糯米，以当年新米最好，要求色白，颗粒饱满，气味好，无杂米粒。这样的糯米制成的酒糟，能产生较多的酸、醇、糖。糯米制成酒糟需用酒药，制糟蛋用

的酒药有绍药和甜药 2 种。食盐质量应符合卫生标准。红砂糖总糖分不应低于 89%。

（2）糟蛋的卫生检验。糟蛋的卫生检验与干蛋品的卫生检验相同。

【相关知识链接】

一、蛋的营养价值

禽蛋含有人体所必需的各种氨基酸、脂肪、糖类、类脂质、无机盐及维生素等。这些营养成分易于被人体消化和吸收，是人们膳食中主要的动物性食品之一。在禽蛋的诸多营养成分中，蛋白质尤为重要。禽蛋不仅蛋白质含量高，而且为全价蛋白质，含有人体不能合成而必须从食物中获取的各种必需氨基酸，并且各种氨基酸相互间的比例符合人体的需要。禽蛋的蛋白质是人类食物中营养价值最高的蛋白质，其生理价值高达 94%，高于牛乳和鱼肉等其他食品。蛋禽的蛋白质消化率高达 98%，与乳类相当，是其他食物无法相比的。

二、鲜蛋贮存保鲜的意义

鲜蛋是季节性很强的商品，生产和上市的淡旺季节明显。上市旺季时间由于各地的气候不同而有先有后。北方的旺季稍迟于南方，而进入淡季又早于南方。产蛋旺季鲜蛋供过于求，养禽户卖蛋难；淡季则出现供不应求的矛盾。另外，全国各地养禽数量和鲜蛋的消费量也不平衡，常常需要调运，在周转过程中也需对鲜蛋妥善地贮存。因此，为了调节鲜蛋生产的淡旺季节，促进市场平衡供应，就需要在家禽产蛋旺季把鲜蛋贮存起来，在淡季再投放市场，以达到既利于养禽业发展，又满足消费者需求的目的。

三、蛋的污染途径及常见的微生物种类

来自健康家禽的新鲜蛋，可以认为是无菌的。而事实上经常从新鲜蛋中检出多种细菌和霉菌，其中包括致病菌和引起食物中毒的病原菌。蛋被微生物污染，可通过两个途径：一是产前污染，即患病家禽生殖器官中的病原微生物或健康家禽生殖器官中的寄生菌，在蛋液形成过程中进入蛋内，此外，某些寄生虫如绦虫、线虫、吸虫，也可在产前进入蛋内；二是产后污染，即当蛋产出后，外界微生物通过气孔进入蛋内。蛋中常见的微生物有变形杆菌、沙门菌、假单胞菌、大肠埃希菌、枯草杆菌、禽分枝杆菌、葡萄球菌、腐败厌氧菌及青霉菌、毛霉菌、曲霉菌等，其中以沙门菌的食品卫生学意义最大。

实训五　鲜蛋的新鲜度检验

【训练目标】

掌握鲜蛋的常用检验方法及蛋的卫生评价。

【实训材料】

蛋盘、平皿、镊子、照蛋器、气室测量规尺、蛋质分析仪，各种不同程度鲜蛋、破蛋和次劣质蛋。

【训练内容与步骤】

(一) 感官检查

通过眼看、手摸、耳听、鼻嗅等综合判断蛋的感官性状。详见本任务中蛋的卫生检验中蛋的新鲜度检验。

(二) 灯光透视检验法

通过灯光透视，可以确定气室的大小、蛋白、蛋黄、系带、胚胎、蛋内和蛋壳的状态及透光程度。该法简便易行。

1. 检验方法 在暗室中将蛋的大头紧贴照蛋器洞口上观察。详见本任务中蛋的卫生检验中蛋的新鲜度检验。

2. 气室测定

(1) 测定方法。气室的测量是用特制的气室测量规尺测量。气室测量规尺（图 4-3）是一个刻有平行刻线的半圆形切口的透明塑料板，测量时，先将气室测量规尺固定在照蛋孔上缘，将蛋的大头向上正直地嵌入半圆形切口内，使蛋的顶点与规尺上的零线重合，检验者的视线应和蛋的顶点取平，然后读取气室左右两端落在规尺上的刻度数（即气室左右两边的高度）。

$$气室高度=\frac{气室左边的高度+气室右边的高度}{2}$$

(2) 判定标准。特级鲜蛋气室高度为 3mm 以内；一级鲜蛋高度为 4～5mm；二级鲜蛋高度为 10mm 以内；三级鲜蛋高度为 11mm 以上，但不超过蛋长轴的 1/3；陈旧蛋高度超过蛋长轴的 1/3。

(三) 蛋黄指数测定

蛋黄指数是指蛋黄高度与蛋黄宽度的比值，比值越大，蛋越新鲜。蛋黄的品质及变化可作为蛋的品质及鲜度的指标。蛋黄指数代表蛋黄膜的强度大小，可用来判断蛋的新鲜度。

1. 测定方法 将被测蛋小心破壳，再将破壳蛋内容物轻轻倒入蛋质分析仪的水平玻璃测试台上。然后用蛋质分析仪的垂直测微器量取蛋黄最高点的高度，用卡尺小心量取蛋黄最宽处的宽度（即横径）。测量时小心不要弄破蛋黄膜。

2. 计算

$$蛋黄指数=\frac{蛋黄高度（cm）}{蛋黄宽度（cm）}$$

3. 判定标准 新鲜蛋蛋黄指数 0.04～0.45，次鲜蛋蛋黄指数 0.25～0.40，陈旧蛋蛋黄指数 0.25 以下。

(四) 哈夫单位测定

哈夫单位是表示蛋白品质的一种单位，用以衡量鲜蛋品质的好坏。哈夫单位愈高，表示蛋白黏度愈大，蛋白品质愈好。哈夫单位是根据浓蛋白高度与蛋重回归关系而计算的，哈夫单位已确定蛋白品质与蛋白高度的对数有直接的关系。

1. 测定方法 先将蛋称重，然后把蛋打开倒在水平的玻璃台上。用蛋白质分析仪的垂直测微器测定浓蛋白最宽部位的高度，这个部位距蛋黄约 1cm，优质蛋的蛋黄周围几乎紧贴着浓蛋白。测定时将垂直测微器的轴慢慢地下降到和蛋白表面接触，读取读数，精确到 0.1mm，依次选取 3 个点，测出 3 个高度值，取其平均数为蛋白高度。

2. 计算

$$Hu=100\cdot\lg\left[H-\frac{G\ (30M^{0.37}-100)}{100}+1.9\right]$$

式中：Hu——哈夫单位；

H——蛋白高度（mm）；

G——36.2（常数）；

M——蛋的质量（g）。

3. 判定标准　哈夫单位的指标范围从 30～100，“30”表示质量差，“100”为最高指标。特级：哈夫单位 72 以上；甲级：哈夫单位 60～72；乙级：哈夫单位 30～60。

【实训报告】

根据实际检测方法写出蛋新鲜度的检验方法及结果。

任务三　水产品的卫生检验

【任务描述】

鱼在保藏时的变化，鱼的新鲜度检验，贝甲类的卫生检验，有毒水产品的鉴别，鱼的卫生评价，贝甲类的卫生评价。

【与其他任务的关系】

水产品是重要的动物产品之一。为提高水产品的卫生质量，确保消费者的安全，必须加强和规范水产品的卫生监督管理和检验工作。

一、鱼的认知

（一）鱼的解剖结构

鱼的体形一般呈梭形或纺锤形，两侧较扁平。身体分头、躯干和尾三部分。硬骨鱼类头和躯干以鳃盖骨的后缘为界，尾则以肛门或尿殖孔的后缘为界（图 4-5）。

1. 皮肤　真骨鱼类的皮肤包括角质层、表皮、真皮和皮下组织。角质层位于皮肤的最外层，是机体的防护屏障。鳞片由真皮产生呈覆瓦状排列于体表。鱼体表的黏液是黏多糖和蛋白质的混合物，具有新鲜鱼特有的鱼腥味。鱼死后随着细菌的生长繁殖，黏液腐败，鱼腥味逐渐消失，出现腥臭乃至腐臭味。鱼体表面黏液的气味变化是鱼新鲜度的标志之一。

2. 呼吸器官　鳃是用来呼吸的器官，位于鳃腔里。每一鳃腔具有四片鳃弧，鳃弧是由很多梳状排列的鳃丝构成，每一鳃丝两侧又生出许多鳃小片。鳃小片由单层上皮细胞包裹，内有毛细血管分布，是鱼类进行气体交换的场所。活鱼的鳃总是呈鲜红色。鱼若腐败，鳃则由鲜红色变为暗红色、灰红色。

3. 循环器官　循环器官主要由心、血管和淋巴管组成。心位于头与躯干交界处附近的体腔中，由静脉窦、心房和心室三部分组成。静脉窦接收回流到心的静脉血。心房位于静脉窦的前方，心室位于心房的腹前方，心室延伸成主动脉干，从主动脉干分出的入鳃动脉通到每个鳃弧，完成气体交换后由出鳃的血管汇集成出鳃动脉，再汇合成背主动脉，后者沿着脊柱下分出微血管到达身体各部和各器官。静脉由两根后主静脉组成。当鱼开始腐败时，由于血管壁变性，管壁通透性增强，致使血管和脊柱四周组织因血液成分浸润而红染，形成所谓“脊柱旁红染”现象，是鱼腐败的特征之一。

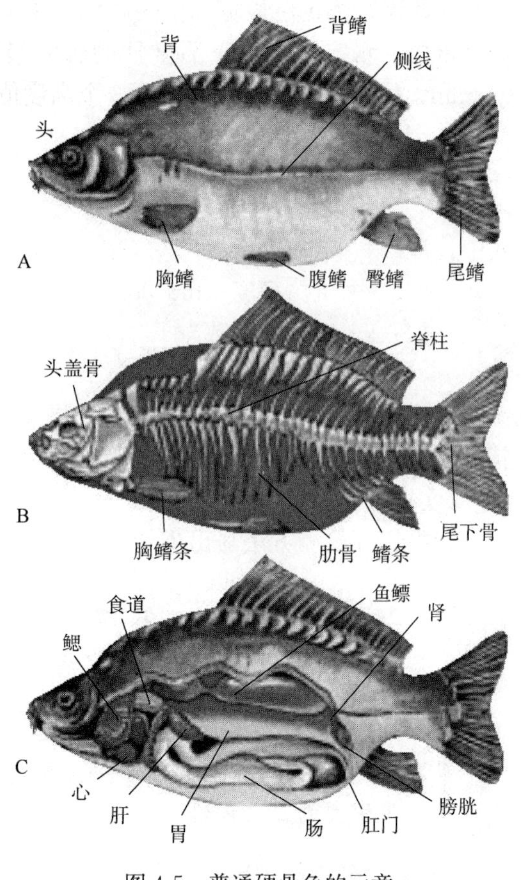

图 4-5 普通硬骨鱼的示意
A. 外观 B. 骨骼 C. 内脏器官

4. 消化器官 包括口腔、咽喉、食道、胃、肠、盲囊（有些鱼没有）、肝、胆囊、胰腺等。肠管的色泽、粗细、长短随鱼的种类而异，后肠（直肠）的末端，则为肛门。在中肠前部上面，紧贴着一个具有两叶或多叶呈黄色或黄褐色、占腹腔大部的肝。在肝向胃的一面，有一个小袋形的胆囊，一般呈深绿色。鱼腐败时，胆汁外渗，污染周围组织，俗称“印胆”或“走胆”。

5. 生殖器官和排泄器官 生殖器官主要是性腺，排泄器官包括肾和膀胱。雄鱼性腺是精巢，通常称为“鱼白”。雌鱼的性腺是卵巢，其内充满着大小不同的卵粒，俗称“鱼子”。肾紧贴在脊柱的下面，黑红色，呈长带状。肾的后部两侧有两条输尿管通向膀胱，膀胱向外开口于肛门和生殖孔之间。

6. 鳍和鳔 鳍是运动和维持身体平衡的主要器官，可分为胸鳍、腹鳍、背鳍、臀鳍和尾鳍，前两个成对出现，后三个为单鳍，有的鱼类缺少某种鳍。鳔又称浮囊，通常呈长袋形，位于体腔的背面，紧贴在脊柱下面。鳔内充满气体，其形状和大小因鱼的种类不同而异，但大多分为两室。鱼体的浮沉，靠鳔的涨缩调节。

（二）鱼在保藏时的变化

1. 鲜鱼的变化

（1）僵直。鱼类同畜禽肉一样，死后经过一段时间即可出现僵直现象。鲜鱼肉柔软，pH 为 7.0～7.3，糖原含量少。鱼死后糖原酵解生成乳酸，pH 下降；随之磷酸肌酸分解减少，同时 ATP 也迅速减少，肌肉便开始僵直，其僵直的机制与畜禽肉相同。僵直由背部肌肉开始，逐渐遍及整个鱼体。处于僵硬状态的鱼，手握鱼头时，鱼尾一般不会下弯，指压肌肉不显现压迹，口紧闭，鳃盖紧合。

鱼死后开始僵直的时间及僵直持续的时间随鱼的种类、死前的生理状态及运输贮藏条件不同而有较大差异。其中温度的影响是主要的，温度越低，僵直出现得越迟，持续的时间越长。在夏季的气温中，僵直期不超过数小时；在冬季或死后尽快冰冻保藏条件下，可维持数天。少脂鱼、捕捞时强烈挣扎而死亡的鱼，以及受到机械损伤和振动的鱼，死后僵直来得要快些。多脂鱼和捕到后立即死亡及体温较低的鱼，死后僵直发生就慢些。死后僵直越迟，僵直持续时间就越长。处于僵直阶段的鱼体，鲜度是良好的。

（2）自溶。鱼体在僵直阶段后期，由于受到体内多种酶（尤其是磷酸化酶和组织蛋白酶）的作用，蛋白质逐渐分解成氨基酸，肌肉组织软化、失去固有的弹性，这便进入了自溶阶段。此时蛋白质分解产物主要是蛋白胨、多肽和氨基酸，而不是终末产物。由于自溶作用，鱼体组织中氨基酸等增多，为腐败微生物的繁殖提供了条件，从而加速了腐败进程，降低了耐藏性。由于鱼肉组织原来就很软嫩，因此，肉质经自溶变软是不受欢迎的。处在自溶过程中的鱼类，鲜度质量开始下降，不宜保存，应立即消费。

决定自溶发生快慢的主要因素是保存的温度、鱼的种类、鱼肉中所含无机盐类及加用防腐剂等。温度越高，自溶进行速度越快；低温保存，可使自溶作用延缓，甚至停止。一般红色肌肉鱼类（如鲣、鲭鱼等）较白色肌肉鱼类（如鲷、鲈、鲽鱼等）自溶作用强。当对鱼进行盐腌时，在一定程度上能阻止自溶过程的进行。

（3）腐败变质。鱼体腐败变质是腐败细菌在鱼体内生长繁殖并产生相应的酶类使鱼体组织分解的结果。鱼类腐败也主要是蛋白质的分解过程，因此其分解产物与畜禽肉类分解产物相同，主要有氨、胺类（包括三甲胺）、酚类、硫醇、吲哚、硫化氢、四氢吡啶等，并产生特殊腥臭味。

细菌繁殖和组织分解，几乎是与僵直、自溶过程同时发生的，僵直和自溶初期，细菌的繁殖和含氮物的分解比较缓慢，到自溶后期，细菌繁殖与分解作用加快加强。当细菌繁殖到一定数量，低级分解产物增加到一定程度，鱼体即产生明显的腐败臭味。

随着腐败分解的进行，鱼鳃由鲜红色变为褐色以至土灰色。眼球因其固定的结缔组织与结膜被分解而下陷，且变得混浊无光，有时虹膜及眼眶被血色素红染。由于体表的细菌在分解体表黏液之后，沿鳞片侵入皮肤，使鳞片与皮肤相连的结缔组织分解，鳞片松弛易脱落，也是鱼体腐败的象征。当肠内细菌大量繁殖并产生大量气体时，腹部出现膨胀，肛门外凸，此时鱼体置于水中则自动上浮。内脏器官发生自溶，胆汁外渗，并在周围形成印迹，产生俗称的“走胆”现象。脊柱旁大血管分解破裂，周围因血液成分外渗变红，形成所谓的“脊柱旁红染”现象。由于体表与体腔的细菌进一步向鱼体深部入侵，肌肉组织最后也被分解，而变得松弛并与鱼骨分离，形成所谓的“肉刺分离”现象。至此，鱼体已达严重腐败阶段，不能食用。

2. 冰冻鱼的变化　冻结、冷藏既可抑制腐败菌的生长发育，也能减弱酶类的活性。因此将鲜鱼在不高于－25℃的条件下冻结，再置于－18℃以下的库内冷藏，借以抑制腐败菌类的生长繁殖和酶类的活性。应该注意的是低温只能抑制细菌的生长繁殖和酶的活性，而不能使鱼体的各种变化完全停止，仅仅是变化的速度非常缓慢而已。

（1）干缩和重量损耗。这是水分流失的结果，在含水分高而个体小的鱼类中表现得特别显著。鱼体在冰冻过程中，由于低温使其中的水分形成冰晶，冻结速度越快，形成的冰晶越小，硬度和质量也就越好。如果温度升高后再降低，冰晶的体积会逐渐增大，而且小冰晶会向大冰晶转移，从而使鱼组织容易受到损伤。这类鱼在解冻时，会造成水分大量流失，促使鱼体发生干缩，外形和风味出现不良变化，降低了鱼的质量。

（2）脂肪氧化。冰冻鱼在长期存放过程中，脂肪也会在细菌脂肪分解酶的作用下分解，形成丁酸、乙酸和辛酸等具有特殊气味和滋味的脂肪酸，还可形成一些碳链较短的酮酸和甲基酮等，使鱼出现酸败。同时，鱼体脂肪因氧化作用使不饱和脂肪酸转化成氧化物，进而分解，生成醛和醛酸。从而造成色泽改变以及异味（哈喇味）出现，多脂鱼类（如鲐、鲱等）尤为突出。

3. 咸鱼的变化 咸鱼常见的异常变化有发红，脂肪氧化，变质等。

（1）发红。咸鱼在长期保存过程中，嗜盐菌类在鱼体中繁殖，产生红色色素——灵杆菌素，使鱼体表呈现红色。

（2）脂肪氧化。俗称油酵。其特征是在皮肤表面、切断面和口腔内形成一层褐色薄膜。咸鱼的脂肪氧化比蛋白质分解出现早，食盐不能延缓脂肪氧化的速度。

（3）腐败。咸鱼贮存不当而被污染严重时，通常会由于耐盐菌类的生长繁殖而使肌肉组织分解腐败，咸鱼表现皮肤污秽，组织弹性丧失，肉质发红或变暗，有的在头部等处出现淡蔷薇色，且可深入到肌肉深层，并散发不良气味。

4. 干鱼的变化 干鱼在保藏中可能发生的变化，主要是霉变、发红、脂肪氧化及虫害。

（1）霉变。霉变的发生多与最初干度不足或者吸水回潮有关。特别是一些小型鱼虾干制品，因其体型小，表面积大，在潮湿空气中吸湿很快。含盐的制品，更易回潮。干度不足或回潮后的干鱼，按其水分含量，少者霉变，多者腐败变质，严重地影响到产品质量，不耐保藏，甚至霉烂发臭。

（2）发红。干鱼发红是由产生红色素的嗜盐菌引起的。这是由于食盐污染，干燥不完全或吸收了空气中水分造成的。

（3）脂肪氧化。干鱼的哈喇味，是鱼体脂肪被氧化的结果。因鱼体脂肪含不饱和脂肪酸多，比一般动植物脂肪更易被氧化。这在多脂鱼类制品尤其严重，外观和风味都受到影响。

（4）虫害。干鱼在贮藏中常出现虫害，常见的有甲壳虫类及软毛幼虫，如鲣节虫、红带皮蠹（即火腿鲣节虫）、脯虫及蚩蠹等。

二、水产品的卫生检验

（一）鱼的新鲜度检验

鱼的新鲜度检验以感官检验为主。

1. 鲜鱼的检验 观察眼球的饱满程度和眼角膜的光亮程度，以及眼球的下陷程度及其周围有无发红现象。揭开鳃盖，观察鳃弧的颜色和鳃丝的排列状况，并嗅其气味。观察体表黏液的性状及气味，以及鳞片的完整性。观察肛门周围有无污染及肛门是否凸出。嗅检体表有无臭味。触压背侧肌肉最厚处，判断硬度和弹性。手托鱼体中央，观察鱼头和鱼尾下弯程度，以判断僵直程度。去除一侧体壁暴露内脏，检查肝是否溶解，有无胆汁印染。用刀横断脊柱，观察脊柱旁肌肉有无红染现象。通过以上方法检查之后，对鱼的新鲜度做出综合评定。各级鲜鱼的质量指标如表4-18所示。

表4-18 鱼类新鲜度感官质量指标

	新鲜鱼	次鲜鱼	不新鲜鱼
眼睛	眼球饱满，角膜明亮	眼球平坦或稍凹陷，角膜微混浊	眼球凹陷，角膜混浊

（续）

	新鲜鱼	次鲜鱼	不新鲜鱼
鳃	鳃盖紧闭，鳃丝鲜红色，清晰，黏液透明，无异味	鳃盖较松，鳃丝紫红或暗红色，腥味较重	鳃盖松弛，鳃丝粘连，呈暗红或灰红色，有明显腥臭味
体表	具有鲜鱼固有的鲜明体色与光泽，黏液透明	体色较暗淡，光泽差，黏液透明度较差	体色暗淡无光，黏液混浊
鳞	鳞片完整，不易剥离	鳞片不完整，较易剥离	鳞片不完整，易剥离
肌肉	肌肉坚实，有弹性，肌纤维清晰有光泽	肌肉紧密，有弹性，肌纤维无光泽	肌肉松弛，弹性差，肌纤维无光泽，有异味，但无臭味，骨肉易分离

2. 冰冻鱼的检验　活鱼直接冰冻后，角膜清亮透明，眼球隆起，鳍展平张开，皮肤具有天然色泽，鳞片表面覆有一层透明黏液。死后的鱼经过冰冻，鳍紧贴鱼体，眼球不凸出，鱼体挺直。鱼体腐败后再经过冰冻，无活鱼冰冻后的特征，可用竹签刺入鱼体肌肉或腹腔，拔出嗅其腐臭气味。对于保存时间较长的冰冻鱼，还要检查有无异味。

3. 咸鱼的检验　观察鱼体外观是否正常及完整，外表有无发黄现象。注意鱼鳃、鳍下、肛门及肌肉等处有无酪蝇的幼虫和红带皮蠹等虫害，触检鱼体有无腐烂。用刀横切开鱼体，观察鱼肉断面，以检查深层肌肉的色泽、坚实度及气味。注意鱼体有无回潮、析盐和发霉现象。必要时取少量肌肉进行煮沸试验，以判断其气味和滋味。好的咸鱼体形完整，肉质坚实，肌肉色泽均匀，无腐败、霉变，无异臭味，无虫害。

4. 干鱼的检验　干鱼的鳞片应有光泽，且牢固贴于皮肤上。此外，要注意有无发红、霉变及虫害等。可采取胸鳍煮沸试验的方法检查干鱼有无异味。

（二）贝甲类的卫生检验

贝甲类是指贝壳类和甲壳类水产动物，前者包括淡水产的蚌、蚬、田螺和海产牡蛎（蚝）、蛏、蛤、贻贝及鲍鱼等；后者包括对虾、鹰爪虾、青虾、河虾、龙虾、毛虾、梭子蟹、青蟹、河蟹等。这些贝甲类都是富有营养，味鲜可口的水产食品，不仅肉可以鲜食，还可以制成各种加工品和调味品。但这些水产品体内含水多，也含有大量的蛋白质，很容易被污染，极易发生腐败变质。因此，对于贝甲类在食用前一定要进行卫生质量检验，以免造成食物中毒。

1. 虾及虾制品的检验

（1）生虾。观察虾体头胸节与腹节连接的紧密程度，以测知虾体的肌肉组织和结缔组织是否完好。在虾体头胸节末端存在着胃和肝，容易腐败分解，并影响头胸节与腹节连接处的组织，使节间的连接变得松弛。这一指标能灵敏地反映其质量鲜度。观察虾体腹节背沿内的黑色肠管是否明显可辨，以及头胸节中的内脏是否变色，以测知虾体已否自溶或开始变质。观察虾体体表是否干燥，有无发黏变色，以测知体表组织是否完好。观察虾体是否能保持死亡时的姿态，是否可加外力使其改变伸、曲状态，以测知其肌肉组织是否完好。嗅其气味。

①新鲜生虾。体形完整，外壳透明，体表青白色或青绿色，头节与躯体连接紧密，肉体坚实有弹性。内脏完整，无自溶现象，无异常气味。

②不新鲜或变质生虾。头节与躯体易脱落，外壳暗淡无光，易与虾体分离，体质柔软，体色变红，肉质松软。内脏溶解，有腥臭味。

（2）冻虾仁。

①良质冻虾仁。呈淡青色或乳白色，无异味，肉质清洁完整，无脱落的虾头、虾尾、虾

仁及杂质。虾仁冻块中心在−12℃以下，外表整洁。

②劣质虾仁。色变红，肉体不整洁，组织松软，有酸臭气味。

（3）虾米。

①良质虾米。外观整洁，呈淡黄色而有光泽，无搭壳现象，虾尾向下蜷曲，肉质紧密坚硬，无异味。

②变质虾米。碎末多，表面潮润，暗淡无光，呈灰白至灰褐色，搭壳严重，肉质酥软或如石灰状，有霉味。

（4）虾皮。

①良质虾皮。外壳清洁，淡黄色有光泽，体型完整，尾弯如钩状，虾眼齐全，头部和躯干紧联。以手紧握一把放松后，能自动散开，无异味，无杂质。

②变质虾皮。外表污秽，暗淡无光，体形不完整，碎末较多，呈苍白或淡红色。以手紧握一把放松后，黏结而不易散开，有严重霉味。

2. 蟹及其制品的检验 观察蟹体腹面脐部上方是否呈现黑印，以测知蟹胃是否腐败。观察蟹体的步足与躯体连接的紧密程度，以测知蟹体的肌肉组织和结缔组织是否完好。持蟹体加以摇动，辨察内部有无流动状，以测知蟹体内脏（蟹黄）是否自溶或变质。检视体表是否保持固有色泽，以测知蟹体外壳所含色素是否已受氧、氨的作用而分解变化。除上述各项体表检查指标外，在必要时可剥开蟹壳，直接观察蟹黄是否液化，鳃丝是否发生变化和出现混浊现象。

（1）鲜蟹。质量好的活鲜蟹动作灵活，善于翻身，肉多黄足，腹盖与蟹壳之间凸起明显。垂死者动作缓慢，不愿爬行，不能翻身。

（2）梭子蟹（死鲜蟹）。良质的死鲜蟹，体形完整有光泽，背壳呈青褐色或紫色，腹部和螯足内侧呈白色，鳃丝清晰呈白色，眼睛明亮，蟹黄凝固。肉质坚实有韧性，色洁白，无异味。

（3）变质死蟹。体形不整，步足与躯干松弛，外表暗淡无光，鳃为褐色，脐前部呈褐色，蟹黄呈黑色。肉质发黏，有腐臭味。

（4）醉蟹与腌蟹。

①良质的醉蟹或腌蟹。体表清亮，甲壳坚硬，螯足和步足僵硬，鳃丝清晰白色，蟹黄凝固，肉质密实，咸度均匀。

②变质的醉蟹或腌蟹。体表混浊无光泽，螯足和步足松弛或脱落，鳃丝排列不清呈黑色，肉质发黏，有霉臭味，壳内流出污浊发臭卤水。

3. 贝蛤类的检验

（1）贝蛤。应以死活作为可否食用的标准。活贝蛤两壳张开时，稍加触动就会立刻闭合，并有清晰的水自壳内流出，贝壳紧闭时，不易揭开。凡死亡的贝类两壳常分开，触动后不闭合；但也有个别闭合的，此时可采用放手掌上探重和相互敲击听音等方法检查。已死亡贝体一般都较轻，在相互敲击时发出“咯咯”的空音（但内部积有泥沙反会较重）；活的贝体在相互敲击时发生“笃笃”的实音。死贝蛤两壳一揭就开，水汁混浊而稍带微黄色，肉体干瘪，色变黑色或红褐色，并有腐败臭味。必要时，可以煮熟后进行感官评定。

（2）牡蛎、花蛤、缢蛏。也采用上述方法。新鲜蛎体饱满或稍软，呈乳白色，体液澄清，白色或淡灰色，有牡蛎固有气味。新鲜花蛤，外壳具固有色泽，平时微张口，受惊闭合，斧足与触管伸缩灵活，具固有气味。新鲜缢蛏外壳紧闭或微张，斧足和触管伸缩灵活，具固有气味。

（3）螺。

①田螺。将样品放在一定容器内，加水至适量，搅动多次，放置15min后，检出浮水螺和死螺。

②咸泥螺。良质的贝壳清晰，色泽光亮，呈乌绿色或灰色，并沉于卤水中，卤水浓厚洁净，有黏性，无泡沫，深黄色或淡黄色，无异味。变质的贝壳稍有脱离而使壳略显白色，螺体上浮，卤水混浊产气，或呈褐色，有酸败刺鼻气味。

（三）有毒水产品的鉴别

1. 鱼类　有些鱼类含有生理毒素（经常性的或一时性的），能使食用者发生中毒，毒性剧烈者可引起死亡。产于我国的有毒鱼类约有170余种，可分为毒鱼类和刺毒鱼类。

（1）毒鱼类。这类鱼的肌肉或内脏器官含有毒素，可引起食用者中毒。

①肉毒鱼类。主要生活在热带海域，肌肉和内脏含有雪卡毒。这是一种对热稳定，既溶于水又溶于脂肪的外因性和积累性新型神经毒素，具有抑制胆碱酯酶的作用，与有机磷农药性质相似。中毒时表现为下痢、呕吐，还有关节痛和倦怠感，皮肤感觉异常，接触冰水、冷物时有强烈的刺激感觉。肉毒鱼类的外形和一般食用鱼几乎没有什么差异，从外形不易鉴别。我国肉毒鱼类主要分布于南海诸岛、广东沿岸、东海南岸和台湾，有30余种，其中肌肉有强毒或猛毒的有点线鳃棘鲈、侧牙鲈、金焰笛鲷、单列齿鲷、露珠盔鱼、黄边裸胸鳝、斑点裸胸鳝和波纹裸胸膳、云斑栉鱼、虾虎鱼、黑尻鱼参和大眼鱼参等。

②豚毒鱼类。我国的豚毒鱼类分布于沿海，少数产于江河。豚毒鱼类的内脏中含有河豚毒素，其毒理作用是阻遏神经和肌肉的传导。豚毒鱼类一般都具有下列形态特征：体形椭圆，不侧扁，体表无鳞而长有小刺，头粗圆，后部逐渐狭小，类似前粗后细的棒槌，小口，唇发达；有气囊，遇敌害时能使腹部膨胀如球样；背鳍与臀鳍上下对称，大小相似，并位于近尾部，无腹鳍；背面黑灰色或杂以其他颜色的条纹（斑块），满生棘刺，腹部多为乳白色。我国的豚毒鱼类共有40余种，主要有虫纹东方豚、星点东方豚、条纹东方豚、紫色东方豚和横纹东方豚等。

③卵毒鱼类。我国的卵毒鱼类产于西北及西南高原地区。这类鱼的卵子含有鱼卵毒素。成熟卵子毒性最大，鱼卵毒素是一种脂蛋白，有些能被热破坏，有些能耐热，煮食后仍会中毒。成人一次摄食毒鱼卵100～200g，很快出现中毒症状。人食后2～6h可引起呕吐、腹痛、下痢、头痛、胸痛、头晕等。多数患者在2～3d后可恢复，也有的陷于昏睡而死亡。卵毒鱼类除卵有毒外，肉无毒，可食用。我国的卵毒鱼类主要有青海湖裸鲤、软刺裸裂尻鱼、小头单列齿鱼、半刺光唇鱼、条纹光唇鱼、薄颌光唇鱼、长鳍光唇鱼和鲶鱼等。

④血毒鱼类。这类鱼血液中含有血毒素。鱼血毒素能被热和胃液破坏，故煮熟后进食不会中毒，大量生饮鱼血，或人体黏膜受损后接触毒血则会中毒。我国血毒鱼类目前仅知两种，即鳗鲡和黄鳝。

⑤肝毒鱼类。这类鱼的肝含有丰富的维生素A、D和脂肪，故进食不当能引起维生素过多症。鱼肝中还含有鱼油毒、痉挛毒和麻痹毒，进食后亦会引起中毒。我国肝毒鱼类常见者有蓝点马鲛，其肉无毒，可供食用。

⑥含高组胺鱼类。含高组胺鱼类是指肌肉中组氨酸含量较高的鱼，组氨酸经摩根菌和组

胺无色杆菌脱羧后产生组胺和秋刀鱼毒素，大量食用后可引起过敏性食物中毒。引起中毒的鱼类主要是海产鱼中的青皮红肉鱼，如鲐巴鱼、金枪鱼、秋刀鱼、鲭鱼、沙丁鱼等。

⑦胆毒鱼类。我国胆毒鱼类中毒病例仅次于河豚中毒，在国内居有毒鱼类中毒的第二位。中毒地区主要是在南方有吞服鱼胆治病习惯的地区。胆毒鱼类的胆汁含有胆汁毒素，不易为乙醇和热所破坏。中毒是因为胆汁毒素严重损伤肝、肾，造成肝变性坏死和肾小球损害，集合管阻塞，肾小球滤过减少，尿流受阻，在短期内导致肝、肾功能衰竭；脑细胞、心肌受损，出现神经系统和心血管病变，直至死亡。其典型代表鱼为草鱼、青鱼、鲤、鳙和鲢。

（2）刺毒鱼类。这类鱼具有毒棘和毒腺，被刺后毒液由毒棘注入人体，引起疼痛以至麻木、神志丧失和死亡。我国的刺毒鱼类，在沿海主要是虎鲨类、角鲨类、鲶类和魟类；在江河主要是鲶类和鳜鱼类。刺毒鱼的毒液一般都不稳定，易被热和胃液破坏，所以刺毒鱼完全可以食用，只是在捕捉鱼虾与潜水作业时，要预防致伤。有些鱼类死后，其棘刺的毒力可保持数小时，烹饪时也应注意。

2. 贝类 贝类麻痹毒是被毒化的贝类所带毒素的总称。包括石房蛤毒素、多边沟膝藻毒素等。贝类麻痹毒对人体的毒理作用主要是阻碍钠离子进入神经和肌肉细胞，使神经冲动的传导中断，人体发生各种神经性症状。中毒症状一般都在食用毒贝后0.5～3h出现，最初是舌、唇、指端等处感觉麻木，继而发展到四肢和颈部，身体各部分的骨骼肌失去控制，并感到头痛、口渴。患者表现语言模糊，流涎，共济失调以及嗳气、呕吐等症状，严重者呼吸困难，窒息而死。因毒素在贝类体内呈结合状态，故贝体本身并不中毒，也无生态和外形上的变化。在我国导致中毒的贝类有蚶子、香螺、织纹螺等。麻痹性贝类毒素测定采用小鼠生物法，操作方法参照《食品安全国家标准　贝类中麻痹性贝类毒素的测定》（GB 5009.213—2016）进行。腹泻性贝类毒素测定可采用小鼠生物法、酶联免疫吸附法或液相色谱-串联质谱法，操作方法参照《食品安全国家标准　贝类中腹泻性贝类毒素的测定》（GB 5009.212—2016）进行。

三、水产品的卫生评价

（一）鱼的卫生评价

1. 感官指标 具有产品应有色泽、应有气味，无异味。具有正常组织状态、肌肉紧密有弹性。

2. 理化指标 如表4-19所示。

表4-19　鲜、冻动物性水产品卫生理化指标

项　目	指　标
挥发性盐基氮[a]/（mg/100g）	
海水鱼	≤30
淡水鱼	≤20
组胺[a]/（mg/100g）	
高组胺鱼[b]	≤40
其他海鱼类	≤20

注：[a]不适用于活的水产品。

[b]高组胺鱼：鲐鱼、鲹鱼、竹荚鱼、鲭鱼、鲣鱼、金枪鱼、秋刀鱼、马鲛鱼、青占鱼、沙丁鱼等青皮红肉海水鱼。

3. 污染物限量　如表 4-20 所示。

表 4-20　鲜、冻动物性水产品污染物限量

项　　目	指　　标
铅（Pb）/（mg/kg）	≤1.0（除去内脏）
镉（Cd）/（mg/kg）	≤0.1
甲基汞/（mg/kg） 水产动物及其制品（肉食性鱼类及其制品除外） 食肉性鱼及其制品	 ≤0.5 ≤1.0
无机砷/（mg/kg）	≤0.1
铬（Cr）/（mg/kg）	≤2.0
多氯联苯[a]/（mg/kg）	≤0.5

注：[a] 多氯联苯以 PCB28、PCB52、PCB101、PCB118、PCB138、PCB153 和 PCB180 总和计。

4. 农药残留限量和兽药残留限量

农药残留限量应符《食品安全国家标准　食品中农药最大残留限量》（GB 2763—2016）的规定。兽药残留限量符合国家有关规定和公告。

（二）贝甲类的卫生评价

1. 感官指标　具有产品应有色泽、应有气味，无异味。具有正常组织状态、肌肉紧密有弹性。

2. 理化指标　如表 4-21 所示。

表 4-21　鲜、冻动物性水产品卫生理化指标

项　　目	指　　标
挥发性盐基氮/（mg/100g） 海水虾 海蟹 淡水虾 冷冻贝类	 ≤30 ≤25 ≤20 ≤15

3. 污染物限量　如表 4-22 所示。

表 4-22　鲜、冻动物性水产品污染物限量

项　　目	指　　标
铅（Pb）/（mg/kg） 鲜、冻水产品（鱼类、甲壳类、双壳类除外） 甲壳类 双壳类	 ≤1.0（除去内脏） ≤0.5 ≤1.5
镉（Cd）/（mg/kg） 甲壳类 双壳类	 0.5 2.0（除去内脏）
甲基汞[a]/（mg/kg） 水产动物及其制品	 ≤0.5
无机砷/（mg/kg） 水产动物及其制品（鱼类及其制品除外）	 ≤0.5

（续）

项　目	指　标
铬（Cr）/（mg/kg） 水产动物及其制品	≤2.0
多氯联苯[b]/（mg/kg） 水产动物及其制品	≤0.5

注：[a]水产动物及其制品可先测定总汞，当总汞水平不超过甲基汞限量值时，不必测定甲基汞；否则，需再测定甲基汞。

[b]多氯联苯以 PCB28、PCB52、PCB101、PCB118、PCB138、PCB153 和 PCB180 总和计。

4. 贝类毒素限量　麻痹性贝类毒素≤4MU/g，腹泻性贝类毒素≤0.05MU/g。

5. 农药残留限量和兽药残留限量　农药残留限量应符合《食品安全国家标准　食品中农药最大残留限量》（GB 2763—2016）的规定。兽药残留限量符合国家有关规定和公告。

【相关知识链接】

一、水产食品的营养价值

鱼肉不仅蛋白质含量与畜肉接近，其营养价值与畜肉也不相上下。鱼肉蛋白质具有人体所必需的各种氨基酸，蛋白质生理价值高达 83%。鱼肉中结缔组织含量比畜禽肉少得多，含水量较多，含脂肪较少，易于消化吸收，平均消化率可达 97%。鱼的脂肪以甘油三酯为主，其中不饱和脂肪酸占 84%，易被人体消化吸收。鱼脂肪中含有多种必需脂肪酸，是人类从食物中获得必需脂肪酸的重要来源之一。鱼肉所含的微量元素中，碘的含量比畜禽肉高 10～15 倍，对预防和治疗缺碘性甲状腺肿具有重要的营养意义。鱼类的肝中含有丰富的维生素 A、维生素 D，对于防治眼干燥症、夜盲症、佝偻病及骨质疏松症等，具有重要的营养和食疗价值。

实训六　鲜鱼的新鲜度检验

【训练目标】

通过对鲜鱼进行感官检验和实验室检验，使学生熟悉鲜鱼的新鲜度检验方法，掌握鲜鱼的新鲜度判断标准。

【实训材料】

不同新鲜度的鲜鱼，正戊醇，三氯乙酸溶液（100g/L），碳酸钠溶液（50g/L），氢氧化钠溶液（250g/L），盐酸（1∶11），组胺标准储备液（1.0mg/mL），磷酸组胺标准使用液（20.0μg/mL）组织匀浆机，搪瓷盘，具塞锥形瓶，分液漏斗，移液管，分光光度计等。

【训练内容与步骤】

1. 感官检验

（1）检验方法。首先观察眼角膜清晰光亮程度和眼球饱满程度，眼球是否下陷及周围有无发红现象。再揭开鳃盖观察鳃丝色泽并嗅其气味。然后检查鳞片的色泽、完整状况及附着是否牢固，接着以手按压肌肉和将鱼头握在手中（看鱼体后半部下垂程度），以确定肌肉坚实度和弹性，最后检查肛门。必要时可进行剖检，去除一侧体壁观察肌肉和内脏状况，确定肌肉致密程度、脊柱两旁是否有发红现象（血管变性，红细胞渗漏血管外，浸润周围组织而发红）及有无印胆现象（胆汁外渗，印染周围组织器官）。检查完毕后，综合若干项目的情况，进行新鲜度评定。

（2）判断标准　见表 4-18 鱼类新鲜度感官质量指标。

2. 实验室检验-组胺的测定

（1）原理。鱼体中组胺用正戊醇提取，遇偶氮试剂显橙色，与标准系列比较定量。

（2）操作步骤。

配制偶氮试剂：①甲液：称取 0.5g 对硝基苯胺，加 5mL 盐酸溶液溶解后，再加水稀释至 200mL，置冰箱中。②乙液：亚硝酸钠溶液（5g/L），临用现配。吸取甲液 5mL、乙液 40mL 混合后立即使用。

试样处理：称取 5.00～10.00g 绞碎并混合均匀的试样，置于具塞锥形瓶中，加入 15～20mL 三氯乙酸溶液（100g/L），浸泡 2～3h，过滤。吸取 20mL 滤液，置于分液漏斗中，加氢氧化钠溶液（250g/L）使呈碱性，每次加入 3g/mL 正戊醇，振摇 5min。提取 3 次，合并正戊醇并稀释至 100mL。吸取 2.0mL 正戊醇提取液于分液漏斗中，每次加 3mL 盐酸（1∶11）振摇提取 3 次，合并盐酸提取液并稀释至 10.00mL，备用。

测定：吸取 2.0mL 盐酸提取液于 10mL 比色管中，另吸取 0、0.20、0.40、0.60、0.80、1.00mL 组胺标准使用液（相当于 0、4.0、8.0、12.0、16.0、20.0μg 组胺），分别置于 10mL 比色管中，加水至 1mL，再各加 1mL 盐酸 1∶11（盐酸与水的体积按 1∶11 配制而成）。试样与标准管各加 3mL 碳酸钠溶液（50g/L）、3mL 偶氮试剂，加水至刻度，混匀，放置 10min 后用 1cm 比色杯以零管调节零点，于 480nm 波长处测吸光度，与标准曲线比较。

（3）结果计算。

$$X=\frac{m_1}{m_2\times\frac{2}{V_1}\times\frac{2}{10}\times\frac{2}{10}\times1\ 000}\times1\ 000$$

式中　X——试样中组胺的含量（mg/100g）；

V_1——加入三氯乙酸溶液（100g/L）的体积（mL）；

m_1——产测定时试样中组胺的质量（μg）；

m_2——试样质量（g）。

计算结果保留到小数点后 1 位。

（4）精密度。在重复性条件下获得的两次独立测定结果的绝对差值不得超过算术平均值的 10%。

【实训报告】

根据实训情况，写一份关于鲜鱼的新鲜度检验的实训报告。

【思考与练习】

1. 试述乳的概念、泌乳期的不同阶段所产乳的特点及其对乳制品加工的影响。
2. 试述乳的化学成分。
3. 原料乳常见的掺假掺杂现象有哪些？如何检测？
4. 试述鲜乳的卫生检验内容。
5. 试述乳腺炎乳的检验方法。
6. 试述乳中抗生素残留的检验方法。
7. 蛋的组成结构中哪些与蛋的新鲜度有关？
8. 蛋在贮存过程中会发生哪些变化？
9. 蛋新鲜度检验常用方法有哪些？
10. 如何用感官检验蛋的新鲜度？
11. 鲜鱼在保藏过程中会发生哪些变化？
12. 如何对鲜鱼进行新鲜度检验？
13. 如何对贝甲类进行卫生检验？
14. 如何鉴别毒鱼类？

附录

中华人民共和国主席令
第二十一号

《中华人民共和国食品安全法》已由中华人民共和国第十二届全国人民代表大会常务委员会第十四次会议于 2015 年 4 月 24 日修订通过，现将修订后的《中华人民共和国食品安全法》公布，自 2015 年 10 月 1 日起施行。

中华人民共和国主席　习近平

2015 年 4 月 24 日

中华人民共和国食品安全法

（2009 年 2 月 28 日第十一届全国人民代表大会常务委员会第七次会议通过 2015 年 4 月 24 日第十二届全国人民代表大会常务委员会第十四次会议修订）

目录

第一章　总　　则

第一条　为了保证食品安全，保障公众身体健康和生命安全，制定本法。

第二条　在中华人民共和国境内从事下列活动，应当遵守本法：

（一）食品生产和加工（以下称食品生产），食品销售和餐饮服务（以下称食品经营）；

（二）食品添加剂的生产经营；

（三）用于食品的包装材料、容器、洗涤剂、消毒剂和用于食品生产经营的工具、设备（以下称食品相关产品）的生产经营；

（四）食品生产经营者使用食品添加剂、食品相关产品；

（五）食品的贮存和运输；

（六）对食品、食品添加剂、食品相关产品的安全管理。

供食用的源于农业的初级产品（以下称食用农产品）的质量安全管理，遵守《中华人民共和国农产品质量安全法》的规定。但是，食用农产品的市场销售、有关质量安全标准的制定、有关安全信息的公布和本法对农业投入品作出规定的，应当遵守本法的规定。

第三条 食品安全工作实行预防为主、风险管理、全程控制、社会共治，建立科学、严格的监督管理制度。

第四条 食品生产经营者对其生产经营食品的安全负责。

食品生产经营者应当依照法律、法规和食品安全标准从事生产经营活动，保证食品安全，诚信自律，对社会和公众负责，接受社会监督，承担社会责任。

第五条 国务院设立食品安全委员会，其职责由国务院规定。

国务院食品药品监督管理部门依照本法和国务院规定的职责，对食品生产经营活动实施监督管理。

国务院卫生行政部门依照本法和国务院规定的职责，组织开展食品安全风险监测和风险评估，会同国务院食品药品监督管理部门制定并公布食品安全国家标准。

国务院其他有关部门依照本法和国务院规定的职责，承担有关食品安全工作。

第六条 县级以上地方人民政府对本行政区域的食品安全监督管理工作负责，统一领导、组织、协调本行政区域的食品安全监督管理工作以及食品安全突发事件应对工作，建立健全食品安全全程监督管理工作机制和信息共享机制。

县级以上地方人民政府依照本法和国务院的规定，确定本级食品药品监督管理、卫生行政部门和其他有关部门的职责。有关部门在各自职责范围内负责本行政区域的食品安全监督管理工作。

县级人民政府食品药品监督管理部门可以在乡镇或者特定区域设立派出机构。

第七条 县级以上地方人民政府实行食品安全监督管理责任制。上级人民政府负责对下一级人民政府的食品安全监督管理工作进行评议、考核。县级以上地方人民政府负责对本级食品药品监督管理部门和其他有关部门的食品安全监督管理工作进行评议、考核。

第八条 县级以上人民政府应当将食品安全工作纳入本级国民经济和社会发展规划，将食品安全工作经费列入本级政府财政预算，加强食品安全监督管理能力建设，为食品安全工作提供保障。

县级以上人民政府食品药品监督管理部门和其他有关部门应当加强沟通、密切配合，按照各自职责分工，依法行使职权，承担责任。

第九条 食品行业协会应当加强行业自律，按照章程建立健全行业规范和奖惩机制，提供食品安全信息、技术等服务，引导和督促食品生产经营者依法生产经营，推动行业诚信建设，宣传、普及食品安全知识。

消费者协会和其他消费者组织对违反本法规定，损害消费者合法权益的行为，依法进行社会监督。

第十条　各级人民政府应当加强食品安全的宣传教育，普及食品安全知识，鼓励社会组织、基层群众性自治组织、食品生产经营者开展食品安全法律、法规以及食品安全标准和知识的普及工作，倡导健康的饮食方式，增强消费者食品安全意识和自我保护能力。

新闻媒体应当开展食品安全法律、法规以及食品安全标准和知识的公益宣传，并对食品安全违法行为进行舆论监督。有关食品安全的宣传报道应当真实、公正。

第十一条　国家鼓励和支持开展与食品安全有关的基础研究、应用研究，鼓励和支持食品生产经营者为提高食品安全水平采用先进技术和先进管理规范。

国家对农药的使用实行严格的管理制度，加快淘汰剧毒、高毒、高残留农药，推动替代产品的研发和应用，鼓励使用高效低毒低残留农药。

第十二条　任何组织或者个人有权举报食品安全违法行为，依法向有关部门了解食品安全信息，对食品安全监督管理工作提出意见和建议。

第十三条　对在食品安全工作中做出突出贡献的单位和个人，按照国家有关规定给予表彰、奖励。

第二章　食品安全风险监测和评估

第十四条　国家建立食品安全风险监测制度，对食源性疾病、食品污染以及食品中的有害因素进行监测。

国务院卫生行政部门会同国务院食品药品监督管理、质量监督等部门，制定、实施国家食品安全风险监测计划。

国务院食品药品监督管理部门和其他有关部门获知有关食品安全风险信息后，应当立即核实并向国务院卫生行政部门通报。对有关部门通报的食品安全风险信息以及医疗机构报告的食源性疾病等有关疾病信息，国务院卫生行政部门应当会同国务院有关部门分析研究，认为必要的，及时调整国家食品安全风险监测计划。

省、自治区、直辖市人民政府卫生行政部门会同同级食品药品监督管理、质量监督等部门，根据国家食品安全风险监测计划，结合本行政区域的具体情况，制定、调整本行政区域的食品安全风险监测方案，报国务院卫生行政部门备案并实施。

第十五条　承担食品安全风险监测工作的技术机构应当根据食品安全风险监测计划和监测方案开展监测工作，保证监测数据真实、准确，并按照食品安全风险监测计划和监测方案的要求报送监测数据和分析结果。

食品安全风险监测工作人员有权进入相关食用农产品种植养殖、食品生产经营场所采集样品、收集相关数据。采集样品应当按照市场价格支付费用。

第十六条　食品安全风险监测结果表明可能存在食品安全隐患的，县级以上人民政府卫生行政部门应当及时将相关信息通报同级食品药品监督管理等部门，并报告本级人民政府和上级人民政府卫生行政部门。食品药品监督管理等部门应当组织开展进一步调查。

第十七条　国家建立食品安全风险评估制度，运用科学方法，根据食品安全风险监测信息、科学数据以及有关信息，对食品、食品添加剂、食品相关产品中生物性、化学性和物理性危害因素进行风险评估。

国务院卫生行政部门负责组织食品安全风险评估工作，成立由医学、农业、食品、营养、生物、环境等方面的专家组成的食品安全风险评估专家委员会进行食品安全风险评估。

食品安全风险评估结果由国务院卫生行政部门公布。

对农药、肥料、兽药、饲料和饲料添加剂等的安全性评估，应当有食品安全风险评估专家委员会的专家参加。

食品安全风险评估不得向生产经营者收取费用，采集样品应当按照市场价格支付费用。

第十八条 有下列情形之一的，应当进行食品安全风险评估：

（一）通过食品安全风险监测或者接到举报发现食品、食品添加剂、食品相关产品可能存在安全隐患的；

（二）为制定或者修订食品安全国家标准提供科学依据需要进行风险评估的；

（三）为确定监督管理的重点领域、重点品种需要进行风险评估的；

（四）发现新的可能危害食品安全因素的；

（五）需要判断某一因素是否构成食品安全隐患的；

（六）国务院卫生行政部门认为需要进行风险评估的其他情形。

第十九条 国务院食品药品监督管理、质量监督、农业行政等部门在监督管理工作中发现需要进行食品安全风险评估的，应当向国务院卫生行政部门提出食品安全风险评估的建议，并提供风险来源、相关检验数据和结论等信息、资料。属于本法第十八条规定情形的，国务院卫生行政部门应当及时进行食品安全风险评估，并向国务院有关部门通报评估结果。

第二十条 省级以上人民政府卫生行政、农业行政部门应当及时相互通报食品、食用农产品安全风险监测信息。

国务院卫生行政、农业行政部门应当及时相互通报食品、食用农产品安全风险评估结果等信息。

第二十一条 食品安全风险评估结果是制定、修订食品安全标准和实施食品安全监督管理的科学依据。

经食品安全风险评估，得出食品、食品添加剂、食品相关产品不安全结论的，国务院食品药品监督管理、质量监督等部门应当依据各自职责立即向社会公告，告知消费者停止食用或者使用，并采取相应措施，确保该食品、食品添加剂、食品相关产品停止生产经营；需要制定、修订相关食品安全国家标准的，国务院卫生行政部门应当会同国务院食品药品监督管理部门立即制定、修订。

第二十二条 国务院食品药品监督管理部门应当会同国务院有关部门，根据食品安全风险评估结果、食品安全监督管理信息，对食品安全状况进行综合分析。对经综合分析表明可能具有较高程度安全风险的食品，国务院食品药品监督管理部门应当及时提出食品安全风险警示，并向社会公布。

第二十三条 县级以上人民政府食品药品监督管理部门和其他有关部门、食品安全风险评估专家委员会及其技术机构，应当按照科学、客观、及时、公开的原则，组织食品生产经营者、食品检验机构、认证机构、食品行业协会、消费者协会以及新闻媒体等，就食品安全风险评估信息和食品安全监督管理信息进行交流沟通。

第三章 食品安全标准

第二十四条 制定食品安全标准，应当以保障公众身体健康为宗旨，做到科学合理、安全可靠。

第二十五条　食品安全标准是强制执行的标准。除食品安全标准外，不得制定其他食品强制性标准。

第二十六条　食品安全标准应当包括下列内容：

（一）食品、食品添加剂、食品相关产品中的致病性微生物，农药残留、兽药残留、生物毒素、重金属等污染物质以及其他危害人体健康物质的限量规定；

（二）食品添加剂的品种、使用范围、用量；

（三）专供婴幼儿和其他特定人群的主辅食品的营养成分要求；

（四）对与卫生、营养等食品安全要求有关的标签、标志、说明书的要求；

（五）食品生产经营过程的卫生要求；

（六）与食品安全有关的质量要求；

（七）与食品安全有关的食品检验方法与规程；

（八）其他需要制定为食品安全标准的内容。

第二十七条　食品安全国家标准由国务院卫生行政部门会同国务院食品药品监督管理部门制定、公布，国务院标准化行政部门提供国家标准编号。

食品中农药残留、兽药残留的限量规定及其检验方法与规程由国务院卫生行政部门、国务院农业行政部门会同国务院食品药品监督管理部门制定。

屠宰畜、禽的检验规程由国务院农业行政部门会同国务院卫生行政部门制定。

第二十八条　制定食品安全国家标准，应当依据食品安全风险评估结果并充分考虑食用农产品安全风险评估结果，参照相关的国际标准和国际食品安全风险评估结果，并将食品安全国家标准草案向社会公布，广泛听取食品生产经营者、消费者、有关部门等方面的意见。

食品安全国家标准应当经国务院卫生行政部门组织的食品安全国家标准审评委员会审查通过。食品安全国家标准审评委员会由医学、农业、食品、营养、生物、环境等方面的专家以及国务院有关部门、食品行业协会、消费者协会的代表组成，对食品安全国家标准草案的科学性和实用性等进行审查。

第二十九条　对地方特色食品，没有食品安全国家标准的，省、自治区、直辖市人民政府卫生行政部门可以制定并公布食品安全地方标准，报国务院卫生行政部门备案。食品安全国家标准制定后，该地方标准即行废止。

第三十条　国家鼓励食品生产企业制定严于食品安全国家标准或者地方标准的企业标准，在本企业适用，并报省、自治区、直辖市人民政府卫生行政部门备案。

第三十一条　省级以上人民政府卫生行政部门应当在其网站上公布制定和备案的食品安全国家标准、地方标准和企业标准，供公众免费查阅、下载。

对食品安全标准执行过程中的问题，县级以上人民政府卫生行政部门应当会同有关部门及时给予指导、解答。

第三十二条　省级以上人民政府卫生行政部门应当会同同级食品药品监督管理、质量监督、农业行政等部门，分别对食品安全国家标准和地方标准的执行情况进行跟踪评价，并根据评价结果及时修订食品安全标准。

省级以上人民政府食品药品监督管理、质量监督、农业行政等部门应当对食品安全标准执行中存在的问题进行收集、汇总，并及时向同级卫生行政部门通报。

食品生产经营者、食品行业协会发现食品安全标准在执行中存在问题的，应当立即向卫生行政部门报告。

第四章　食品生产经营

第一节　一般规定

第三十三条　食品生产经营应当符合食品安全标准，并符合下列要求：

（一）具有与生产经营的食品品种、数量相适应的食品原料处理和食品加工、包装、贮存等场所，保持该场所环境整洁，并与有毒、有害场所以及其他污染源保持规定的距离；

（二）具有与生产经营的食品品种、数量相适应的生产经营设备或者设施，有相应的消毒、更衣、盥洗、采光、照明、通风、防腐、防尘、防蝇、防鼠、防虫、洗涤以及处理废水、存放垃圾和废弃物的设备或者设施；

（三）有专职或者兼职的食品安全专业技术人员、食品安全管理人员和保证食品安全的规章制度；

（四）具有合理的设备布局和工艺流程，防止待加工食品与直接入口食品、原料与成品交叉污染，避免食品接触有毒物、不洁物；

（五）餐具、饮具和盛放直接入口食品的容器，使用前应当洗净、消毒，炊具、用具用后应当洗净，保持清洁；

（六）贮存、运输和装卸食品的容器、工具和设备应当安全、无害，保持清洁，防止食品污染，并符合保证食品安全所需的温度、湿度等特殊要求，不得将食品与有毒、有害物品一同贮存、运输；

（七）直接入口的食品应当使用无毒、清洁的包装材料、餐具、饮具和容器；

（八）食品生产经营人员应当保持个人卫生，生产经营食品时，应当将手洗净，穿戴清洁的工作衣、帽等；销售无包装的直接入口食品时，应当使用无毒、清洁的容器、售货工具和设备；

（九）用水应当符合国家规定的生活饮用水卫生标准；

（十）使用的洗涤剂、消毒剂应当对人体安全、无害；

（十一）法律、法规规定的其他要求。

非食品生产经营者从事食品贮存、运输和装卸的，应当符合前款第六项的规定。

第三十四条　禁止生产经营下列食品、食品添加剂、食品相关产品：

（一）用非食品原料生产的食品或者添加食品添加剂以外的化学物质和其他可能危害人体健康物质的食品，或者用回收食品作为原料生产的食品；

（二）致病性微生物，农药残留、兽药残留、生物毒素、重金属等污染物质以及其他危害人体健康的物质含量超过食品安全标准限量的食品、食品添加剂、食品相关产品；

（三）用超过保质期的食品原料、食品添加剂生产的食品、食品添加剂；

（四）超范围、超限量使用食品添加剂的食品；

（五）营养成分不符合食品安全标准的专供婴幼儿和其他特定人群的主辅食品；

（六）腐败变质、油脂酸败、霉变生虫、污秽不洁、混有异物、掺假掺杂或者感官性状异常的食品、食品添加剂；

（七）病死、毒死或者死因不明的禽、畜、兽、水产动物肉类及其制品；

（八）未按规定进行检疫或者检疫不合格的肉类，或者未经检验或者检验不合格的肉类制品；

（九）被包装材料、容器、运输工具等污染的食品、食品添加剂；

（十）标注虚假生产日期、保质期或者超过保质期的食品、食品添加剂；

（十一）无标签的预包装食品、食品添加剂；

（十二）国家为防病等特殊需要明令禁止生产经营的食品；

（十三）其他不符合法律、法规或者食品安全标准的食品、食品添加剂、食品相关产品。

第三十五条　国家对食品生产经营实行许可制度。从事食品生产、食品销售、餐饮服务，应当依法取得许可。但是，销售食用农产品，不需要取得许可。

县级以上地方人民政府食品药品监督管理部门应当依照《中华人民共和国行政许可法》的规定，审核申请人提交的本法第三十三条第一款第一项至第四项规定要求的相关资料，必要时对申请人的生产经营场所进行现场核查；对符合规定条件的，准予许可；对不符合规定条件的，不予许可并书面说明理由。

第三十六条　食品生产加工小作坊和食品摊贩等从事食品生产经营活动，应当符合本法规定的与其生产经营规模、条件相适应的食品安全要求，保证所生产经营的食品卫生、无毒、无害，食品药品监督管理部门应当对其加强监督管理。

县级以上地方人民政府应当对食品生产加工小作坊、食品摊贩等进行综合治理，加强服务和统一规划，改善其生产经营环境，鼓励和支持其改进生产经营条件，进入集中交易市场、店铺等固定场所经营，或者在指定的临时经营区域、时段经营。

食品生产加工小作坊和食品摊贩等的具体管理办法由省、自治区、直辖市制定。

第三十七条　利用新的食品原料生产食品，或者生产食品添加剂新品种、食品相关产品新品种，应当向国务院卫生行政部门提交相关产品的安全性评估材料。国务院卫生行政部门应当自收到申请之日起六十日内组织审查；对符合食品安全要求的，准予许可并公布；对不符合食品安全要求的，不予许可并书面说明理由。

第三十八条　生产经营的食品中不得添加药品，但是可以添加按照传统既是食品又是中药材的物质。按照传统既是食品又是中药材的物质目录由国务院卫生行政部门会同国务院食品药品监督管理部门制定、公布。

第三十九条　国家对食品添加剂生产实行许可制度。从事食品添加剂生产，应当具有与所生产食品添加剂品种相适应的场所、生产设备或者设施、专业技术人员和管理制度，并依照本法第三十五条第二款规定的程序，取得食品添加剂生产许可。

生产食品添加剂应当符合法律、法规和食品安全国家标准。

第四十条　食品添加剂应当在技术上确有必要且经过风险评估证明安全可靠，方可列入允许使用的范围；有关食品安全国家标准应当根据技术必要性和食品安全风险评估结果及时修订。

食品生产经营者应当按照食品安全国家标准使用食品添加剂。

第四十一条　生产食品相关产品应当符合法律、法规和食品安全国家标准。对直接接触食品的包装材料等具有较高风险的食品相关产品，按照国家有关工业产品生产许可证管理的规定实施生产许可。质量监督部门应当加强对食品相关产品生产活动的监督管理。

第四十二条　国家建立食品安全全程追溯制度。

食品生产经营者应当依照本法的规定，建立食品安全追溯体系，保证食品可追溯。国家鼓励食品生产经营者采用信息化手段采集、留存生产经营信息，建立食品安全追溯体系。

国务院食品药品监督管理部门会同国务院农业行政等有关部门建立食品安全全程追溯协作机制。

第四十三条 地方各级人民政府应当采取措施鼓励食品规模化生产和连锁经营、配送。

国家鼓励食品生产经营企业参加食品安全责任保险。

第二节 生产经营过程控制

第四十四条 食品生产经营企业应当建立健全食品安全管理制度，对职工进行食品安全知识培训，加强食品检验工作，依法从事生产经营活动。

食品生产经营企业的主要负责人应当落实企业食品安全管理制度，对本企业的食品安全工作全面负责。

食品生产经营企业应当配备食品安全管理人员，加强对其培训和考核。经考核不具备食品安全管理能力的，不得上岗。食品药品监督管理部门应当对企业食品安全管理人员随机进行监督抽查考核并公布考核情况。监督抽查考核不得收取费用。

第四十五条 食品生产经营者应当建立并执行从业人员健康管理制度。患有国务院卫生行政部门规定的有碍食品安全疾病的人员，不得从事接触直接入口食品的工作。

从事接触直接入口食品工作的食品生产经营人员应当每年进行健康检查，取得健康证明后方可上岗工作。

第四十六条 食品生产企业应当就下列事项制定并实施控制要求，保证所生产的食品符合食品安全标准：

（一）原料采购、原料验收、投料等原料控制；

（二）生产工序、设备、贮存、包装等生产关键环节控制；

（三）原料检验、半成品检验、成品出厂检验等检验控制；

（四）运输和交付控制。

第四十七条 食品生产经营者应当建立食品安全自查制度，定期对食品安全状况进行检查评价。生产经营条件发生变化，不再符合食品安全要求的，食品生产经营者应当立即采取整改措施；有发生食品安全事故潜在风险的，应当立即停止食品生产经营活动，并向所在地县级人民政府食品药品监督管理部门报告。

第四十八条 国家鼓励食品生产经营企业符合良好生产规范要求，实施危害分析与关键控制点体系，提高食品安全管理水平。

对通过良好生产规范、危害分析与关键控制点体系认证的食品生产经营企业，认证机构应当依法实施跟踪调查；对不再符合认证要求的企业，应当依法撤销认证，及时向县级以上人民政府食品药品监督管理部门通报，并向社会公布。认证机构实施跟踪调查不得收取费用。

第四十九条 食用农产品生产者应当按照食品安全标准和国家有关规定使用农药、肥料、兽药、饲料和饲料添加剂等农业投入品，严格执行农业投入品使用安全间隔期或者休药期的规定，不得使用国家明令禁止的农业投入品。禁止将剧毒、高毒农药用于蔬菜、瓜果、茶叶和中草药材等国家规定的农作物。

食用农产品的生产企业和农民专业合作经济组织应当建立农业投入品使用记录制度。

县级以上人民政府农业行政部门应当加强对农业投入品使用的监督管理和指导，建立健全农业投入品安全使用制度。

第五十条　食品生产者采购食品原料、食品添加剂、食品相关产品，应当查验供货者的许可证和产品合格证明；对无法提供合格证明的食品原料，应当按照食品安全标准进行检验；不得采购或者使用不符合食品安全标准的食品原料、食品添加剂、食品相关产品。

食品生产企业应当建立食品原料、食品添加剂、食品相关产品进货查验记录制度，如实记录食品原料、食品添加剂、食品相关产品的名称、规格、数量、生产日期或者生产批号、保质期、进货日期以及供货者名称、地址、联系方式等内容，并保存相关凭证。记录和凭证保存期限不得少于产品保质期满后六个月；没有明确保质期的，保存期限不得少于二年。

第五十一条　食品生产企业应当建立食品出厂检验记录制度，查验出厂食品的检验合格证和安全状况，如实记录食品的名称、规格、数量、生产日期或者生产批号、保质期、检验合格证号、销售日期以及购货者名称、地址、联系方式等内容，并保存相关凭证。记录和凭证保存期限应当符合本法第五十条第二款的规定。

第五十二条　食品、食品添加剂、食品相关产品的生产者，应当按照食品安全标准对所生产的食品、食品添加剂、食品相关产品进行检验，检验合格后方可出厂或者销售。

第五十三条　食品经营者采购食品，应当查验供货者的许可证和食品出厂检验合格证或者其他合格证明（以下称合格证明文件）。

食品经营企业应当建立食品进货查验记录制度，如实记录食品的名称、规格、数量、生产日期或者生产批号、保质期、进货日期以及供货者名称、地址、联系方式等内容，并保存相关凭证。记录和凭证保存期限应当符合本法第五十条第二款的规定。

实行统一配送经营方式的食品经营企业，可以由企业总部统一查验供货者的许可证和食品合格证明文件，进行食品进货查验记录。

从事食品批发业务的经营企业应当建立食品销售记录制度，如实记录批发食品的名称、规格、数量、生产日期或者生产批号、保质期、销售日期以及购货者名称、地址、联系方式等内容，并保存相关凭证。记录和凭证保存期限应当符合本法第五十条第二款的规定。

第五十四条　食品经营者应当按照保证食品安全的要求贮存食品，定期检查库存食品，及时清理变质或者超过保质期的食品。

食品经营者贮存散装食品，应当在贮存位置标明食品的名称、生产日期或者生产批号、保质期、生产者名称及联系方式等内容。

第五十五条　餐饮服务提供者应当制定并实施原料控制要求，不得采购不符合食品安全标准的食品原料。倡导餐饮服务提供者公开加工过程，公示食品原料及其来源等信息。

餐饮服务提供者在加工过程中应当检查待加工的食品及原料，发现有本法第三十四条第六项规定情形的，不得加工或者使用。

第五十六条　餐饮服务提供者应当定期维护食品加工、贮存、陈列等设施、设备；定期清洗、校验保温设施及冷藏、冷冻设施。

餐饮服务提供者应当按照要求对餐具、饮具进行清洗消毒，不得使用未经清洗消毒的餐具、饮具；餐饮服务提供者委托清洗消毒餐具、饮具的，应当委托符合本法规定条件的餐具、饮具集中消毒服务单位。

第五十七条 学校、托幼机构、养老机构、建筑工地等集中用餐单位的食堂应当严格遵守法律、法规和食品安全标准；从供餐单位订餐的，应当从取得食品生产经营许可的企业订购，并按照要求对订购的食品进行查验。供餐单位应当严格遵守法律、法规和食品安全标准，当餐加工，确保食品安全。

学校、托幼机构、养老机构、建筑工地等集中用餐单位的主管部门应当加强对集中用餐单位的食品安全教育和日常管理，降低食品安全风险，及时消除食品安全隐患。

第五十八条 餐具、饮具集中消毒服务单位应当具备相应的作业场所、清洗消毒设备或者设施，用水和使用的洗涤剂、消毒剂应当符合相关食品安全国家标准和其他国家标准、卫生规范。

餐具、饮具集中消毒服务单位应当对消毒餐具、饮具进行逐批检验，检验合格后方可出厂，并应当随附消毒合格证明。消毒后的餐具、饮具应当在独立包装上标注单位名称、地址、联系方式、消毒日期以及使用期限等内容。

第五十九条 食品添加剂生产者应当建立食品添加剂出厂检验记录制度，查验出厂产品的检验合格证和安全状况，如实记录食品添加剂的名称、规格、数量、生产日期或者生产批号、保质期、检验合格证号、销售日期以及购货者名称、地址、联系方式等相关内容，并保存相关凭证。记录和凭证保存期限应当符合本法第五十条第二款的规定。

第六十条 食品添加剂经营者采购食品添加剂，应当依法查验供货者的许可证和产品合格证明文件，如实记录食品添加剂的名称、规格、数量、生产日期或者生产批号、保质期、进货日期以及供货者名称、地址、联系方式等内容，并保存相关凭证。记录和凭证保存期限应当符合本法第五十条第二款的规定。

第六十一条 集中交易市场的开办者、柜台出租者和展销会举办者，应当依法审查入场食品经营者的许可证，明确其食品安全管理责任，定期对其经营环境和条件进行检查，发现其有违反本法规定行为的，应当及时制止并立即报告所在地县级人民政府食品药品监督管理部门。

第六十二条 网络食品交易第三方平台提供者应当对入网食品经营者进行实名登记，明确其食品安全管理责任；依法应当取得许可证的，还应当审查其许可证。

网络食品交易第三方平台提供者发现入网食品经营者有违反本法规定行为的，应当及时制止并立即报告所在地县级人民政府食品药品监督管理部门；发现严重违法行为的，应当立即停止提供网络交易平台服务。

第六十三条 国家建立食品召回制度。食品生产者发现其生产的食品不符合食品安全标准或者有证据证明可能危害人体健康的，应当立即停止生产，召回已经上市销售的食品，通知相关生产经营者和消费者，并记录召回和通知情况。

食品经营者发现其经营的食品有前款规定情形的，应当立即停止经营，通知相关生产经营者和消费者，并记录停止经营和通知情况。食品生产者认为应当召回的，应当立即召回。由于食品经营者的原因造成其经营的食品有前款规定情形的，食品经营者应当召回。

食品生产经营者应当对召回的食品采取无害化处理、销毁等措施，防止其再次流入市场。但是，对因标签、标志或者说明书不符合食品安全标准而被召回的食品，食品生产者在采取补救措施且能保证食品安全的情况下可以继续销售；销售时应当向消费者明示补救措施。

食品生产经营者应当将食品召回和处理情况向所在地县级人民政府食品药品监督管理部门报告；需要对召回的食品进行无害化处理、销毁的，应当提前报告时间、地点。食品药品监督管理部门认为必要的，可以实施现场监督。

食品生产经营者未依照本条规定召回或者停止经营的，县级以上人民政府食品药品监督管理部门可以责令其召回或者停止经营。

第六十四条　食用农产品批发市场应当配备检验设备和检验人员或者委托符合本法规定的食品检验机构，对进入该批发市场销售的食用农产品进行抽样检验；发现不符合食品安全标准的，应当要求销售者立即停止销售，并向食品药品监督管理部门报告。

第六十五条　食用农产品销售者应当建立食用农产品进货查验记录制度，如实记录食用农产品的名称、数量、进货日期以及供货者名称、地址、联系方式等内容，并保存相关凭证。记录和凭证保存期限不得少于六个月。

第六十六条　进入市场销售的食用农产品在包装、保鲜、贮存、运输中使用保鲜剂、防腐剂等食品添加剂和包装材料等食品相关产品，应当符合食品安全国家标准。

第三节　标签、说明书和广告

第六十七条　预包装食品的包装上应当有标签。标签应当标明下列事项：

（一）名称、规格、净含量、生产日期；

（二）成分或者配料表；

（三）生产者的名称、地址、联系方式；

（四）保质期；

（五）产品标准代号；

（六）贮存条件；

（七）所使用的食品添加剂在国家标准中的通用名称；

（八）生产许可证编号；

（九）法律、法规或者食品安全标准规定应当标明的其他事项。

专供婴幼儿和其他特定人群的主辅食品，其标签还应当标明主要营养成分及其含量。

食品安全国家标准对标签标注事项另有规定的，从其规定。

第六十八条　食品经营者销售散装食品，应当在散装食品的容器、外包装上标明食品的名称、生产日期或者生产批号、保质期以及生产经营者名称、地址、联系方式等内容。

第六十九条　生产经营转基因食品应当按照规定显著标示。

第七十条　食品添加剂应当有标签、说明书和包装。标签、说明书应当载明本法第六十七条第一款第一项至第六项、第八项、第九项规定的事项，以及食品添加剂的使用范围、用量、使用方法，并在标签上载明“食品添加剂”字样。

第七十一条　食品和食品添加剂的标签、说明书，不得含有虚假内容，不得涉及疾病预防、治疗功能。生产经营者对其提供的标签、说明书的内容负责。

食品和食品添加剂的标签、说明书应当清楚、明显，生产日期、保质期等事项应当显著标注，容易辨识。

食品和食品添加剂与其标签、说明书的内容不符的，不得上市销售。

第七十二条　食品经营者应当按照食品标签标示的警示标志、警示说明或者注意事项的要求销售食品。

第七十三条 食品广告的内容应当真实合法，不得含有虚假内容，不得涉及疾病预防、治疗功能。食品生产经营者对食品广告内容的真实性、合法性负责。

县级以上人民政府食品药品监督管理部门和其他有关部门以及食品检验机构、食品行业协会不得以广告或者其他形式向消费者推荐食品。消费者组织不得以收取费用或者其他牟取利益的方式向消费者推荐食品。

第四节 特殊食品

第七十四条 国家对保健食品、特殊医学用途配方食品和婴幼儿配方食品等特殊食品实行严格监督管理。

第七十五条 保健食品声称保健功能，应当具有科学依据，不得对人体产生急性、亚急性或者慢性危害。

保健食品原料目录和允许保健食品声称的保健功能目录，由国务院食品药品监督管理部门会同国务院卫生行政部门、国家中医药管理部门制定、调整并公布。

保健食品原料目录应当包括原料名称、用量及其对应的功效；列入保健食品原料目录的原料只能用于保健食品生产，不得用于其他食品生产。

第七十六条 使用保健食品原料目录以外原料的保健食品和首次进口的保健食品应当经国务院食品药品监督管理部门注册。但是，首次进口的保健食品中属于补充维生素、矿物质等营养物质的，应当报国务院食品药品监督管理部门备案。其他保健食品应当报省、自治区、直辖市人民政府食品药品监督管理部门备案。

进口的保健食品应当是出口国（地区）主管部门准许上市销售的产品。

第七十七条 依法应当注册的保健食品，注册时应当提交保健食品的研发报告、产品配方、生产工艺、安全性和保健功能评价、标签、说明书等材料及样品，并提供相关证明文件。国务院食品药品监督管理部门经组织技术审评，对符合安全和功能声称要求的，准予注册；对不符合要求的，不予注册并书面说明理由。对使用保健食品原料目录以外原料的保健食品作出准予注册决定的，应当及时将该原料纳入保健食品原料目录。

依法应当备案的保健食品，备案时应当提交产品配方、生产工艺、标签、说明书以及表明产品安全性和保健功能的材料。

第七十八条 保健食品的标签、说明书不得涉及疾病预防、治疗功能，内容应当真实，与注册或者备案的内容相一致，载明适宜人群、不适宜人群、功效成分或者标志性成分及其含量等，并声明“本品不能代替药物”。保健食品的功能和成分应当与标签、说明书相一致。

第七十九条 保健食品广告除应当符合本法第七十三条第一款的规定外，还应当声明“本品不能代替药物”；其内容应当经生产企业所在地省、自治区、直辖市人民政府食品药品监督管理部门审查批准，取得保健食品广告批准文件。省、自治区、直辖市人民政府食品药品监督管理部门应当公布并及时更新已经批准的保健食品广告目录以及批准的广告内容。

第八十条 特殊医学用途配方食品应当经国务院食品药品监督管理部门注册。注册时，应当提交产品配方、生产工艺、标签、说明书以及表明产品安全性、营养充足性和特殊医学用途临床效果的材料。

特殊医学用途配方食品广告适用《中华人民共和国广告法》和其他法律、行政法规关于药品广告管理的规定。

第八十一条　婴幼儿配方食品生产企业应当实施从原料进厂到成品出厂的全过程质量控制，对出厂的婴幼儿配方食品实施逐批检验，保证食品安全。

生产婴幼儿配方食品使用的生鲜乳、辅料等食品原料、食品添加剂等，应当符合法律、行政法规的规定和食品安全国家标准，保证婴幼儿生长发育所需的营养成分。

婴幼儿配方食品生产企业应当将食品原料、食品添加剂、产品配方及标签等事项向省、自治区、直辖市人民政府食品药品监督管理部门备案。

婴幼儿配方乳粉的产品配方应当经国务院食品药品监督管理部门注册。注册时，应当提交配方研发报告和其他表明配方科学性、安全性的材料。

不得以分装方式生产婴幼儿配方乳粉，同一企业不得用同一配方生产不同品牌的婴幼儿配方乳粉。

第八十二条　保健食品、特殊医学用途配方食品、婴幼儿配方乳粉的注册人或者备案人应当对其提交材料的真实性负责。

省级以上人民政府食品药品监督管理部门应当及时公布注册或者备案的保健食品、特殊医学用途配方食品、婴幼儿配方乳粉目录，并对注册或者备案中获知的企业商业秘密予以保密。

保健食品、特殊医学用途配方食品、婴幼儿配方乳粉生产企业应当按照注册或者备案的产品配方、生产工艺等技术要求组织生产。

第八十三条　生产保健食品，特殊医学用途配方食品、婴幼儿配方食品和其他专供特定人群的主辅食品的企业，应当按照良好生产规范的要求建立与所生产食品相适应的生产质量管理体系，定期对该体系的运行情况进行自查，保证其有效运行，并向所在地县级人民政府食品药品监督管理部门提交自查报告。

第五章　食品检验

第八十四条　食品检验机构按照国家有关认证认可的规定取得资质认定后，方可从事食品检验活动。但是，法律另有规定的除外。

食品检验机构的资质认定条件和检验规范，由国务院食品药品监督管理部门规定。

符合本法规定的食品检验机构出具的检验报告具有同等效力。

县级以上人民政府应当整合食品检验资源，实现资源共享。

第八十五条　食品检验由食品检验机构指定的检验人独立进行。

检验人应当依照有关法律、法规的规定，并按照食品安全标准和检验规范对食品进行检验，尊重科学，恪守职业道德，保证出具的检验数据和结论客观、公正，不得出具虚假检验报告。

第八十六条　食品检验实行食品检验机构与检验人负责制。食品检验报告应当加盖食品检验机构公章，并有检验人的签名或者盖章。食品检验机构和检验人对出具的食品检验报告负责。

第八十七条　县级以上人民政府食品药品监督管理部门应当对食品进行定期或者不定期的抽样检验，并依据有关规定公布检验结果，不得免检。进行抽样检验，应当购买抽取的样品，委托符合本法规定的食品检验机构进行检验，并支付相关费用；不得向食品生产经营者收取检验费和其他费用。

第八十八条 对依照本法规定实施的检验结论有异议的，食品生产经营者可以自收到检验结论之日起七个工作日内向实施抽样检验的食品药品监督管理部门或者其上一级食品药品监督管理部门提出复检申请，由受理复检申请的食品药品监督管理部门在公布的复检机构名录中随机确定复检机构进行复检。复检机构出具的复检结论为最终检验结论。复检机构与初检机构不得为同一机构。复检机构名录由国务院认证认可监督管理、食品药品监督管理、卫生行政、农业行政等部门共同公布。

采用国家规定的快速检测方法对食用农产品进行抽查检测，被抽查人对检测结果有异议的，可以自收到检测结果时起四小时内申请复检。复检不得采用快速检测方法。

第八十九条 食品生产企业可以自行对所生产的食品进行检验，也可以委托符合本法规定的食品检验机构进行检验。

食品行业协会和消费者协会等组织、消费者需要委托食品检验机构对食品进行检验的，应当委托符合本法规定的食品检验机构进行。

第九十条 食品添加剂的检验，适用本法有关食品检验的规定。

第六章 食品进出口

第九十一条 国家出入境检验检疫部门对进出口食品安全实施监督管理。

第九十二条 进口的食品、食品添加剂、食品相关产品应当符合我国食品安全国家标准。

进口的食品、食品添加剂应当经出入境检验检疫机构依照进出口商品检验相关法律、行政法规的规定检验合格。

进口的食品、食品添加剂应当按照国家出入境检验检疫部门的要求随附合格证明材料。

第九十三条 进口尚无食品安全国家标准的食品，由境外出口商、境外生产企业或者其委托的进口商向国务院卫生行政部门提交所执行的相关国家（地区）标准或者国际标准。国务院卫生行政部门对相关标准进行审查，认为符合食品安全要求的，决定暂予适用，并及时制定相应的食品安全国家标准。进口利用新的食品原料生产的食品或者进口食品添加剂新品种、食品相关产品新品种，依照本法第三十七条的规定办理。

出入境检验检疫机构按照国务院卫生行政部门的要求，对前款规定的食品、食品添加剂、食品相关产品进行检验。检验结果应当公开。

第九十四条 境外出口商、境外生产企业应当保证向我国出口的食品、食品添加剂、食品相关产品符合本法以及我国其他有关法律、行政法规的规定和食品安全国家标准的要求，并对标签、说明书的内容负责。

进口商应当建立境外出口商、境外生产企业审核制度，重点审核前款规定的内容；审核不合格的，不得进口。

发现进口食品不符合我国食品安全国家标准或者有证据证明可能危害人体健康的，进口商应当立即停止进口，并依照本法第六十三条的规定召回。

第九十五条 境外发生的食品安全事件可能对我国境内造成影响，或者在进口食品、食品添加剂、食品相关产品中发现严重食品安全问题的，国家出入境检验检疫部门应当及时采取风险预警或者控制措施，并向国务院食品药品监督管理、卫生行政、农业行政部门通报。

接到通报的部门应当及时采取相应措施。

县级以上人民政府食品药品监督管理部门对国内市场上销售的进口食品、食品添加剂实施监督管理。发现存在严重食品安全问题的，国务院食品药品监督管理部门应当及时向国家出入境检验检疫部门通报。国家出入境检验检疫部门应当及时采取相应措施。

第九十六条　向我国境内出口食品的境外出口商或者代理商、进口食品的进口商应当向国家出入境检验检疫部门备案。向我国境内出口食品的境外食品生产企业应当经国家出入境检验检疫部门注册。已经注册的境外食品生产企业提供虚假材料，或者因其自身的原因致使进口食品发生重大食品安全事故的，国家出入境检验检疫部门应当撤销注册并公告。

国家出入境检验检疫部门应当定期公布已经备案的境外出口商、代理商、进口商和已经注册的境外食品生产企业名单。

第九十七条　进口的预包装食品、食品添加剂应当有中文标签；依法应当有说明书的，还应当有中文说明书。标签、说明书应当符合本法以及我国其他有关法律、行政法规的规定和食品安全国家标准的要求，并载明食品的原产地以及境内代理商的名称、地址、联系方式。预包装食品没有中文标签、中文说明书或者标签、说明书不符合本条规定的，不得进口。

第九十八条　进口商应当建立食品、食品添加剂进口和销售记录制度，如实记录食品、食品添加剂的名称、规格、数量、生产日期、生产或者进口批号、保质期、境外出口商和购货者名称、地址及联系方式、交货日期等内容，并保存相关凭证。记录和凭证保存期限应当符合本法第五十条第二款的规定。

第九十九条　出口食品生产企业应当保证其出口食品符合进口国（地区）的标准或者合同要求。

出口食品生产企业和出口食品原料种植、养殖场应当向国家出入境检验检疫部门备案。

第一百条　国家出入境检验检疫部门应当收集、汇总下列进出口食品安全信息，并及时通报相关部门、机构和企业：

（一）出入境检验检疫机构对进出口食品实施检验检疫发现的食品安全信息；

（二）食品行业协会和消费者协会等组织、消费者反映的进口食品安全信息；

（三）国际组织、境外政府机构发布的风险预警信息及其他食品安全信息，以及境外食品行业协会等组织、消费者反映的食品安全信息；

（四）其他食品安全信息。

国家出入境检验检疫部门应当对进出口食品的进口商、出口商和出口食品生产企业实施信用管理，建立信用记录，并依法向社会公布。对有不良记录的进口商、出口商和出口食品生产企业，应当加强对其进出口食品的检验检疫。

第一百零一条　国家出入境检验检疫部门可以对向我国境内出口食品的国家（地区）的食品安全管理体系和食品安全状况进行评估和审查，并根据评估和审查结果，确定相应检验检疫要求。

第七章　食品安全事故处置

第一百零二条　国务院组织制定国家食品安全事故应急预案。

县级以上地方人民政府应当根据有关法律、法规的规定和上级人民政府的食品安全事故应急预案以及本行政区域的实际情况，制定本行政区域的食品安全事故应急预案，并报上一级人民政府备案。

食品安全事故应急预案应当对食品安全事故分级、事故处置组织指挥体系与职责、预防预警机制、处置程序、应急保障措施等作出规定。

食品生产经营企业应当制定食品安全事故处置方案，定期检查本企业各项食品安全防范措施的落实情况，及时消除事故隐患。

第一百零三条 发生食品安全事故的单位应当立即采取措施，防止事故扩大。事故单位和接收病人进行治疗的单位应当及时向事故发生地县级人民政府食品药品监督管理、卫生行政部门报告。

县级以上人民政府质量监督、农业行政等部门在日常监督管理中发现食品安全事故或者接到事故举报，应当立即向同级食品药品监督管理部门通报。

发生食品安全事故，接到报告的县级人民政府食品药品监督管理部门应当按照应急预案的规定向本级人民政府和上级人民政府食品药品监督管理部门报告。县级人民政府和上级人民政府食品药品监督管理部门应当按照应急预案的规定上报。

任何单位和个人不得对食品安全事故隐瞒、谎报、缓报，不得隐匿、伪造、毁灭有关证据。

第一百零四条 医疗机构发现其接收的病人属于食源性疾病病人或者疑似病人的，应当按照规定及时将相关信息向所在地县级人民政府卫生行政部门报告。县级人民政府卫生行政部门认为与食品安全有关的，应当及时通报同级食品药品监督管理部门。

县级以上人民政府卫生行政部门在调查处理传染病或者其他突发公共卫生事件中发现与食品安全相关的信息，应当及时通报同级食品药品监督管理部门。

第一百零五条 县级以上人民政府食品药品监督管理部门接到食品安全事故的报告后，应当立即会同同级卫生行政、质量监督、农业行政等部门进行调查处理，并采取下列措施，防止或者减轻社会危害：

（一）开展应急救援工作，组织救治因食品安全事故导致人身伤害的人员；

（二）封存可能导致食品安全事故的食品及其原料，并立即进行检验；对确认属于被污染的食品及其原料，责令食品生产经营者依照本法第六十三条的规定召回或者停止经营；

（三）封存被污染的食品相关产品，并责令进行清洗消毒；

（四）做好信息发布工作，依法对食品安全事故及其处理情况进行发布，并对可能产生的危害加以解释、说明。

发生食品安全事故需要启动应急预案的，县级以上人民政府应当立即成立事故处置指挥机构，启动应急预案，依照前款和应急预案的规定进行处置。

发生食品安全事故，县级以上疾病预防控制机构应当对事故现场进行卫生处理，并对与事故有关的因素开展流行病学调查，有关部门应当予以协助。县级以上疾病预防控制机构应当向同级食品药品监督管理、卫生行政部门提交流行病学调查报告。

第一百零六条 发生食品安全事故，设区的市级以上人民政府食品药品监督管理部门应当立即会同有关部门进行事故责任调查，督促有关部门履行职责，向本级人民政府和上一级人民政府食品药品监督管理部门提出事故责任调查处理报告。

涉及两个以上省、自治区、直辖市的重大食品安全事故由国务院食品药品监督管理部门依照前款规定组织事故责任调查。

第一百零七条　调查食品安全事故，应当坚持实事求是、尊重科学的原则，及时、准确查清事故性质和原因，认定事故责任，提出整改措施。

调查食品安全事故，除了查明事故单位的责任，还应当查明有关监督管理部门、食品检验机构、认证机构及其工作人员的责任。

第一百零八条　食品安全事故调查部门有权向有关单位和个人了解与事故有关的情况，并要求提供相关资料和样品。有关单位和个人应当予以配合，按照要求提供相关资料和样品，不得拒绝。

任何单位和个人不得阻挠、干涉食品安全事故的调查处理。

第八章　监督管理

第一百零九条　县级以上人民政府食品药品监督管理、质量监督部门根据食品安全风险监测、风险评估结果和食品安全状况等，确定监督管理的重点、方式和频次，实施风险分级管理。

县级以上地方人民政府组织本级食品药品监督管理、质量监督、农业行政等部门制定本行政区域的食品安全年度监督管理计划，向社会公布并组织实施。

食品安全年度监督管理计划应当将下列事项作为监督管理的重点：

（一）专供婴幼儿和其他特定人群的主辅食品；

（二）保健食品生产过程中的添加行为和按照注册或者备案的技术要求组织生产的情况，保健食品标签、说明书以及宣传材料中有关功能宣传的情况；

（三）发生食品安全事故风险较高的食品生产经营者；

（四）食品安全风险监测结果表明可能存在食品安全隐患的事项。

第一百一十条　县级以上人民政府食品药品监督管理、质量监督部门履行各自食品安全监督管理职责，有权采取下列措施，对生产经营者遵守本法的情况进行监督检查：

（一）进入生产经营场所实施现场检查；

（二）对生产经营的食品、食品添加剂、食品相关产品进行抽样检验；

（三）查阅、复制有关合同、票据、账簿以及其他有关资料；

（四）查封、扣押有证据证明不符合食品安全标准或者有证据证明存在安全隐患以及用于违法生产经营的食品、食品添加剂、食品相关产品；

（五）查封违法从事生产经营活动的场所。

第一百一十一条　对食品安全风险评估结果证明食品存在安全隐患，需要制定、修订食品安全标准的，在制定、修订食品安全标准前，国务院卫生行政部门应当及时会同国务院有关部门规定食品中有害物质的临时限量值和临时检验方法，作为生产经营和监督管理的依据。

第一百一十二条　县级以上人民政府食品药品监督管理部门在食品安全监督管理工作中可以采用国家规定的快速检测方法对食品进行抽查检测。

对抽查检测结果表明可能不符合食品安全标准的食品，应当依照本法第八十七条的规定进行检验。抽查检测结果确定有关食品不符合食品安全标准的，可以作为行政处罚的依据。

第一百一十三条　县级以上人民政府食品药品监督管理部门应当建立食品生产经营者食

品安全信用档案，记录许可颁发、日常监督检查结果、违法行为查处等情况，依法向社会公布并实时更新；对有不良信用记录的食品生产经营者增加监督检查频次，对违法行为情节严重的食品生产经营者，可以通报投资主管部门、证券监督管理机构和有关的金融机构。

第一百一十四条 食品生产经营过程中存在食品安全隐患，未及时采取措施消除的，县级以上人民政府食品药品监督管理部门可以对食品生产经营者的法定代表人或者主要负责人进行责任约谈。食品生产经营者应当立即采取措施，进行整改，消除隐患。责任约谈情况和整改情况应当纳入食品生产经营者食品安全信用档案。

第一百一十五条 县级以上人民政府食品药品监督管理、质量监督等部门应当公布本部门的电子邮件地址或者电话，接受咨询、投诉、举报。接到咨询、投诉、举报，对属于本部门职责的，应当受理并在法定期限内及时答复、核实、处理；对不属于本部门职责的，应当移交有权处理的部门并书面通知咨询、投诉、举报人。有权处理的部门应当在法定期限内及时处理，不得推诿。对查证属实的举报，给予举报人奖励。

有关部门应当对举报人的信息予以保密，保护举报人的合法权益。举报人举报所在企业的，该企业不得以解除、变更劳动合同或者其他方式对举报人进行打击报复。

第一百一十六条 县级以上人民政府食品药品监督管理、质量监督等部门应当加强对执法人员食品安全法律、法规、标准和专业知识与执法能力等的培训，并组织考核。不具备相应知识和能力的，不得从事食品安全执法工作。

食品生产经营者、食品行业协会、消费者协会等发现食品安全执法人员在执法过程中有违反法律、法规规定的行为以及不规范执法行为的，可以向本级或者上级人民政府食品药品监督管理、质量监督等部门或者监察机关投诉、举报。接到投诉、举报的部门或者机关应当进行核实，并将经核实的情况向食品安全执法人员所在部门通报；涉嫌违法违纪的，按照本法和有关规定处理。

第一百一十七条 县级以上人民政府食品药品监督管理等部门未及时发现食品安全系统性风险，未及时消除监督管理区域内的食品安全隐患的，本级人民政府可以对其主要负责人进行责任约谈。

地方人民政府未履行食品安全职责，未及时消除区域性重大食品安全隐患的，上级人民政府可以对其主要负责人进行责任约谈。

被约谈的食品药品监督管理等部门、地方人民政府应当立即采取措施，对食品安全监督管理工作进行整改。

责任约谈情况和整改情况应当纳入地方人民政府和有关部门食品安全监督管理工作评议、考核记录。

第一百一十八条 国家建立统一的食品安全信息平台，实行食品安全信息统一公布制度。国家食品安全总体情况、食品安全风险警示信息、重大食品安全事故及其调查处理信息和国务院确定需要统一公布的其他信息由国务院食品药品监督管理部门统一公布。食品安全风险警示信息和重大食品安全事故及其调查处理信息的影响限于特定区域的，也可以由有关省、自治区、直辖市人民政府食品药品监督管理部门公布。未经授权不得发布上述信息。

县级以上人民政府食品药品监督管理、质量监督、农业行政部门依据各自职责公布食品安全日常监督管理信息。

公布食品安全信息，应当做到准确、及时，并进行必要的解释说明，避免误导消费者和社会舆论。

第一百一十九条　县级以上地方人民政府食品药品监督管理、卫生行政、质量监督、农业行政部门获知本法规定需要统一公布的信息，应当向上级主管部门报告，由上级主管部门立即报告国务院食品药品监督管理部门；必要时，可以直接向国务院食品药品监督管理部门报告。

县级以上人民政府食品药品监督管理、卫生行政、质量监督、农业行政部门应当相互通报获知的食品安全信息。

第一百二十条　任何单位和个人不得编造、散布虚假食品安全信息。

县级以上人民政府食品药品监督管理部门发现可能误导消费者和社会舆论的食品安全信息，应当立即组织有关部门、专业机构、相关食品生产经营者等进行核实、分析，并及时公布结果。

第一百二十一条　县级以上人民政府食品药品监督管理、质量监督等部门发现涉嫌食品安全犯罪的，应当按照有关规定及时将案件移送公安机关。对移送的案件，公安机关应当及时审查；认为有犯罪事实需要追究刑事责任的，应当立案侦查。

公安机关在食品安全犯罪案件侦查过程中认为没有犯罪事实，或者犯罪事实显著轻微，不需要追究刑事责任，但依法应当追究行政责任的，应当及时将案件移送食品药品监督管理、质量监督等部门和监察机关，有关部门应当依法处理。

公安机关商请食品药品监督管理、质量监督、环境保护等部门提供检验结论、认定意见以及对涉案物品进行无害化处理等协助的，有关部门应当及时提供，予以协助。

第九章　法律责任

第一百二十二条　违反本法规定，未取得食品生产经营许可从事食品生产经营活动，或者未取得食品添加剂生产许可从事食品添加剂生产活动的，由县级以上人民政府食品药品监督管理部门没收违法所得和违法生产经营的食品、食品添加剂以及用于违法生产经营的工具、设备、原料等物品；违法生产经营的食品、食品添加剂货值金额不足一万元的，并处五万元以上十万元以下罚款；货值金额一万元以上的，并处货值金额十倍以上二十倍以下罚款。

明知从事前款规定的违法行为，仍为其提供生产经营场所或者其他条件的，由县级以上人民政府食品药品监督管理部门责令停止违法行为，没收违法所得，并处五万元以上十万元以下罚款；使消费者的合法权益受到损害的，应当与食品、食品添加剂生产经营者承担连带责任。

第一百二十三条　违反本法规定，有下列情形之一，尚不构成犯罪的，由县级以上人民政府食品药品监督管理部门没收违法所得和违法生产经营的食品，并可以没收用于违法生产经营的工具、设备、原料等物品；违法生产经营的食品货值金额不足一万元的，并处十万元以上十五万元以下罚款；货值金额一万元以上的，并处货值金额十五倍以上三十倍以下罚款；情节严重的，吊销许可证，并可以由公安机关对其直接负责的主管人员和其他直接责任人员处五日以上十五日以下拘留：

（一）用非食品原料生产食品、在食品中添加食品添加剂以外的化学物质和其他可能危害人体健康的物质，或者用回收食品作为原料生产食品，或者经营上述食品；

（二）生产经营营养成分不符合食品安全标准的专供婴幼儿和其他特定人群的主辅食品；

（三）经营病死、毒死或者死因不明的禽、畜、兽、水产动物肉类，或者生产经营其制品；

（四）经营未按规定进行检疫或者检疫不合格的肉类，或者生产经营未经检验或者检验不合格的肉类制品；

（五）生产经营国家为防病等特殊需要明令禁止生产经营的食品；

（六）生产经营添加药品的食品。

明知从事前款规定的违法行为，仍为其提供生产经营场所或者其他条件的，由县级以上人民政府食品药品监督管理部门责令停止违法行为，没收违法所得，并处十万元以上二十万元以下罚款；使消费者的合法权益受到损害的，应当与食品生产经营者承担连带责任。

违法使用剧毒、高毒农药的，除依照有关法律、法规规定给予处罚外，可以由公安机关依照第一款规定给予拘留。

第一百二十四条 违反本法规定，有下列情形之一，尚不构成犯罪的，由县级以上人民政府食品药品监督管理部门没收违法所得和违法生产经营的食品、食品添加剂，并可以没收用于违法生产经营的工具、设备、原料等物品；违法生产经营的食品、食品添加剂货值金额不足一万元的，并处五万元以上十万元以下罚款；货值金额一万元以上的，并处货值金额十倍以上二十倍以下罚款；情节严重的，吊销许可证：

（一）生产经营致病性微生物，农药残留、兽药残留、生物毒素、重金属等污染物质以及其他危害人体健康的物质含量超过食品安全标准限量的食品、食品添加剂；

（二）用超过保质期的食品原料、食品添加剂生产食品、食品添加剂，或者经营上述食品、食品添加剂；

（三）生产经营超范围、超限量使用食品添加剂的食品；

（四）生产经营腐败变质、油脂酸败、霉变生虫、污秽不洁、混有异物、掺假掺杂或者感官性状异常的食品、食品添加剂；

（五）生产经营标注虚假生产日期、保质期或者超过保质期的食品、食品添加剂；

（六）生产经营未按规定注册的保健食品、特殊医学用途配方食品、婴幼儿配方乳粉，或者未按注册的产品配方、生产工艺等技术要求组织生产；

（七）以分装方式生产婴幼儿配方乳粉，或者同一企业以同一配方生产不同品牌的婴幼儿配方乳粉；

（八）利用新的食品原料生产食品，或者生产食品添加剂新品种，未通过安全性评估；

（九）食品生产经营者在食品药品监督管理部门责令其召回或者停止经营后，仍拒不召回或者停止经营。

除前款和本法第一百二十三条、第一百二十五条规定的情形外，生产经营不符合法律、法规或者食品安全标准的食品、食品添加剂的，依照前款规定给予处罚。

生产食品相关产品新品种，未通过安全性评估，或者生产不符合食品安全标准的食品相关产品的，由县级以上人民政府质量监督部门依照第一款规定给予处罚。

第一百二十五条 违反本法规定，有下列情形之一的，由县级以上人民政府食品药品监督管理部门没收违法所得和违法生产经营的食品、食品添加剂，并可以没收用于违法生产经营的工具、设备、原料等物品；违法生产经营的食品、食品添加剂货值金额不足一万元的，并处五千元以上五万元以下罚款；货值金额一万元以上的，并处货值金额五倍以上十倍以下罚款；情节严重的，责令停产停业，直至吊销许可证：

（一）生产经营被包装材料、容器、运输工具等污染的食品、食品添加剂；

（二）生产经营无标签的预包装食品、食品添加剂或者标签、说明书不符合本法规定的食品、食品添加剂；

（三）生产经营转基因食品未按规定进行标示；

（四）食品生产经营者采购或者使用不符合食品安全标准的食品原料、食品添加剂、食品相关产品。

生产经营的食品、食品添加剂的标签、说明书存在瑕疵但不影响食品安全且不会对消费者造成误导的，由县级以上人民政府食品药品监督管理部门责令改正；拒不改正的，处二千元以下罚款。

第一百二十六条 违反本法规定，有下列情形之一的，由县级以上人民政府食品药品监督管理部门责令改正，给予警告；拒不改正的，处五千元以上五万元以下罚款；情节严重的，责令停产停业，直至吊销许可证：

（一）食品、食品添加剂生产者未按规定对采购的食品原料和生产的食品、食品添加剂进行检验；

（二）食品生产经营企业未按规定建立食品安全管理制度，或者未按规定配备或者培训、考核食品安全管理人员；

（三）食品、食品添加剂生产经营者进货时未查验许可证和相关证明文件，或者未按规定建立并遵守进货查验记录、出厂检验记录和销售记录制度；

（四）食品生产经营企业未制定食品安全事故处置方案；

（五）餐具、饮具和盛放直接入口食品的容器，使用前未经洗净、消毒或者清洗消毒不合格，或者餐饮服务设施、设备未按规定定期维护、清洗、校验；

（六）食品生产经营者安排未取得健康证明或者患有国务院卫生行政部门规定的有碍食品安全疾病的人员从事接触直接入口食品的工作；

（七）食品经营者未按规定要求销售食品；

（八）保健食品生产企业未按规定向食品药品监督管理部门备案，或者未按备案的产品配方、生产工艺等技术要求组织生产；

（九）婴幼儿配方食品生产企业未将食品原料、食品添加剂、产品配方、标签等向食品药品监督管理部门备案；

（十）特殊食品生产企业未按规定建立生产质量管理体系并有效运行，或者未定期提交自查报告；

（十一）食品生产经营者未定期对食品安全状况进行检查评价，或者生产经营条件发生变化，未按规定处理；

（十二）学校、托幼机构、养老机构、建筑工地等集中用餐单位未按规定履行食品安全管理责任；

（十三）食品生产企业、餐饮服务提供者未按规定制定、实施生产经营过程控制要求。

餐具、饮具集中消毒服务单位违反本法规定用水，使用洗涤剂、消毒剂，或者出厂的餐具、饮具未按规定检验合格并随附消毒合格证明，或者未按规定在独立包装上标注相关内容的，由县级以上人民政府卫生行政部门依照前款规定给予处罚。

食品相关产品生产者未按规定对生产的食品相关产品进行检验的，由县级以上人民政府质量监督部门依照第一款规定给予处罚。

食用农产品销售者违反本法第六十五条规定的，由县级以上人民政府食品药品监督管理部门依照第一款规定给予处罚。

第一百二十七条 对食品生产加工小作坊、食品摊贩等的违法行为的处罚，依照省、自治区、直辖市制定的具体管理办法执行。

第一百二十八条 违反本法规定，事故单位在发生食品安全事故后未进行处置、报告的，由有关主管部门按照各自职责分工责令改正，给予警告；隐匿、伪造、毁灭有关证据的，责令停产停业，没收违法所得，并处十万元以上五十万元以下罚款；造成严重后果的，吊销许可证。

第一百二十九条 违反本法规定，有下列情形之一的，由出入境检验检疫机构依照本法第一百二十四条的规定给予处罚：

（一）提供虚假材料，进口不符合我国食品安全国家标准的食品、食品添加剂、食品相关产品；

（二）进口尚无食品安全国家标准的食品，未提交所执行的标准并经国务院卫生行政部门审查，或者进口利用新的食品原料生产的食品或者进口食品添加剂新品种、食品相关产品新品种，未通过安全性评估；

（三）未遵守本法的规定出口食品；

（四）进口商在有关主管部门责令其依照本法规定召回进口的食品后，仍拒不召回。

违反本法规定，进口商未建立并遵守食品、食品添加剂进口和销售记录制度、境外出口商或者生产企业审核制度的，由出入境检验检疫机构依照本法第一百二十六条的规定给予处罚。

第一百三十条 违反本法规定，集中交易市场的开办者、柜台出租者、展销会的举办者允许未依法取得许可的食品经营者进入市场销售食品，或者未履行检查、报告等义务的，由县级以上人民政府食品药品监督管理部门责令改正，没收违法所得，并处五万元以上二十万元以下罚款；造成严重后果的，责令停业，直至由原发证部门吊销许可证；使消费者的合法权益受到损害的，应当与食品经营者承担连带责任。

食用农产品批发市场违反本法第六十四条规定的，依照前款规定承担责任。

第一百三十一条 违反本法规定，网络食品交易第三方平台提供者未对入网食品经营者进行实名登记、审查许可证，或者未履行报告、停止提供网络交易平台服务等义务的，由县级以上人民政府食品药品监督管理部门责令改正，没收违法所得，并处五万元以上二十万元以下罚款；造成严重后果的，责令停业，直至由原发证部门吊销许可证；使消费者的合法权益受到损害的，应当与食品经营者承担连带责任。

消费者通过网络食品交易第三方平台购买食品，其合法权益受到损害的，可以向入网食品经营者或者食品生产者要求赔偿。网络食品交易第三方平台提供者不能提供入网食品经营者的真实名称、地址和有效联系方式的，由网络食品交易第三方平台提供者赔偿。网络食品交易第三方平台提供者赔偿后，有权向入网食品经营者或者食品生产者追偿。网络食品交易第三方平台提供者作出更有利于消费者承诺的，应当履行其承诺。

第一百三十二条　违反本法规定，未按要求进行食品贮存、运输和装卸的，由县级以上人民政府食品药品监督管理等部门按照各自职责分工责令改正，给予警告；拒不改正的，责令停产停业，并处一万元以上五万元以下罚款；情节严重的，吊销许可证。

第一百三十三条　违反本法规定，拒绝、阻挠、干涉有关部门、机构及其工作人员依法开展食品安全监督检查、事故调查处理、风险监测和风险评估的，由有关主管部门按照各自职责分工责令停产停业，并处二千元以上五万元以下罚款；情节严重的，吊销许可证；构成违反治安管理行为的，由公安机关依法给予治安管理处罚。

违反本法规定，对举报人以解除、变更劳动合同或者其他方式打击报复的，应当依照有关法律的规定承担责任。

第一百三十四条　食品生产经营者在一年内累计三次因违反本法规定受到责令停产停业、吊销许可证以外处罚的，由食品药品监督管理部门责令停产停业，直至吊销许可证。

第一百三十五条　被吊销许可证的食品生产经营者及其法定代表人、直接负责的主管人员和其他直接责任人员自处罚决定作出之日起五年内不得申请食品生产经营许可，或者从事食品生产经营管理工作、担任食品生产经营企业食品安全管理人员。

因食品安全犯罪被判处有期徒刑以上刑罚的，终身不得从事食品生产经营管理工作，也不得担任食品生产经营企业食品安全管理人员。

食品生产经营者聘用人员违反前两款规定的，由县级以上人民政府食品药品监督管理部门吊销许可证。

第一百三十六条　食品经营者履行了本法规定的进货查验等义务，有充分证据证明其不知道所采购的食品不符合食品安全标准，并能如实说明其进货来源的，可以免予处罚，但应当依法没收其不符合食品安全标准的食品；造成人身、财产或者其他损害的，依法承担赔偿责任。

第一百三十七条　违反本法规定，承担食品安全风险监测、风险评估工作的技术机构、技术人员提供虚假监测、评估信息的，依法对技术机构直接负责的主管人员和技术人员给予撤职、开除处分；有执业资格的，由授予其资格的主管部门吊销执业证书。

第一百三十八条　违反本法规定，食品检验机构、食品检验人员出具虚假检验报告的，由授予其资质的主管部门或者机构撤销该食品检验机构的检验资质，没收所收取的检验费用，并处检验费用五倍以上十倍以下罚款，检验费用不足一万元的，并处五万元以上十万元以下罚款；依法对食品检验机构直接负责的主管人员和食品检验人员给予撤职或者开除处分；导致发生重大食品安全事故的，对直接负责的主管人员和食品检验人员给予开除处分。

违反本法规定，受到开除处分的食品检验机构人员，自处分决定作出之日起十年内不得从事食品检验工作；因食品安全违法行为受到刑事处罚或者因出具虚假检验报告导致发生重大食品安全事故受到开除处分的食品检验机构人员，终身不得从事食品检验工作。食品检验机构聘用不得从事食品检验工作的人员的，由授予其资质的主管部门或者机构撤销该食品检验机构的检验资质。

食品检验机构出具虚假检验报告，使消费者的合法权益受到损害的，应当与食品生产经营者承担连带责任。

第一百三十九条　违反本法规定，认证机构出具虚假认证结论，由认证认可监督管理部门没收所收取的认证费用，并处认证费用五倍以上十倍以下罚款，认证费用不足一万元的，并处五万元以上十万元以下罚款；情节严重的，责令停业，直至撤销认证机构批准文件，并向社会公布；对直接负责的主管人员和负有直接责任的认证人员，撤销其执业资格。

认证机构出具虚假认证结论，使消费者的合法权益受到损害的，应当与食品生产经营者承担连带责任。

第一百四十条 违反本法规定，在广告中对食品作虚假宣传，欺骗消费者，或者发布未取得批准文件、广告内容与批准文件不一致的保健食品广告的，依照《中华人民共和国广告法》的规定给予处罚。

广告经营者、发布者设计、制作、发布虚假食品广告，使消费者的合法权益受到损害的，应当与食品生产经营者承担连带责任。

社会团体或者其他组织、个人在虚假广告或者其他虚假宣传中向消费者推荐食品，使消费者的合法权益受到损害的，应当与食品生产经营者承担连带责任。

违反本法规定，食品药品监督管理等部门、食品检验机构、食品行业协会以广告或者其他形式向消费者推荐食品，消费者组织以收取费用或者其他牟取利益的方式向消费者推荐食品的，由有关主管部门没收违法所得，依法对直接负责的主管人员和其他直接责任人员给予记大过、降级或者撤职处分；情节严重的，给予开除处分。

对食品作虚假宣传且情节严重的，由省级以上人民政府食品药品监督管理部门决定暂停销售该食品，并向社会公布；仍然销售该食品的，由县级以上人民政府食品药品监督管理部门没收违法所得和违法销售的食品，并处二万元以上五万元以下罚款。

第一百四十一条 违反本法规定，编造、散布虚假食品安全信息，构成违反治安管理行为的，由公安机关依法给予治安管理处罚。

媒体编造、散布虚假食品安全信息的，由有关主管部门依法给予处罚，并对直接负责的主管人员和其他直接责任人员给予处分；使公民、法人或者其他组织的合法权益受到损害的，依法承担消除影响、恢复名誉、赔偿损失、赔礼道歉等民事责任。

第一百四十二条 违反本法规定，县级以上地方人民政府有下列行为之一的，对直接负责的主管人员和其他直接责任人员给予记大过处分；情节较重的，给予降级或者撤职处分；情节严重的，给予开除处分；造成严重后果的，其主要负责人还应当引咎辞职：

（一）对发生在本行政区域内的食品安全事故，未及时组织协调有关部门开展有效处置，造成不良影响或者损失；

（二）对本行政区域内涉及多环节的区域性食品安全问题，未及时组织整治，造成不良影响或者损失；

（三）隐瞒、谎报、缓报食品安全事故；

（四）本行政区域内发生特别重大食品安全事故，或者连续发生重大食品安全事故。

第一百四十三条 违反本法规定，县级以上地方人民政府有下列行为之一的，对直接负责的主管人员和其他直接责任人员给予警告、记过或者记大过处分；造成严重后果的，给予降级或者撤职处分：

（一）未确定有关部门的食品安全监督管理职责，未建立健全食品安全全程监督管理工作机制和信息共享机制，未落实食品安全监督管理责任制；

（二）未制定本行政区域的食品安全事故应急预案，或者发生食品安全事故后未按规定立即成立事故处置指挥机构、启动应急预案。

第一百四十四条　违反本法规定，县级以上人民政府食品药品监督管理、卫生行政、质量监督、农业行政等部门有下列行为之一的，对直接负责的主管人员和其他直接责任人员给予记大过处分；情节较重的，给予降级或者撤职处分；情节严重的，给予开除处分；造成严重后果的，其主要负责人还应当引咎辞职：

（一）隐瞒、谎报、缓报食品安全事故；

（二）未按规定查处食品安全事故，或者接到食品安全事故报告未及时处理，造成事故扩大或者蔓延；

（三）经食品安全风险评估得出食品、食品添加剂、食品相关产品不安全结论后，未及时采取相应措施，造成食品安全事故或者不良社会影响；

（四）对不符合条件的申请人准予许可，或者超越法定职权准予许可；

（五）不履行食品安全监督管理职责，导致发生食品安全事故。

第一百四十五条　违反本法规定，县级以上人民政府食品药品监督管理、卫生行政、质量监督、农业行政等部门有下列行为之一，造成不良后果的，对直接负责的主管人员和其他直接责任人员给予警告、记过或者记大过处分；情节较重的，给予降级或者撤职处分；情节严重的，给予开除处分：

（一）在获知有关食品安全信息后，未按规定向上级主管部门和本级人民政府报告，或者未按规定相互通报；

（二）未按规定公布食品安全信息；

（三）不履行法定职责，对查处食品安全违法行为不配合，或者滥用职权、玩忽职守、徇私舞弊。

第一百四十六条　食品药品监督管理、质量监督等部门在履行食品安全监督管理职责过程中，违法实施检查、强制等执法措施，给生产经营者造成损失的，应当依法予以赔偿，对直接负责的主管人员和其他直接责任人员依法给予处分。

第一百四十七条　违反本法规定，造成人身、财产或者其他损害的，依法承担赔偿责任。生产经营者财产不足以同时承担民事赔偿责任和缴纳罚款、罚金时，先承担民事赔偿责任。

第一百四十八条　消费者因不符合食品安全标准的食品受到损害的，可以向经营者要求赔偿损失，也可以向生产者要求赔偿损失。接到消费者赔偿要求的生产经营者，应当实行首负责任制，先行赔付，不得推诿；属于生产者责任的，经营者赔偿后有权向生产者追偿；属于经营者责任的，生产者赔偿后有权向经营者追偿。

生产不符合食品安全标准的食品或者经营明知是不符合食品安全标准的食品，消费者除要求赔偿损失外，还可以向生产者或者经营者要求支付价款十倍或者损失三倍的赔偿金；增加赔偿的金额不足一千元的，为一千元。但是，食品的标签、说明书存在不影响食品安全且不会对消费者造成误导的瑕疵的除外。

第一百四十九条　违反本法规定，构成犯罪的，依法追究刑事责任。

第十章　附则

第一百五十条　本法下列用语的含义：

食品，指各种供人食用或者饮用的成品和原料以及按照传统既是食品又是中药材的物品，但是不包括以治疗为目的的物品。

食品安全，指食品无毒、无害，符合应当有的营养要求，对人体健康不造成任何急性、亚急性或者慢性危害。

预包装食品，指预先定量包装或者制作在包装材料、容器中的食品。

食品添加剂，指为改善食品品质和色、香、味以及为防腐、保鲜和加工工艺的需要而加入食品中的人工合成或者天然物质，包括营养强化剂。

用于食品的包装材料和容器，指包装、盛放食品或者食品添加剂用的纸、竹、木、金属、搪瓷、陶瓷、塑料、橡胶、天然纤维、化学纤维、玻璃等制品和直接接触食品或者食品添加剂的涂料。

用于食品生产经营的工具、设备，指在食品或者食品添加剂生产、销售、使用过程中直接接触食品或者食品添加剂的机械、管道、传送带、容器、用具、餐具等。

用于食品的洗涤剂、消毒剂，指直接用于洗涤或者消毒食品、餐具、饮具以及直接接触食品的工具、设备或者食品包装材料和容器的物质。

食品保质期，指食品在标明的贮存条件下保持品质的期限。

食源性疾病，指食品中致病因素进入人体引起的感染性、中毒性等疾病，包括食物中毒。

食品安全事故，指食源性疾病、食品污染等源于食品，对人体健康有危害或者可能有危害的事故。

第一百五十一条 转基因食品和食盐的食品安全管理，本法未作规定的，适用其他法律、行政法规的规定。

第一百五十二条 铁路、民航运营中食品安全的管理办法由国务院食品药品监督管理部门会同国务院有关部门依照本法制定。

保健食品的具体管理办法由国务院食品药品监督管理部门依照本法制定。

食品相关产品生产活动的具体管理办法由国务院质量监督部门依照本法制定。

国境口岸食品的监督管理由出入境检验检疫机构依照本法以及有关法律、行政法规的规定实施。

军队专用食品和自供食品的食品安全管理办法由中央军事委员会依照本法制定。

第一百五十三条 国务院根据实际需要，可以对食品安全监督管理体制作出调整。

第一百五十四条 本法自 2015 年 10 月 1 日起施行。

参考文献

REFERENCES

陈溥言，2016. 兽医传染病学［M］. 北京：中国农业出版社.
刁有祥，张雨梅，2011. 动物性食品卫生理化检验［M］. 北京：中国农业出版社.
胡新岗，蒋春茂，2012. 动物防疫与检疫技术［M］. 北京：中国林业出版社.
胡新岗，蒋春茂，2016. 动物防疫与检疫技术［M］. 2版. 北京：中国林业出版社.
李汝春，曲祖乙，2015. 兽医卫生检验［M］. 2版. 北京：中国农业出版社.
李雪梅，杨仕群，2015. 动物性食品卫生检验［M］. 北京：中国轻工业出版社.
刘占杰，1997. 动物性食品卫生学［M］. 北京：中国农业出版社.
柳增善，2010. 兽医公共卫生学［M］. 北京：中国轻工业出版社.
农业部兽医局，中国动物疫病预防控制中心，农业部屠宰技术中心，2015. 全国畜禽屠宰检疫检验培训教材［M］. 北京：中国农业出版社.
钱爱东，2009. 动物性食品卫生病原体检验［M］. 北京：中国农业出版社.
曲祖乙，2006. 兽医卫生检验［M］. 北京：中国农业出版社.
王丽哲，2002. 兔产品加工新技术［M］. 北京：中国农业出版社.
王雪敏，2010. 动物性食品卫生检验［M］. 2版. 北京：中国农业出版社.
王玉顺，2010. 屠宰加工与卫生检验［M］. 北京：中国农业科学技术出版社.
王子轼，2006. 动物防疫与检疫技术［M］. 北京：中国农业出版社.
卫生部政策法规司，2011. 中华人民共和国食品安全国家标准汇编［M］. 北京：中国标准出版社.
魏刚才，2007. 养殖场消毒技术［M］. 北京：化学工业出版社.
吴桂银，彭德旺，2012. 动物检疫技术［M］. 北京：中国农业出版社.
谢晶，2004. 食品冷冻藏原理与技术［M］. 北京：化学工业出版社.
许伟琪，2000. 畜禽检疫检验手册［M］. 上海：上海科学技术出版社.
张升华，乐涛，2010. 动物性食品卫生检验［M］. 北京：化学工业出版社.
张彦明，2006. 动物性食品卫生学实验指导［M］. 北京：中国农业出版社.
张彦明，2009. 动物性食品卫生学［M］. 北京：中国农业出版社.
赵改名，2009. 禽产品加工利用［M］. 北京：化学工业出版社.
郑明光，2003. 动物性食品卫生检验［M］. 北京：解放军出版社.